高等院校计算机应用系列教材

嵌入式系统设计

——基于 ARM Cortex-A9 多核处理器 Linux 编程

孙俊喜　卢志财　廖延初　主编

清华大学出版社

北　京

内 容 简 介

本书第 1～4 章介绍了 Linux 开发所需基础知识和相关软件的使用，第 5～17 章详细讲述了 ARM Cortex-A9 芯片 Exynos4412 的结构和各部件的驱动编程，第 20～24 章讲述了 Linux 嵌入式开发的过程。

本书结构清晰、内容翔实，既可作为本科院校相关专业的教材，也可作为嵌入式开发人员的参考书。

本书配套的电子课件、实验讲义、习题答案和其他资源可以到 http://www.tupwk.com.cn/downpage 网站下载，也可以扫描前言中的二维码获取。

图书在版编目(CIP)数据

嵌入式系统设计：基于 ARM Cortex-A9 多核处理器 Linux 编程 / 孙俊喜，卢志财，廖延初主编. —北京：清华大学出版社，2024.4

高等院校计算机应用系列教材

ISBN 978-7-302-65827-6

Ⅰ. ①嵌… Ⅱ. ①孙… ②卢… ③廖… Ⅲ. ①微处理器—系统设计—高等学校—教材 Ⅳ. ①TP332.021

中国国家版本馆 CIP 数据核字(2024)第 059971 号

责任编辑：胡辰浩
封面设计：高娟妮
版式设计：孔祥峰
责任校对：马遥遥
责任印制：刘 菲

出版发行：清华大学出版社
网 址：https://www.tup.com.cn，https://www.wqxuetang.com
地 址：北京清华大学学研大厦 A 座 **邮 编：**100084
社 总 机：010-83470000 **邮 购：**010-62786544
投稿与读者服务：010-62776969，c-service@tup.tsinghua.edu.cn
质 量 反 馈：010-62772015，zhiliang@tup.tsinghua.edu.cn
印 装 者：三河市科茂嘉荣印务有限公司
经 销：全国新华书店
开 本：185mm×260mm **印 张：**18.5 **字 数：**427 千字
版 次：2024 年 6 月第 1 版 **印 次：**2024 年 6 月第 1 次印刷
定 价：79.00 元

产品编号：103188-01

前　言

作为嵌入式控制系统的处理器，不管是 8 位、16 位、32 位或 64 位，由于受自身资源的限制，其应用程序都不能在其自身开发。开发其应用程序，都需要一台通用计算机，如经常使用 IBM-PC 或兼容机，Windows 95/98/2000/XP 或其他操作系统，256MB 以上内存，1GB 以上硬盘存储空间(运行交叉编译环境的最低配置)。这样的通用计算机称为“宿主机”，作为嵌入式控制器的单片机称为“目标机”。应用程序在“宿主机”上开发，在“目标机”上运行。“目标机”和“宿主机”之间利用计算机并口或 USB 口，通过一台名为“仿真器”的设备相连。程序可以从“宿主机”传到“目标机”，这称为程序下载；也可以从“目标机”传到“宿主机”，这称为程序上传。应用程序通过“仿真器”的下载和上传，在“宿主机”上反复修改，这个过程称为“调试”。调试好的应用程序，在“宿主机”上编译成可在“目标机”上直接执行的机器码文件，下载并固化到“目标机”的程序存储器中。整个下载过程称为烧片，也称为程序固化。

程序固化是单片机开发的最后一步，之后“宿主机”和“目标机”就可以分离，“宿主机”的任务完成，“目标机”就可以独立执行嵌入式控制器的任务。

“宿主机”上的开发软件被我们称作集成交叉开发环境，整个开发过程就是我们所说的交叉开发。

但是随着 Linux 的产生和发展，这种情况发生了改变。由于 Linux 的一些特点，特别是其内核公开且可根据需要进行剪裁，因此它可以非常小，有时可能只有几字节、几十字节，而其他开发环境也可以根据需要和“目标机”硬件条件进行修改。这种情况下，集成开发环境和 Linux 内核都可以放在“目标机”上，我们的嵌入式系统就可以在“目标机”上开发。这种开发方式和前面介绍的交叉开发方式不同，我们把这种开发方式叫作嵌入式 Linux 开发，或简称嵌入式开发。

本书分为三部分，第一部分(第 1～4 章)介绍了常用的 Linux 开发工具，第二部分(第 5～19 章)介绍了 ARM Cortex-A9 芯片 Exynos4412 的硬件及软件编程，第三部分(第 20～24 章)介绍了嵌入式开发的方法。

嵌入式系统开发必须有“目标机”硬件支持，这样学习效果会更好。本书采用北京华清远见公司的 ARM Cortex-A9 实验箱做硬件支撑，也参考了该实验箱部分软件。有条件的学校应配备必要的实验系统，学习效果会更好。

本书从实用出发，深入浅出，考虑到学生的知识水平和各校学时安排，对实用性不大且短时难以消化的内容暂不展开介绍。对书中涉及的电子产品、芯片、文献等说明都作为随书资料，方便读者下载使用。

本书分为24章，由东北师范大学的孙俊喜、闽南理工学院的卢志财和福建技术师范学院的廖延初合作编写完成，其中孙俊喜编写了第1、4、5、7、8、11、12、15、21、22、24章，卢志财编写了第2、3、6、16、17、18章，廖延初编写了第9、10、13、14、19、20、23章。在编写本书的过程中参考了相关文献，在此向这些文献的作者深表感谢。由于编者水平有限，书中难免有不足之处，恳请专家和广大读者批评指正。我们的电话是 010-62796045，邮箱是 992116@qq.com。

本书配套的电子课件、实验讲义、习题答案和其他资源可通过 http://www.tupwk.com.cn/downpage 网站下载，也可以扫描下方的二维码获取。

编者

2023年11月

目　录

第三部分 嵌入式开发的方法

第一部分

常用的Linux开发工具

第 1 章 ARM技术概述

本章对嵌入式控制系统最常用的 ARM 嵌入式微处理器进行简要介绍。关于 ARM 的含义及其有哪些特点、哪些型号，ARM 技术发展前景如何，还有各类系统使用哪类芯片较适宜，并有何不同，本章都将给出答案。

1.1 ARM 处理器简介

ARM 的含义有 3 种：第一种是从事嵌入式微处理器开发的高科技公司的名称；第二种是代表一种低功耗、高性能的 32 位/64 位 RISC(精简指令集计算机)处理器的技术；第三种是代表一种微处理器产品。

本节将介绍 ARM 微处理器系列的几种产品，从中可以了解 ARM 技术的发展和现状。

1.1.1 ARM 体系结构的发展

ARM 处理器是一种低功耗、高性能的 32 位/64 位 RISC 处理器。本章将从其结构入手，分析目前流行的 ARM Cortex-A9 的硬件结构和编程。

ARM 处理器共有 31 个 32 位寄存器，其中 16 个可以在任何模式下看到。它的指令为简单的加载与存储指令(从内存加载某个值，执行完操作，再将其放回内存)。ARM 的特点：所有的指令都带有条件，可以在加载数值的同时进行算术和移位操作。它可以在几种模式下操作，包括使用 SWI(软件中断)指令从用户模式进入系统模式。

ARM 处理器是一个综合体。ARM 公司自身并不制造微处理器，是由 ARM 的合作伙伴(Intel 或 LSI)制造的。ARM 还允许将其他处理器通过协处理器接口进行紧耦合。它还包括几种内存管理单元的变种，如简单的内存保护到复杂的页面层次。

ARM 微处理器初期产品包括 ARM7、ARM9、ARM9E、ARM10E、ARM11、SecurCore 等，还有 Intel Strong ARM、DSP 等。其中，ARM7、ARM9、ARM9E 和 ARM10E 为 4 个通用处理器系列，ARM11 是为图像加速而研制的。每个系列都提供一套相对独特的性能来满足不同应用领域的需求。

1. ARM7 系列微处理器

ARM7 系列微处理器是低功耗的 32 位 RISC 处理器，适用于对价位和功耗要求较高的消费类产品。ARM7 系列微处理器具有如下特点。

- 具有嵌入式 ICE-RT 逻辑，调试及开发方便。
- 极低的功耗，适合对功耗要求较高的产品，如便携式产品。
- 能够提供 0.9 MIPS(MIPS 表示每秒百万条指令)/MHz 的三级流水线结构。
- 对操作系统的支持广泛，如 Windows Embedded Compact(即 Windows CE)、Linux、PalmOS(掌上电脑操作系统)等。
- 指令系统与 ARM9、ARM9E、ARM10E 系列兼容，便于用户对产品升级换代。
- 主频最高可达 130MHz，高速的运算处理能力可胜任绝大多数的复杂应用。

ARM7 系列微处理器主要应用于工业控制、Internet 设备、网络和调制解调器设备、移动电话等多种多媒体和嵌入式应用。

ARM7 系列微处理器包括如下几种类型的核：ARM7TDMI、ARM7TDMI-S、ARM720T、ARM7EJ。其中，ARM7TDMI 是目前使用最广泛的 32 位嵌入式 RISC 处理器，属低端 ARM 处理器核。TDMI 的基本含义如下。

- T：支持 16 位压缩指令集(Thumb)。
- D：支持片上调试(Debug)。
- M：内嵌硬件乘法器(Multiplier)。
- I：嵌入式 ICE，支持片上断点和调试。

2. ARM9 系列微处理器

ARM9 系列微处理器在高性能和低功耗方面有着非常突出的特点，具体如下：

- 5 级流水线结构，指令执行效率更高。
- 提供 1.1 MIPS/MHz 的哈佛结构。
- 支持 32 位 ARM 指令集和 16 位 Thumb 指令集。
- 支持 32 位的高速 AMBA 总线接口。
- 全性能的 MMU，支持 Windows CE、Linux、PalmOS 等多种主流嵌入式操作系统。
- MPU 支持实时操作系统。
- 支持数据 Cache(高速缓存)和指令 Cache，具有更高的指令和数据处理能力。

ARM9 系列微处理器主要应用于无线设备、仪器仪表、安全系统、机顶盒、高端打印机、数字照相机和数字摄像机等。

ARM9 系列微处理器包括 ARM920T、ARM922T 和 ARM940T 共 3 种类型，以适用于不同的应用场合。

3. ARM9E 系列微处理器

ARM9E 系列微处理器的主要特点如下。

- 支持 DSP 指令集，适用于需要高速数字信号处理的场合。
- 5 级流水线，指令执行效率更高。
- 支持 32 位 ARM 指令集和 16 位 Thumb 指令集。
- 支持 32 位的高速 AMBA 总线接口。
- 支持 VFP9 浮点处理协处理器。
- 全性能的 MMU，支持众多主流嵌入式操作系统。
- 支持数据 Cache 和指令 Cache，具有更高的处理能力。
- 主频最高可达 300MHz。

ARM9E 系列微处理器主要应用于下一代无线设备、数字消费品、成像设备、工业控制、存储设备和网络设备等领域。

ARM9E 系列微处理器包含 ARM926EJ-E、ARM946E-S 和 ARM966E-S 共 3 种类型，以适用于不同的应用场合。

4. ARM10E 系列微处理器

ARM10E 系列微处理器的主要特点如下。

- 支持 DSP 指令集，适用于需要高速数字信号处理的场合。
- 6 级流水线，指令执行效率更高。
- 支持 32 位 ARM 指令集和 16 位 Thumb 指令集。
- 支持 32 位的高速 AMBA 总线接口。
- 支持 VFP10 浮点处理协处理器。
- 全性能的 MMU，支持众多主流嵌入式操作系统。
- 支持数据 Cache 和指令 Cache，具有更高的处理能力。
- 主频最高可达 400MHz。
- 内嵌并行读/写操作部件。

ARM10E 系列微处理器主要应用于下一代无线设备、数字消费品、成像设备、工业控制、通信和信息系统等领域。

ARM10E 系列微处理器包括 ARM1020E、ARM1002E 和 ARM1026JE-S 共 3 种类型，以适用于不同的应用场合。

5. ARM920T

ARM920T 高速缓存处理器是 ARM9 Thumb 系列中高性能的 32 位单片系统处理器。

ARM920TDMI 系列微处理器包含如下几种类型的内核。

- ARM9TDMI：只有内核。
- ARM940T：由内核、高速缓存和内存保护单元(MPU)组成。
- ARM920T：由内核、高速缓存和内存管理单元(MMU)组成。

ARM920T 提供完善的高性能 CPU 子系统，包括以下几方面。

- ARM9TDMI RISC CPU。
- 16KB 指令缓存与 16KB 数据缓存。
- 指令与数据存储管理单元(MMU)。
- 写缓冲器。
- 高级微处理器总线架构(AMBA)总线接口。
- ETM(内置跟踪宏单元)接口。

ARM920T 中的 ARM9TDMI 内核可执行 32 位 ARM 及 16 位 Thumb 指令集。ARM9TDMI 处理器是哈佛结构，包括取指、译码、执行、存储及写入 5 级流水线。

ARM920T 处理器包括 CP14 和 CP15 两个协处理器。

- CP14：控制软件对调试通道的访问。
- CP15：系统控制处理器，提供 16 个额外寄存器来配置与控制缓存、MMU、系统保护、时钟模式以及其他系列选项。

ARM920T 处理器的主要特征如下。

- ARM9TDMI 内核，ARMv4T 架构。
- 两套指令集：ARM 高性能 32 位指令集和 Thumb 高代码密度 16 位指令集。
- 5 级流水线结构，即取指(F)、指令译码(D)、执行(E)、数据存储访问(M)和写寄存器(W)。
- 16KB 数据缓存，16KB 指令缓存。
- 写缓冲器：16KB 的数据缓冲器。
- 标准的 ARMv4 存储器管理单元(MMU)：区域访问许可，允许以 1/4 页面大小对页面进行访问，包含 16 个嵌入域，支持 64 个输入指令 TLB 及 64 个输入数据 TLB。
- 8 位、16 位、32 位的指令总线与数据总线。

6. SecurCore 系列微处理器

SecurCore(安全特性内核)系列微处理器除具有 ARM 体系结构的各种主要特点外，在系统安全方面还具有如下特点。

- 带有灵活的保护单元，确保操作系统和应用数据的安全。
- 采用软内核技术，防止从外部对其进行扫描探测。
- 可集成用户自己的安全特性和其他协处理器。

SecurCore 系列微处理器主要应用于对安全性要求较高的产品及应用系统，如电子商务、电子政务、电子银行业务、网络和认证系统等领域。

SecurCore 系列微处理器包含 SecurCore SC100、SecurCore SC110、SecurCore SC200 和 SecurCour SC210 共 4 种类型，以适用于不同的应用场合。

7. Intel Strong ARM 系列微处理器

Intel Strong ARM(高度集成 ARM 处理器) SA-1100 是采用 ARM 体系结构高度集成的 32 位 RISC 微处理器。它融合了 Intel 公司的设计和处理技术，以及 ARM 体系结构的电源效率，采用在软件上兼容 ARMv4 体系结构，同时采用具有 Intel 技术优点的体系结构。Intel Strong ARM 处理器是便携式通信产品和消费类电子产品的理想选择，已成功应用于多家公司的掌上电脑系列产品。

8. ARM11 系列微处理器的内核特点

ARM11 处理器是为了提高 MPU 处理能力而设计的。该系列微处理器主要有 ARM1136J、ARM1156T2 和 ARM1176JZ 共 3 个内核型号。ARM11 处理器可以在 2.2mm^2 芯片面积和 0.24mW/MHz 下主频达到 500MHz。ARM11 处理器以众多消费产品市场为目标，推出了许多新技术，包括针对媒体处理的 SIMD(单指令多数据流)，用于提高安全性能的 TrustZone(安全区)技术、智能能源管理(IEM)，以及需要可升级的、超过 2600 次 Dhrystone(逻辑运算性能测试)和 2.1 MIPS 的多处理技术。

上面对几个 ARM 处理器内核做了简单介绍。可以看到，随着处理器内核技术的发展，处理器的速度越来越快，这主要得益于 ARM 流水线技术的发展。

ARM1176JZF-S 可综合处理包括数字电视、机顶盒、游戏机以及手机在内的消费及无线产品。这一处理器采用了 ARM Jazelle(Java 加速技术)和 ARM TrustZone 技术(专门针对开放式操作系统)。例如，为 Symbian OS、Linux 和 Windows CE 的消费类产品提供安全性能的关键技术)以及一个矢量浮点(VFP)协处理器(为嵌入式 3D 图像提供强大的加速功能)。

9. DSP 功能

DSP(Digital Signal Processor，数字信号处理器)是一种独特的微处理器，是以数字信号来处理大量信息的器件。其工作原理是接收模拟信号，并将其转换为 0 或 1 的数字信号，再对数字信号进行修改、删除、强化，并在其他系统芯片中把数字数据解译回模拟数据或实际环境的格式。DSP 不仅具有可编程性，而且实时运行速度可达每秒数千万条复杂指令程序，远远超过通用微处理器，是数字化电子世界中日益重要的计算机芯片。

目前，有很多应用要求具备多处理器的配置(多个 ARM 内核或 ARM+DSP 的组合)。ARM11 处理器从设计之初就注重与其他处理器共享数据，以及从非 ARM 处理器上移植软件。此外，ARM 还开发了基于 ARM11 系列微处理器的多处理器系统——MPCORE(由 2~4 个 ARM11 内核组成)。

1.1.2 ARM 体系结构的存储器格式

ARM 体系结构中字长的概念如下。

- 字(Word)：在 ARM 体系结构中，字的长度为 32 位；而在 8 /16 位处理器体系结构中，字的长度一般为 16 位。
- 半字(Half Word)：在 ARM 体系结构中，半字的长度为 16 位，与 8 /16 位处理器体系结构中字的长度一致。
- 字节(Byte)：在 ARM 体系结构和 8 /16 位处理器体系结构中，字节的长度均为 8 位。

指令长度可以是 32 位(ARM 状态下)，也可以是 16 位(Thumb 状态下)。

ARM 支持字节(8 位)、半字(16 位)、字(32 位)共 3 种数据类型。其中，字需要 4 字节对齐，半字需要 2 字节对齐。

ARM 体系结构将存储器看作从零地址开始的字节的线性组合。从 0 字节到 3 字节放置第 1 个存储的字数据，从 4 字节到 7 字节放置第 2 个存储的字数据，依次排列。

作为 32 位的微处理器，ARM 体系结构所支持的最大寻址空间为 4GB(2^{32}B)。

ARM 体系结构支持用两种方法存储字数据：大端(Big Endian)格式和小端(Little Endian)格式。在大端存储格式中，字数据的高字节存储在低字节单元中，字数据的低字节则存储在高地址单元中，如图 1-1 所示。在小端存储格式中，低地址单元存储的是字数据的低字节，高地址单元中存储的是字数据的高字节，如图 1-2 所示。

在基于 ARM 内核的嵌入式系统中，常用小端存储格式存储字数据。

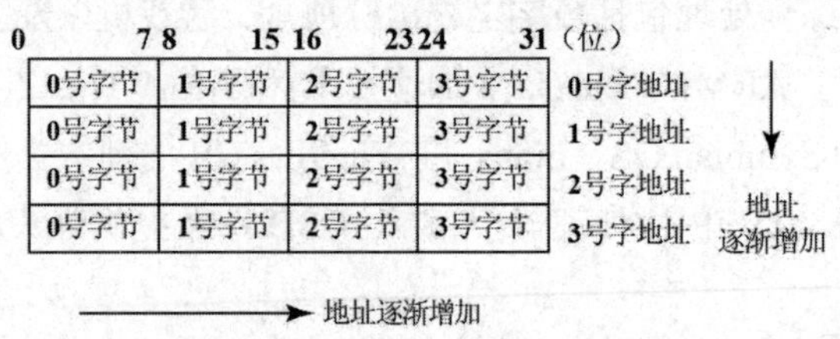

图 1-1 以大端格式存储字数据

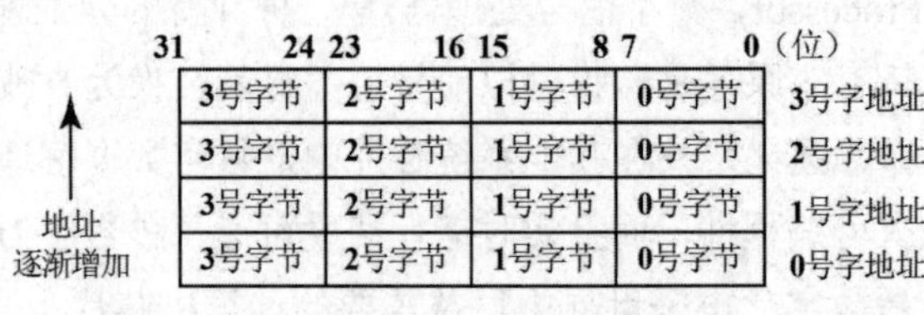

图 1-2 以小端格式存储字数据

1.2 ARM 技术应用领域的现状及发展趋势

随着各种新型微处理器的出现和应用的不断深化，嵌入式系统在后 PC 时代得到了空前的发展。在工业控制、家用电器、智能仪器仪表、机电控制等领域，已不断展现出其独特魅力。与桌面计算机不同，嵌入式计算机系统以应用为中心，具有专用性、低成本、低功耗、高性能、高可靠性等特点，让人们认识到这项技术蕴含的巨大的市场潜力。市场的需求带动了对技术人才的需求，在未来 5 年里嵌入式系统领域将有超过 120 万的人才缺口，社会急需嵌入式系统相关专业的人才。

ARM 体系结构是业界领先的微处理器体系结构，为系统和软件工程师提供了开发低能耗、高性能消费类和工业产品的解决方案。这些终端产品涵盖了从汽车和工业监视器到家庭娱乐和移动设备的各个领域。

ARM 技术应用领域可以分为四类：移动互联网接入设备、家庭应用、商务设备和嵌入式设备。据近几年统计，全球共有 15 亿带有 ARM 技术的产品出货，公司整体营收较同期增长了近 30%。这些 ARM 芯片，大多用于移动互联网接入设备，也有不少用于嵌入式设备、商务设备、家庭应用。

目前占出货量 19%的嵌入式领域，正是 ARM 这几年的重点市场所在。嵌入式市场应用广泛，从低端到高端、从简单到复杂的各种应用，简单的 8 位 MCU 依然存在巨大市场，而汽车、家庭、智能卡等对智能控制、联网要求的提高，软件可靠性的提升，使 32 位 MCU 呈现出高速增长状态。ARM 将会成为 MCU 领域中主流的架构，将继续设计并提供先进的 CPU 核、系统 IP、物理 IP、开发工具和软件解决方案。ARM 还一直在与微软合作研发处理器架构，从事新应用的架构研发，这些新应用包括微控制器、传感器、固态硬盘、中型移动计算设备和大型服务器等。近几年，ARM 架构集成电路的全球累积出货量有望超过一千亿。在产品开发过程中，ARM 为统一兼容的软件平台提供了便利。据 ARM 预测，嵌入式应用将是其未来发展最快的领域。

在企业的商务设备领域中，ARM 将企业应用程序定义为提供网络连接或存储功能的完整系统或子系统。这包括家庭和公司网关、企业路由器、以太网交换机、无线访问点、基站、多服务配置平台、硬盘驱动器、网络连接存储和固态磁盘。在过去 5 年中，上述许多应用领域的系统设计人员已开始考虑这些系统完成其任务时的能效，而不是考虑绝对性能。随着更高性能的多核处理器核心和经过优化的性能改进物理逻辑 IP(包括 ARM 物理 IP 部门提供的标准单元库)的问世，可通过 ARM 技术满足需求的上述应用领域得到了拓展。此外，在研发预算匮乏的环境下，具有受到强力支持的软件和工具生态系统的行业标准 ISA 使产品经理能够缩短产品的上市时间，并节省研发成本以用于开发增值功能和不同的应用程序特定功能。

在家庭应用中，数字技术的普及需要性能、功耗甚至安全性的改善。并且 3C 合一的市场趋势，使传统的电视制造厂商转向多产品领域拓展，而 ARM 统一的产品开发平台及兼容的技术团队，给传统厂商的转型带来了便利。ARM 目前生产的芯片产品已经成为全球智能手机和平板电脑产品的标准配置，而其他包括数码相机、多媒体播放器在内的各种消费电子产品都采用了 ARM 架构的芯片。

ARM 不只关注 IP 出售，还考虑到了芯片制造过程中所需要的设计服务、芯片应用时所需要的软件工具和设计方案支持，建立了一个完善的半导体产业成长环境。统一工具软件使 ARM 成为一个架构在标准平台上的可差异化产品，从 8051 过渡到使用 ARM 技术的 32 位 MCU，面临着软件代码转移的复杂问题，但 ARM 通过收购 8051 开发工具供应商 keil 公司，提供自动的标准化编译器，使这一过程轻松就可解决。此外，ARM 还通过与中国软件公司英蓓特的合作，使开发工具本地化，以极低的价格适应中国企业的成本要求。

为了应对中国中小型芯片设计公司的成本压力，ARM 将其流水线标准的授权模式改善为四种更具灵活性的模式，提供一个金字塔形的费用等级给各个芯片厂商选择。其中，金字塔的顶端为少数芯片厂商的高级定制 IP 服务；第二层为授权费几百万美元的标准 IP 授权服务；第三层为晶圆代工厂授权服务，IC 设计公司只需在使用 IP 时支付费用；最底层为免费授权服务，当芯片投入量产时再支付版权费用，直接取消了价位门槛，对于小型 IC 设计公司来说，将不会出现设计风险。这种取消授权费用的模式，费用回收时间长，但对小型 IC 设计公司的发展却有非常积极的促进作用。

ARM 未来将注重两大要点，一为产品的细分化，二为多核应用。根据产品的各个应用对功耗、用户界面和性能要求的不同，ARM 将其产品系列分为 A 系列、R 系列、M 系列，见图 1-3 所示。

- Cortex-A：针对高性能计算，如我们目前手机 SoC 中常出现的 Cortex-A7。
- Cortex-R：针对实时操作处理，主要是面向嵌入式实时处理器。在汽车的电子制动系统及工业控制领域等比较常见。
- Cortex-M：专为低功耗、低成本系统设计。目前火热的 IoT(Internet of Things 的缩写，译为“物联网”)领域常常见到采用 Cortex-M 架构的处理器。

如图 1-3 所示，ARM Cortex-A9 是 ARM 系列的较高端产品，不仅应用范围广，在其后的产品中也可以看到它们的技术影响，学好 ARM Cortex-A9 编程对于后面的工作有很大帮助。

本书后面章节将在 Linux 基础上，详细讲述 ARM Cortex-A9 产品 Exynos4412 的硬件结构、软件编程和嵌入式程序设计。

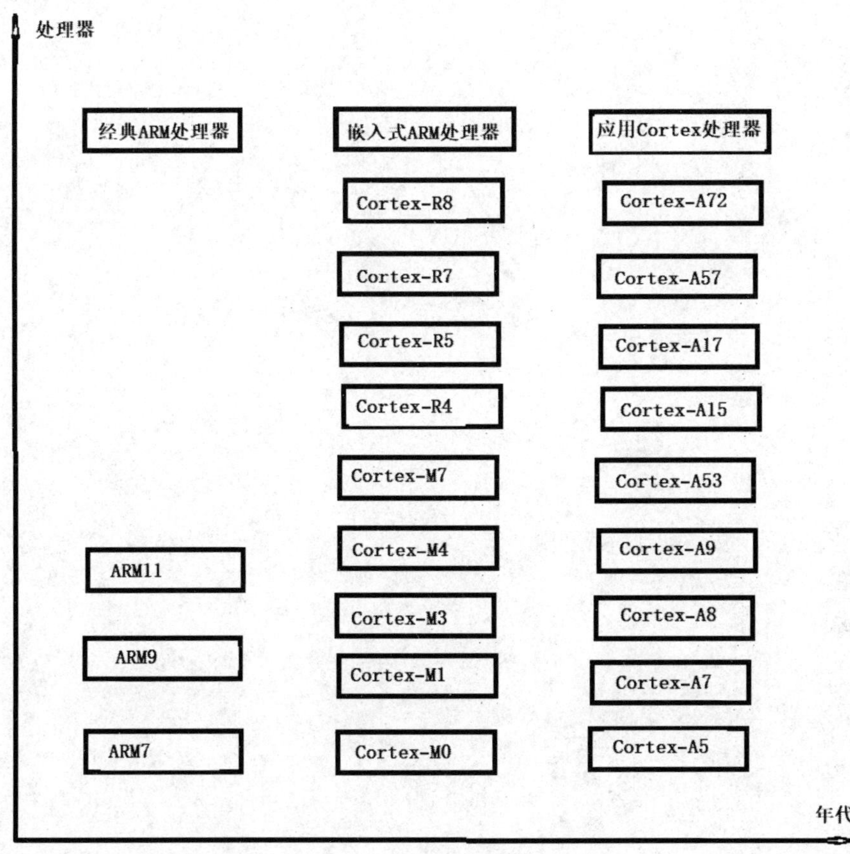

图 1-3　ARM 产品的金字塔

1.3　习题

1. ARM 体系结构中的字、半字、字节的长度各是多少？

2. ARM 系列产品包括几大类？每一类的特点和应用场合分别是什么？

3. ARM 状态下指令长度是多少位？Thumb 状态下指令长度是多少位？

4. 什么是大端存储格式？什么是小端存储格式？在 ARM 内核的系统中，常采用哪种格式？

第2章 Linux开发基础

我们以前开发 MCS-51 或 ARM 系列处理器程序时，系统都会给出一个集成开发环境，里面都有一个编辑窗口。该窗口类似一个小的 Word，在该窗口中我们可以编辑应用程序，进行书写、修改、粘贴、复制等操作。

但由于 Linux 的特殊性，没有提供一个标准的集成开发环境，因此 Linux 开发要借助第三方编辑软件。我们知道，Linux 开发使用的是 C 语言，因此 vi 文本编辑器就成为使用较多的工具。

2.1 vi 文本编辑器

vi 是 Linux 系统的第一个全屏幕交互式编辑程序，它从诞生至今一直得到广大用户的青睐，历经数十年仍然是人们主要使用的文本编辑工具，足以见其生命力之强。而强大的生命力是其强大的功能带来的。由于大多数读者在此之前都已经用惯了 Windows 的 Word 等编辑器，因此，在刚刚接触时总会或多或少不适应，但只要习惯之后，就能感受到它的方便与快捷。

2.1.1 vi 的模式

vi 有 3 种模式，分别为命令行模式、插入模式及底行模式。下面具体介绍各模式的功能。

1. 命令行模式

用户在用 vi 编辑文件时，最初进入的为命令行模式。在该模式中可以通过上下移动光标进行“删除字符”或“整行删除”等操作，也可以进行“复制”“粘贴”等操作，但无法编辑文字。

2. 插入模式

只有在该模式下，用户才能进行文字的编辑操作。在该模式下，用户还可按 Esc 键返回到命令行模式。

3. 底行模式

在该模式下，光标位于屏幕的底行，用户可以进行文件保存或退出操作，也可以设置编辑环境，如寻找字符串、列出行号等。

2.1.2 vi 的基本流程

(1) 进入 vi，即在命令行下输入 vi hello(文件名)。此时进入的是命令行模式，光标位于屏幕的上方，如图 2-1 所示。

(2) 在命令行模式下输入 i 进入插入模式，如图 2-2 所示。可以看出，在屏幕底部显示有“插入”表示插入模式，在该模式下可以输入文字信息。

图 2-1　命令行模式

图 2-2　插入模式

(3) 在插入模式中，输入 Esc，则当前模式转入命令行模式，在命令行模式下可在底行中输入“:wq”(存盘退出)进入底行模式，如图 2-3 所示。

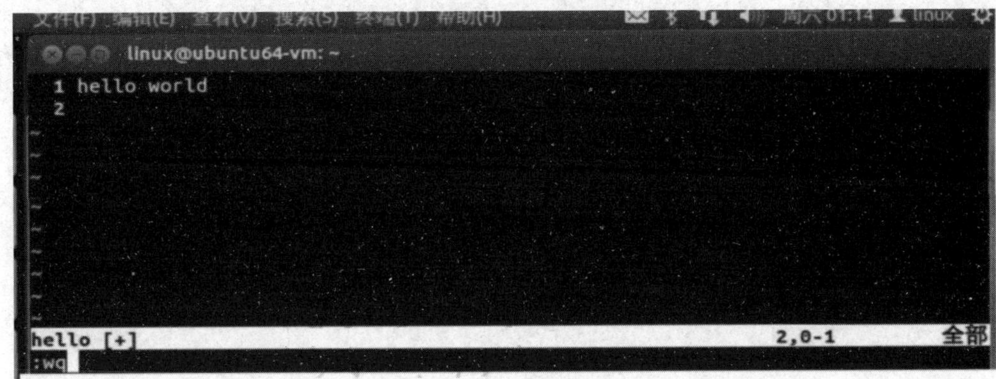

图 2-3　底行模式

这样就完成了一个简单的 vi 操作流程：命令行模式→插入模式→底行模式。由于 vi 在不同的模式下有不同的操作功能，因此，读者一定要时刻注意屏幕最下方的提示，分清所在的模式。

2.1.3　vi 各模式的功能键

1. 命令行模式常见功能键

I：切换到插入模式，此时光标位于开始输入文件处。

A：切换到插入模式，并从目前光标所在位置的下一个位置开始输入文字。

O：切换到插入模式，且从行首开始插入新的一行。

Ctrl+B：屏幕往“后”翻动一页。

Ctrl+F：屏幕往“前”翻动一页。

Ctrl+U：屏幕往“后”翻动半页。

Ctrl+D：屏幕往“前”翻动半页。

0：数字 0，光标移到本行的开头。

G：光标移到文件的最后。

nG：光标移到第 n 行。

$：移到光标所在行的“行尾”。

nEnter：光标向下移动 n 行。

name：在光标之后查找一个名为 name 的字符串。

?name：在光标之前查找一个名为 name 的字符串。

x：删除光标所在位置的一个字符。

X：删除光标所在位置的“前面”一个字符。

dd：删除光标所在行。

ndd：从光标所在行开始向下删除 n 行。

yy：复制光标所在行。

nyy：复制光标所在行开始的向下 n 行。

P：将缓冲区内的字符粘贴到光标所在位置(与 yy 搭配)。

U：恢复前一个动作。

2. 插入模式常见功能键

插入模式的功能键只有一个，也就是 Esc 键，用于退出到命令行模式。

3. 底行模式功能键

:w：将编辑的文件保存到磁盘中。

:q：退出 vi(系统对做过修改的文件会给出提示)。

:q!：强制退出 vi(对修改过的文件不做保存)。

:wq：存盘后退出。

:w [filename]：另存为一个名为 filename 的文件。

:set nu：显示行号，设定之后，会在每一行的前面显示对应行号。

:set nonu：取消行号显示。

2.2 GCC 编译器

GNU CC(简称为 GCC)是 GNU 项目中符合 ANSI C 标准的编译系统，不仅功能强大，而且可以编译如 C、C++、Object C、Java、FORTRAN、Pascal、 Modula-3 和 Ada 等多种语言。GCC 是一个交叉平台编译器，它能够在当前 CPU 平台上为多种不同体系结构的硬件平台开发软件，因此尤其适合在嵌入式领域的开发编译。

1. GCC 支持编译的源文件的扩展名及其解释

.c：C 语言原始程序。

.s/.S：汇编语言原始程序。

.C/.cc/.cxx：C++原始程序。

.h：预处理文件(头文件)。

.m：Objective-C 原始程序。

.o：目标文件。

.i：已经过预处理的 C 原始程序。

.a/.so：编译后的库文件。

.ii：已经过预处理的 C++原始程序。

2. GCC 的编译流程

GCC 的编译流程分为如下 4 个步骤。

- 预处理(Pre-Processing)。
- 编译(Compiling)。
- 汇编(Assembling)。
- 链接(Linking)。

GCC 有超过 100 个的可用选项，主要包括总体选项、告警和出错选项、优化选项和体系结构相关选项。以下对常用的总体选项进行讲解。

3. 总体选项

GCC 的总体选项如下。

-c：只是编译不链接，生成目标文件“.o”。

-S：只是编译不汇编，生成汇编代码。

-E：只进行预编译，不做其他处理。

-g：在可执行程序中包含标准调试信息。

-o file：把输出文件输出到 file 里。

-v：打印出编译器内部编译各过程的命令行信息和编译器的版本。

-I dir：在头文件的搜索路径列表中添加 dir 目录。

-L dir：在库文件的搜索路径列表中添加 dir 目录。

-static：链接静态库。

-l library：连接名为 library 的库文件。

虽然 GCC 有 100 多个选项，但我们常用的只有几项。例如.o 选项，生成可执行的目标文件。例如有 c 语言文件 hello.c，我们就可以用 gcc -o hello.c 生成可执行目标文件 hello.o。

2.3 GNU Make

到此为止，读者已经了解了如何在 Linux 下使用 vi 编辑器编写代码，如何使用 GCC 把代码编译成可执行文件，那么，所有的工作看似已经完成了，为什么还需要 Make 这个工程管理器呢？

所谓工程管理器，顾名思义就是指管理较多文件的工具。读者可以试想一下，有一个由上百个文件的代码构成的项目，如果其中只有一个或少数几个文件进行了修改，按照之前所学的 GCC 编译工具，就不得不把这所有的文件重新编译一遍，因为编译器并不知道哪些文件是最近更新的，所以要把全部源代码重新编译成可执行文件，于是，程序员就不得不重新输入数目如此庞大的文件以完成最后的编译工作。

人们希望有一个工程管理器能够自动识别更新了的文件代码，同时又不需要重复输入冗长的命令行，这样，Make 工程管理器也就应运而生了。

实际上，Make 工程管理器是一个“自动编译管理器”，这里的“自动”是指它能够根据文件时间戳自动发现更新过的文件而减少编译的工作量。同时，它通过读入 Makefile 文件的内容来执行大量的编译工作。用户只需编写一次简单的编译语句即可。它大大提高了实际项目的工作效率，而且几乎所有 Linux 下的项目编程均会涉及它，希望读者能够认真学习本节内容。

2.3.1 基本结构

1. Makefile 文件基本结构

Makefile 是 make 读入的唯一配置文件，因此本节的内容实际就是讲述 Makefile 的编写规则。在一个 Makefile 中通常包含如下内容。

(1) 需要由 make 工具创建的目标体(target)，通常是目标文件或可执行文件。

(2) 要创建的目标体所依赖的文件(dependency_file)。

(3) 创建每个目标体时需要运行的命令(command)。

它的格式为：

```
target: dependency_files
command
```

例如，有两个文件分别为 hello.c 和 hello.h，创建的目标体为 hello.o，执行的命令为 gcc 编译指令：

```
gcc -c hello.c
```

那么，对应的 Makefile 命令如下：

```
hello.o: hello.c hello.h
gcc -c hello.c -o hello.o
```

接着就可以使用 make 了。使用 make 的格式为：make target，这样 make 就会自动读入 Makefile(也可以是首字母小写 makefile)，并执行对应 target 的 command 语句，找到相应的依赖文件。如下所示：

```
gcc -c hello.c -o hello.o
hello.c hello.h hello.o Makefile
```

可以看到，Makefile 执行了“hello.o”对应的命令语句，并生成了“hello.o”目标体。

2. Makefile 变量

上面示例的Makefile 在实际中是几乎不存在的，因为它过于简单，仅包含两个文件和一个命令，在这种情况下完全没必要编写 Makefile，只需在 Linux 中直接输入即可。在实际中使用的 Makefile 往往包含很多文件和命令，这也是 Makefile 产生的原因。下面给出稍微复杂一些的 Makefile 进行讲解：

```
sunq: kang.o yul.o
gcc kang.o bar.o -o myprog
kang.o : kang.c kang.h head.h
gcc -Wall -O -g -c kang.c -o kang.o
yul.o : bar.c head.h
gcc - Wall -O -g -c yul.c -o yul.o
```

在这个 Makefile 中有 3 个目标体(target)，分别为 sunq、kang.o 和 yul.o，其中第一个目标体的依赖文件就是后两个目标体。如果用户使用命令“make sunq”，则 make 管理器就是从 sunq 目标体开始执行。

这时，make 会自动检查相关文件的时间戳。首先，在检查“kang.o”“yul.o”和“sunq”3 个文件的时间戳之前，它会向下查找那些把“kang.o”或“yul.o”作为目标文件的时间戳。比如，“kang.o”的依赖文件为“kang.c”“kang.h”“head.h”。如果这些文件中任何一个的时间戳比“kang.o”新，则命令“gcc -Wall -O -g -c kang.c -o kang.o”将会执行，从而更新文件“kang.o”。在更新完“kang.o”或“yul.o”之后，make 会检查最初的“kang.o”“yul.o”和“sunq”3 个文件，只要文件“kang.o”或“yul.o”中的任一文件时间戳比“sunq”新，则第一行命令就会被执行。这样，make 就完成了自动检查时间戳的工作，开始执行编译工作。这也就是 Make 工作的基本流程。

接下来，为了进一步简化编辑和维护 Makefile，make 允许在 Makefile 中创建和使用变量。变量是在 Makefile 中定义的名称，用来代替一个文本字符串，该文本字符串称为该变量的值。在具体要求下，这些值可以代替目标体、依赖文件、命令以及 makefile 文件中的其他部分。在 Makefile 中的变量定义有两种方式：一种是递归展开方式，另一种是简单方式。

递归展开方式定义的变量是在引用该变量时进行替换的，即如果该变量包含了对其他变量的引用，则在引用该变量时一次性将内嵌的变量全部展开。虽然这种类型的变量能够很好地完成用户的指令，但是它也有严重的缺点，如不能在变量后追加内容。

为了避免上述问题，简单扩展型变量的值在定义处展开，并且只展开一次，因此它不包含任何对其他变量的引用，从而消除变量的嵌套引用。

递归展开方式的定义格式为：

```
VAR=var
```

简单扩展方式的定义格式为：

```
VAR：=var
```

Make 中的变量均使用如下格式：

```
$(VAR)
```

下面给出了上例中用变量替换修改后的 Makefile，这里用 OBJS 代替 kang.o 和 yul.o，用 CC 代替 gcc，用 CFLAGS 代替“-Wall -O -g”。这样在以后修改时，就可以只修改变量定义，而不需要修改下面的定义实体，从而大大简化了 Makefile 维护的工作量。

经变量替换后的 Makefile 如下所示：

```
OBJS = kang.o yul.o
CC = gcc
CFLAGS = -Wall -O -g
sunq : $(OBJS)
$(CC) $(OBJS) -o sunq
kang.o : kang.c kang.h
$(CC) $(CFLAGS) -c kang.c -o kang.o
yul.o : yul.c yul.h
$(CC) $(CFLAGS) -c yul.c -o yul.o
```

可以看到，此处变量是以递归展开方式定义的。

Makefile 中的变量分为用户自定义变量、预定义变量、自动变量及环境变量。如上例中的 OBJS 就是用户自定义变量，用户自定义变量的值由用户自行设定。而预定义变量和自动变量为通常在 Makefile 都会出现的变量，其中部分有默认值，也就是常见的设定值，当然用户可以对其进行修改。预定义变量包含了常见编译器、汇编器的名称及其编译选项。

可以看出，上例中的 CC 和 CFLAGS 是预定义变量，其中由于 CC 没有采用默认值，因此，需要把“CC=gcc”明确列出来。

由于常见的 gcc 编译语句中通常包含了目标文件和依赖文件，而这些文件在 Makefile 文件中目标体的一行已经有所体现，因此，为了进一步简化 Makefile 的编写，就引入了自动变量。自动变量通常可以代表编译语句中出现的目标文件和依赖文件等，并且具有本地含义(即下一语句中出现的相同变量代表的是下一语句的目标文件和依赖文件)。

3. Makefile 中常见的自动变量

$*：不包含扩展名的目标文件名称。

$+：所有的依赖文件，以空格分开，并以出现的先后为序，可能包含重复的依赖文件。

$<：第一个依赖文件的名称。

$?：所有时间戳比目标文件晚的依赖文件，并以空格分开。

$@：目标文件的完整名称。

$^：所有不重复的依赖文件，以空格分开。

$%：如果目标是归档成员，则该变量表示目标的归档成员名称。

自动变量比较难记，但是在熟悉了之后会非常方便。

2.3.2　Makefile 的规则

Makefile 的规则是 make 进行处理的依据，它包括目标体、依赖文件及其之间的命令语句。一般情况下，Makefile 中的一条语句就是一个规则。在上面的例子中，都显式地指出了 Makefile 中的规则关系，如“$(CC) $(CFLAGS) -c $< -o $@”。但为了简化 Makefile 的编写，make 还定义了隐式规则和模式规则，下面分别对其进行讲解。

1. 隐式规则

隐式规则能够告诉 make 如何使用传统的技术完成任务，这样，当用户使用它们时就不必详细指定具体细节，而只需把目标文件列出即可。make 会自动搜索隐式规则目录来确定如何生成目标文件。

如上例就可以写成：

```
OBJS = kang.o yul.o
CC = gcc
CFLAGS = -Wall -O -g
sunq : $(OBJS)
$(CC) $^ -o $@
```

为什么可以省略后两句呢？因为 make 的隐式规则指出：所有的“.o”文件都可使用命令“$(CC) $(CPPFLAGS) $(CFLAGS) -c file.c -o file.o”生成。这样“kang.o”和“yul.o”就会分别通过调用“$(CC) $(CFLAGS) -c kang.c -o kang.o”和“$(CC) $(CFLAGS) -c yul.c -o yul.o”生成。

常见的隐式规则如下。

- C 编译：.c 变为.o。

```
$(CC)  – c $(CPPFLAGS) $(CFLAGS)
```

- C++编译：.cc 或.C 变为.o。

```
$(CXX) -c $(CPPFLAGS) $(CXXFLAGS)
```

- Pascal 编译：.p 变为.o。

```
$(PC) -c $(PFLAGS)
```

- FORTRAN 编译：.r 变为-o。

```
$(FC) -c $(FFLAGS)
```

2. 模式规则

模式规则用来定义相同处理规则的多个文件。它不同于隐式规则，隐式规则仅仅能够用 make 默认的变量来进行操作，而模式规则还能引入用户自定义变量，为多个文件建立相同的规则，从而简化 Makefile 的编写。

模式规则的格式类似于普通规则，这个规则中的相关文件前必须用“%”标明。使用模式规则修改后的 Makefile 如下：

```
OBJS = kang.o yul.o
CC = gcc
CFLAGS = -Wall -O -g
sunq : $(OBJS)
$(CC) $^ -o $@
%.o : %.c
$(CC) $(CFLAGS) -c $< -o $@
```

2.3.3 Makefile 管理器的使用

Makefile 管理器的使用非常简单，只需在 make 命令的后面输入目标名即可建立指定的目标，如果直接运行 make，则建立 Makefile 中的第一个目标。

此外，make 还有丰富的命令行选项，可以完成各种不同的功能。下面列出了常用的 make 命令行选项。

-C dir：指定目录下的 Makefile。

-f file：读入当前目录下的 file 文件作为 Makefile。

-i：忽略所有的命令执行错误。

-I dir：指定被包含的 Makefile 所在目录。

-n：只打印要执行的命令，但不执行这些命令。

-p：显示 make 变量数据库和隐含规则。

-s：在执行命令时不显示命令。

-w：如果 make 在执行过程中改变目录，则打印当前目录名。

2.3.4　Makefile 管理器的实验

实验要求：编写一个包含多文件的 Makefile。

实验目的：通过对包含多文件的 Makefile 的编写，熟悉各种形式的 Makefile，并且进一步加深对 Makefile 中用户自定义变量、自动变量及预定义变量的理解。

(1) 用 vi 在同一目录下编辑两个简单的 Hello 程序，如下所示：

```
#hello.c
#include "hello.h"
int main()
{
    printf("Hello everyone!\n");
}
#hello.h
#include <stdio.h>
```

(2) 仍在同一目录下用 vi 编辑 Makefile，不使用变量替换，用一个目标体实现(即直接将 hello.c 和 hello.h 编译成 hello 目标文件)，并用 make 验证所编写的 Makefile 是否正确。

(3) 将上述 Makefile 使用变量替换实现。同样用 make 验证所编写的 Makefile 是否正确。

(4) 编辑另一个 Makefile，取名为 Makefile1，不使用变量替换，但用两个目标体实现(也就是首先将 hello.c 和 hello.h 编译为 hello.o，再将 hello.o 编译为 hello)，再用 make 的-f 选项验证这个 Makefile1 的正确性。

(5) 将上述 Makefile1 使用变量替换实现：

① 用 vi 打开上述两个代码文件 hello.c 和 hello.h。

② 在命令行中用 gcc 尝试编译，使用命令：gcc hello.c -o hello，并运行 hello 可执行文件查看结果。

③ 删除此次编译的可执行文件，命令为 rm hello。

④ 用 vi 编辑 Makefile，如下所示：

```
hello:hello.c hello.h
gcc hello.c -o hello
```

⑤ 保存并退出 Makefile 文件，输入 make，查看结果。

⑥ 再次用 vi 打开 Makefile，用变量进行替换，如下所示：

```
OBJS :=hello.o
CC :=gcc
hello:$(OBJS)
$(CC) $^ -o $@
```

⑦ 保存并退出 Makefile 文件，在 shell 中输入 make，查看结果。

⑧ 用 vi 编辑 Makefile1，如下所示：

```
hello:hello.o
gcc hello.o -o hello
hello.o:hello.c hello.h
gcc -c hello.c -o hello.o
```

⑨ 保存并退出 Makefile1 文件，在 shell 中输入 make -f Makefile1，查看结果。

⑩ 再次用 vi 编辑 Makefile1，如下所示：

```
OBJS1 :=hello.o
OBJS2 :=hello.c hello.h
CC :=gcc
hello:$(OBJS1)
$(CC) $^ -o $@
$(OBJS1):$(OBJS2)
$(CC) -c $< -o $@
```

在这里请注意区分^和<。

⑪ 保存并退出 Makefile1 文件，输入 make -f Makefile1，查看结果。

2.4 Linux 常用命令

Linux 常用命令有 200 种以上，这里仅就后面用到的命令做简单介绍。

1. cd

(1) 作用：改变工作目录。

(2) 格式：cd [路径]。

其中，路径为要改变到的工作目录，可为相对路径或绝对路径。

(3) 使用实例。

```
[root@www uclinux]# cd /home/linux/
[root@www linux]# pwd
[root@www linux]# /home/linux/
```

该实例中变更工作目录为“/home/linux/”，在后面的 pwd(显示当前目录)的结果中可以看出。

(4) 使用说明。

该命令将当前目录改变至指定路径的目录。若没有指定路径，则回到用户的主目录。为了改变到指定目录，用户必须拥有对指定目录的执行和读权限。

该命令可以使用通配符。

使用“cd -”可以回到前次工作目录。“./”代表当前目录，“../”代表上级目录。

2. ls

(1) 作用：列出目录的内容。

(2) 格式：ls [选项] [目录名]。

(3) 常见参数。

-1, --format=single-column：一行输出一个文件(单列输出)。

-a, -all：列出目录中的所有文件，包括以“.”开头的文件。

-d：将目录名和其他文件一样列出，而不是列出目录的内容。

-l, --format=long, --format=verbose：除每个文件名外，增加显示文件类型、权限、硬链接数、所有者名、组名、大小(Byte)及时间信息(如未指明是其他时间即指修改时间)。

-f：不排序目录内容，按它们在磁盘上存储的顺序列出。

(4) 使用实例。

```
[ycwing@www /]$ ls -l
total 220
drwxr-xr-x 2 root root 4096 Mar 31 2005 bin
drwxr-xr-x 3 root root 4096 Apr 3 2005 boot
-rw-r--r-- 1 root root 0 Apr 24 2002 test.run
...
```

该实例查看当前目录下的所有文件，并通过选项“-l”显示出详细信息。

显示格式有文件类型与权限、链接数、文件属主、文件属组、文件大小、修改的时间等。

(5) 使用说明。

在 ls 的常见参数中，-l(长文件名显示格式)的选项是最为常见的，可以详细显示出各种信息。

若想显示出所有“.”开头的文件，可以使用-a，这在嵌入式的开发中很常用。

3. mkdir

(1) 作用：创建一个目录。

(2) 格式：mkdir　[选项]　路径。

(3) 常见参数。

-m：对新建目录设置存取权限，也可以用 chmod 命令(在本节后面会有详细说明)设置。

-p：可以是一个路径名称。此时若此路径中的某些目录尚不存在，加上此选项后，系统将自动建立好那些尚不存在的目录，即一次可以建立多个目录。

(4) 使用实例。

```
[root@www linux]# mkdir -p ./hello/my
[root@www my]# pwd(查看当前目录命令)
/home/linux/hello/my
```

该实例使用选项“-p”一次创建了./hello/my 多级目录。

```
[root@www my]# mkdir -m 777 ./why
[root@www my]# ls -l
total 4 drwxrwxrwx 2 root root 4096 Jan 14 09:24 why
```

该实例使用选项“-m”创建了相应权限的目录。对于“777”的权限，在本节后面会有详细的说明。

(5) 使用说明。

该命令要求创建目录的用户在创建路径的上级目录中具有写权限，并且路径名不能是当前目录中已有的目录或文件名称。

4. cp、mv 和 rm

(1) 作用。

cp：将给出的文件或目录复制到另一文件或目录中。

mv：将文件或目录改名，或将文件由一个目录移入另一个目录中。

rm：删除一个目录中的一个或多个文件或目录。

(2) 格式。

cp：cp [选项] 源文件或目录 目标文件或目录。

mv：mv [选项] 源文件或目录 目标文件或目录。

rm：rm [选项] 文件或目录。

(3) 常见参数。

① cp 的主要选项参数如下。

-a：保留链接、文件属性，并复制目录下的所有内容。

-d：复制时保留链接。

-f：删除已经存在的目标文件而不提示。

-i：在覆盖目标文件之前将给出提示要求用户确认。回答 y 时目标文件将被覆盖，而且是交互式复制。

-p：此时 cp 除复制源文件的内容外，还将把其修改时间和访问权限也复制到新文件中。

-r：若给出的源文件是一个目录文件，此时 cp 将递归复制该目录下所有的子目录和文件。此时目标文件必须为一个目录名。

② mv 的主要选项参数如下。

-i：若 mv 操作将导致对已存在的目标文件的覆盖，此时系统询问是否重写，并要求用户回答 y 或 n，这样可以避免误覆盖文件。

-f：禁止交互操作。在 mv 操作要覆盖某个已有的目标文件时不给任何指示，在指定此选项后，i 选项将不再起作用。

③ rm 的主要选项参数如下。

-i：进行交互式删除。

-f：忽略不存在的文件，但从不给出提示。

-r：指示 rm 将参数中列出的全部目录和子目录均递归地删除。

(4) 使用实例。

```
cp：
[root@www hello]# cp -a ./my/why/ ./
[root@www hello]# ls
my why
```

该实例使用-a 选项将“/my/why”目录下的所有文件复制到当前目录下。而此时在原先目录下还有原有的文件。

```
mv:
[root@www hello]# mv -i ./my/why/ ./
[root@www hello]# ls
my why
```

该实例中把“/my/why”目录下的所有文件移至当前目录，则原目录下文件被自动删除。

```
rm:
[root@www hello]# rm -r -i ./why
rm: descend into directory './why'? y
rm: remove './why/my.c'? y
rm: remove directory './why'? y
```

该实例使用“-r”选项删除“./why”目录下的所有内容，系统会确认是否删除。

(5) 使用说明。

cp：该命令把指定的源文件复制到目标文件，或把多个源文件复制到目标目录中。

mv：该命令根据命令中第二个参数类型的不同(是目标文件还是目标目录)来判断是重命名还是移动文件，当第二个参数类型是文件时，mv 命令完成文件重命名，此时，它将源文件或目录重命名为给定的目标文件名。

当第二个参数是已存在的目录名称时，mv 命令将各参数指定的源文件均移至目标目录中。

在跨文件系统移动文件时，mv 先复制，再将原有文件删除，而链接至该文件的链接也将丢失。

rm：如果没有使用-r 选项，则 rm 不会删除目录。使用该命令时一旦文件被删除，它是不能被恢复的，所以最好使用-i 参数。

5. tar

(1) 作用：对文件目录进行打包或解包。

在此需要对打包和压缩这两个概念进行区分。打包是指将一些文件或目录变成一个总的文件，而压缩则是将一个大的文件通过一些压缩算法变成一个小文件。

(2) 格式：tar [选项] [打包后文件名]文件目录列表。

tar 可自动根据文件名识别打包或解包动作，其中打包后文件名为用户自定义的打包后文件名称，文件目录列表可以是要进行打包备份的文件目录列表，也可以是进行解包的文件目录列表。

(3) 主要参数。

-c：建立新的打包文件。

-r：向打包文件末尾追加文件。

-x：从打包文件中解出文件。

-o：将文件解开到标准输出。

-v：处理过程中输出相关信息。

-f：对普通文件进行操作。

(4) 使用实例。

```
[root@www home]# tar -cvf ycw.tar ./ycw
./ycw/
./ycw/.bash_logout
./ycw/.bash_profile
./ycw/.bashrc
./ycw/.bash_history
./ycw/my/
./ycw/my/1.c.gz
./ycw/my/my.c.gz
./ycw/my/hello.c.gz
./ycw/my/why.c.gz
[root@www home]# ls -l ycw.tar
-rw-r--r-- 1 root root 10240 Jan 14 15:01 ycw.tar
```

该实例将“./ycw”目录下的文件进行打包，其中选项“-v”在屏幕上输出了打包的具体过程。

```
[root@www linux]# tar -zxvf linux-2.6.11.tar.gz
linux-2.6.11/
linux-2.6.11/drivers/
linux-2.6.11/drivers/video/
linux-2.6.11/drivers/video/aty/
```

(5) 使用说明。

tar 命令除用于常规的打包外，使用更为频繁的是用选项“-z”或“-j”调用 gzip 或 bzip2(Linux 中的另一种解压工具)，以完成对各种不同文件的解压。

6. ifconfig

(1) 作用：用于查看和配置网络接口的地址和参数，包括 IP 地址、网络掩码、广播地址，它的使用权限是超级用户。

(2) 格式。ifconfig 有两种使用格式，分别用于查看和更改网络接口。

- ifconfig [选项] [网络接口]，用来查看当前系统的网络配置情况。
- ifconfig 网络接口 [选项] 地址，用来配置指定接口(如 eth0，eth1)的 IP 地址、网络掩码、广播地址等。

(3) 常见参数。

ifconfig 第二种格式常见选项如下。

-interface：指定的网络接口名，如 eth0 和 eth1。

up：激活指定的网络接口卡。

down：关闭指定的网络接口。

broadcast address：设置接口的广播地址。

poin to point：启用点对点方式。

address：设置指定接口设备的 IP 地址。

netmask address：设置接口的子网掩码。

(4) 使用实例。

首先，在本例中使用 ifconfig 的第一种格式来查看网络配置情况。

```
[root@linux workplace]# ifconfig
eth0 Link encap:Ethernet HWaddr 00:08:02:E0:C1:8A
inet addr:59.64.205.70 Bcast:59.64.207.255 Mask:255.255.252.0
inet6 addr: fe80::208:2ff:fee0:c18a/64 Scope:Link
UP BROADCAST RUNNING MULTICAST MTU:1500 Metric:1
RX packets:26931 errors:0 dropped:0 overruns:0 frame:0
TX packets:3209 errors:0 dropped:0 overruns:0 carrier:0
collisions:0 txqueuelen:1000
RX bytes:6669382 (6.3 MiB) TX bytes:321302 (313.7 KiB)
Interrupt:11
```

```
lo Link encap:Local Loopback
inet addr:127.0.0.1 Mask:255.0.0.0
inet6 addr: ::1/128 Scope:Host
UP LOOPBACK RUNNING MTU:16436 Metric:1
RX packets:2537 errors:0 dropped:0 overruns:0 frame:0
TX packets:2537 errors:0 dropped:0 overruns:0 carrier:0
collisions:0 txqueuelen:0
RX bytes:2093403 (1.9 MiB) TX bytes:2093403 (1.9 MiB)
```

可以看出，使用 ifconfig 的显示结果中详细列出了所有活跃接口的 IP 地址、硬件地址、广播地址、子网掩码、回环地址等。

```
[root@linux workplace]# ifconfig eth0
eth0 Link encap:Ethernet HWaddr 00:08:02:E0:C1:8A
inet addr:59.64.205.70 Bcast:59.64.207.255 Mask:255.255.252.0
inet6 addr: fe80::208:2ff:fee0:c18a/64 Scope:Link
UP BROADCAST RUNNING MULTICAST MTU:1500 Metric:1
RX packets:27269 errors:0 dropped:0 overruns:0 frame:0
TX packets:3212 errors:0 dropped:0 overruns:0 carrier:0
collisions:0 txqueuelen:1000
RX bytes:6698832 (6.3 MiB) TX bytes:322488 (314.9 KiB)
Interrupt:11
```

在此例中，通过指定接口显示出对应接口的详细信息。另外，用户还可以通过指定参数“-a”来查看所有接口(包括非活跃接口)的信息。

接下来的示例指出了如何使用 ifconfig 的第二种格式来改变指定接口的网络参数配置。

```
[root@linux ~]# ifconfig eth0 down
[root@linux ~]# ifconfig
lo Link encap:Local Loopback
inet addr:127.0.0.1 Mask:255.0.0.0
inet6 addr: ::1/128 Scope:Host
UP LOOPBACK RUNNING MTU:16436 Metric:1
RX packets:1931 errors:0 dropped:0 overruns:0 frame:0
TX packets:1931 errors:0 dropped:0 overruns:0 carrier:0
collisions:0 txqueuelen:0
RX bytes:2517080 (2.4 MiB) TX bytes:2517080 (2.4 MiB)
```

在此例中，通过将指定接口的状态设置为 DOWN，暂停该接口的工作。

```
[root@linux workplace]# ifconfig eth0 210.25.132.142 netmask 255.255.255.0
[root@linux workplace]# ifconfig
eth0 Link encap:Ethernet HWaddr 00:08:02:E0:C1:8A
inet addr:210.25.132.142 Bcast:210.25.132.255 Mask:255.255.255.0
```

```
inet6 addr: fe80::208:2ff:fee0:c18a/64 Scope:Link
UP BROADCAST RUNNING MULTICAST MTU:1500 Metric:1
RX packets:1722 errors:0 dropped:0 overruns:0 frame:0
TX packets:5 errors:0 dropped:0 overruns:0 carrier:0
collisions:0 txqueuelen:1000
RX bytes:147382 (143.9 KiB) TX bytes:398 (398.0 b)
Interrupt:11
...
```

从上例可以看出，ifconfig 改变了接口 eth0 的 IP 地址、子网掩码等，在之后的 ifconfig 查看中可以看出确实发生了变化。

(5) 使用说明。

用 ifconfig 命令配置的网络设备参数不需重启就可生效，但在机器重新启动以后将会失效。

2.5 习题

1. 在 Linux 开发中，最常用的编辑和编译软件有哪些？它们的功能有什么不同？
2. 在 Linux 开发中，GNU Make 的作用是什么？
3. 学会 ifconfig 命令的使用。

第 3 章

shell编程

在计算机中，shell 俗称壳(用来区分核)，是指“为使用者提供操作界面”的软件，它类似于 DOS 下的 COMMAND.COM 和后来的 cmd.exe。它接收用户命令，然后调用相应的应用程序。同时它又是一种程序设计语言，用于解释和执行用户输入的命令，或自动解释并执行预先设定好的一连串命令。作为程序设计语言，它定义了各种变量和参数，并提供了许多在高级语言中才有的控制结构，包括循环和分支结构。

3.1 Linux 常用的 shell

1. Bourne shell

Bourne shell 是一个交换式的命令解释器和命令编程语言。Bourne shell 是标准的 UNIX shell，以前常被用来作为管理系统之用。大部分的系统管理命令文件，例如 rc start、stop 与 shutdown 都是 Bourne shell 的命令档，且在单一使用者模式下以 root 签入时它常被系统管理者使用。Bourne shell 是由 AT&T 发展的，以简洁、快速著名。Bourne shell 提示符号的默认值是$。

2. C shell

C shell(即 csh)是一种比 Bourne shell 更适合的变种 shell，使用的是类 C 语言。csh 是具有 C 语言风格的一种 shell，其内部命令有 52 个，比较庞大。

C shell 是伯克利大学所开发的，且加入了一些新特性，如命令行历史、别名、内建算术和工作控制。对于常在交谈模式下执行 shell 的使用者而言，他们较喜欢用 C shell；但对于系统管理者而言，则较偏好以 Bourne shell 来做命令档，因为 Bourne shell 命令档比 C shell 命令档更简单及快速。C shell 提示符号的默认值是%。

3. Korn shell

Korn shell 是一个 UNIX shell，它由贝尔实验室的 David Korn 在 20 世纪 80 年代早期编写。它完全向上兼容 Bourne shell 并包含了 C shell 的很多特性，例如贝尔实验室用户需要的命令编辑。

Korn shell 是 Bourne shell 的超集，它增加了一些特色，比 C shell 更为先进。Korn shell 的特色包括了可编辑的历程、别名、函式、正则表达式万用字符、内建算术、工作控制、协同处理和特殊的除错功能。Korn shell 提示符号的默认值也是$。

4. bash

bash 是 Bourne shell 的扩展，同时结合了 C shell 和 Korn shell 的优点。大多数 Linux 系统默认的 shell 是 bash。

本章将介绍 shell 脚本编程，严格地说是 bash 编程，本章的内容只是 bash 编程入门。

3.2 shell 编程实例

写 shell 脚本不需要编译器，也不需要什么集成开发环境。所有的工具只是一个文本编辑器。vim 无疑是 shell 编程的首选工具，这是大部分主流程序员的选择。

3.2.1 实例程序

这是最古老、最经典的入门程序，用于在屏幕上打印一行字符串“Hello World!”。借用这个程序，来看一看一个基本的 shell 程序的构成。使用文本编辑器建立一个名为 hello 的文件，包含以下内容:

```
#!/bin/bash
#Display a line


echo "Hello World!"
```

要执行这个 shell 脚本，首先应该要为它加上可执行权限。完成操作后，就可以运行脚本了。

```
$    chmod +x hello        #为脚本加上可执行权限
$    ./hello               #执行脚本
Hello World!
```

下面逐行解释这个脚本程序。

```
#!/bin/bash
```

这一行告诉 shell，运行这个脚本时应该使用哪个 shell 程序。本例中使用的是/bin/bash，也就是 bash 。一般来说，shell 程序的第一行总是以“#!”开头，指定脚本的运行环境。在当前环境就是 bash shell 时可以省略这一行。

```
#Display a line
```

以“#”号开头的行是注释，shell 会直接忽略“#”号后面的所有内容。

和几乎所有编程语言一样，shell 脚本会忽略空行。用空行分割一个程序中不同的任务代码是一个良好习惯。

```
echo "Hello World!"
```

echo 命令把其参数传递给标准输出，在这里就是显示器。如果参数是一个字符串的话，那么应该用双引号把它包含起来。echo 命令最后会自动加上一个换行符。

3.2.2　变量和运算符

本节介绍变量和运算符的使用。变量和运算符是任何一种编程语言所必备的元素。通过将一些信息保存在变量中，可以将此信息留作以后使用。通过本节的学习，读者将学会如何操作变量和使用运算符。

1. 变量的赋值和使用

首先来看一个简单的程序，这个程序将一个字符串赋给变量，并在最后将其输出。

```
#!/bin/bash
#将一个字符串赋给变量 output
log="monday"

echo "The value of logfile is:"

#美元符号($)用于变量替换
echo $log
```

下面是这个脚本程序的运行结果。

```
$  ./ varible
The value of logfile is:
    monday
```

在 shell 中使用变量不需要事先声明。使用等号“=”将一个变量右边的值赋给这个变量时，直接使用变量名就可以了(注意：赋值变量时“=”左右两边没空格)。例如:

```
log = "monday"
```

当需要存取变量时，就要使用一个字符来进行变量替换。在 bash 中，美元符号“$”用于对一个变量进行解析。shell 在碰到带有“$”的变量时，会自动将其替换为这个变量的值。例如上面这个脚本的最后一行，echo 最终输出的是变量 log 中存放的值。

需要指出的是，变量只在其所在的脚本中有效。在上面这个脚本退出后，变量 log 就失效了，此时在 shell 中试图查看 log 的值将什么也得不到。

```
$ echo $log
```

使用 source 命令可以强行让一个脚本影响其父 shell 环境。下面这种方式运行 varible 脚本，可以让 log 变量在当前 shell 中可见。

```
$ source varible
The value of logfile is:
monday
$ echo $log
monday
```

另一个与之相反的命令是 export。export 让脚本可以影响其子 shell 环境。下面这一段命令在子 shell 中显示变量的值。

```
$ export count=5                        #输出变量 count
$ bash                                  #启动子 shell
$ echo $count                           #在子 shell 中显示变量的值
5
$exit                                   #回到先前的 shell 中
exit
```

使用 unset 命令可以手动注销一个变量。这个命令的使用就像下面这样简单。

```
unset log
```

2. 变量替换

前面已经提到，美元提示符“$”用于解析变量。如果希望输出这个符号，那么应该使用转义字符“\”，告诉 shell 忽略特殊字符的特殊含义。

```
$ log="Monday"
$ echo "The value of \$log is $log"
The value of $log is Monday
```

shell 提供了花括号“{}”来限定一个变量的开始和结束。在紧跟变量输出字母后缀时，就必须要使用这个功能。

```
$ word="big"
$ echo "This apple is ${word}ger"
This apple is bigger
```

3. 位置变量

shell 脚本使用位置变量来保存参数。当脚本启动的时候，就必须知道传递给自己的参数是什么。考虑 cp 命令，这个命令接受两个参数，用于将一个文件复制到另一个地方。传递给脚本文件的参数分别存放在“$”符号带有数字的变量中。简单地说，第一个参数存放在$1，第二个参数存放在$2，……，以此类推。当存取的参数超过 10 个的时候，就要用花括号把这个数字括起来，例如${13}、${20}等。

一个比较特殊的位置变量是$0，这个变量用来存放脚本自己的名称。有些时候，例如创建日志文件时这个变量非常有用。下面来看一个脚本，用于显示传递给它的参数。

```
#!  /bin/bash
echo "\$0 = *$0*"
echo "\$1 = *$1*"
echo "\$2 = *$2*"
echo "\$3 = *$3*"
```

下面是这个程序的运行结果。注意，因为没有第 3 个参数，因此$3 的值是空的。

```
$   ./display_para first second
$0 =*./display_para*
$1 = *first*
$2 = *second*
$3 = **
```

除了以数字命名的位置变量，shell 还提供了另外 3 个位置变量。

(1) $*：包含参数列表。

(2) $@：包含参数列表。

(3) $#：包含参数的个数。

下面这个脚本 listfiles 显示文件的详细信息。尽管还没有学习过 for 命令，但这里可以先体验一下，这几乎是“$@”最常见的用法。

```
#!  /bin/bash

#显示有多少文件需要列出
```

```
echo "$# file(s) to list"

#将参数列表中的值逐一赋给变量 file
for file in $@
do
	ls -1 $file
done
```

for 语句每次从参数列表($@)中取出一个参数，放到变量 file 中。脚本运行的结果如下：

```
$   ./listfiles badpro hello export varible
$# file(s) to list
-rwxr-xr-x 1 lewis lewis 79 2008-11-06 22:20 badpro
-rwxr-xr-x 1 lewis lewis 37 2008-11-07 15:35 hello
-rwxr-xr-x 1 lewis lewis 148 2008-11-07 17:06 export_varible
```

4. bash 引号规则

尽管还没有正式介绍引号的使用规则，但之前的脚本程序已经大量使用了引号(不过也只是双引号而已) 。现在弥补这个空缺还来得及。在 shell 脚本中可以使用的引号有如下 3 种。

(1) 双引号：阻止 shell 对大多数特殊字符(例如#)进行解释。但“$”“'”和“"”仍然保持其特殊含义。

(2) 单引号：阻止 shell 对所有字符进行解释。

(3) 倒引号：“`”，这个符号通常位于键盘上 Esc 键的下方。当用倒引号括起一个 shell 命令时，这个命令将会被执行，执行后的输出结果将作为这个表达式的值。倒引号中的特殊字符一般都被解释。

下面的脚本 quote 显示这 3 个引号的不同之处。

```
#!  /bin/bash

log=Saturday

#双引号会对其中的“$”字符进行解释
echo "Today is $log"

#单引号不会对特殊字符进行解释
echo 'Today is $log'

#倒引号会运行其中的命令，并把命令输出作为最终结果
echo "Today is `date `"
```

以下是该脚本的运行结果。注意脚本的最后一行，双引号也会对`做出解释。

```
$  ./quote
Today is Saturday
Today is $1og
Today is 2008 年 11 月 08 日 星期六 08:31:33 CST
```

5. 运算符

运算符是类似于“+”“-”这样的符号，用于告诉计算机执行怎样的运算。shell 定义了一套运算符，其中的大部分读者应该已经非常熟悉了。和数学中的运算符号一样，这些运算符具有不同的优先级，优先级高的运算更早被执行。表 3-1 按照优先级从高到低列出了 shell 中可能用到的所有运算符。

表 3-1　shell 中用到的运算符

运算符	定义
-, +	单目负、单目正
!, ~	逻辑非、按位取反
*, /, %	乘、除、取模
+, -	加、减
<<, >>	按位左移、按位右移
<=, >=, <, >	小于或等于、大于或等于、小于、大于
==, !=	等于、不等于
&	按位与
^	按位异或
|	按位或
&&	逻辑与
||	逻辑或
=, +=, -=, *=, /=, %=, &=, ^=, |=, <<=, >>=	运算并赋值

事实上，shell 完全复制了 C 语言中的运算符及其优先级规则。在日常使用中，只需要使用其中的一部分就可以了。

运算符的优先级并不需要特别记忆。如果使用的时候搞不清楚，只要简单地使用括号就可以了，就像小学里学习算术时一样。

```
(7 + 8) (6 - 3)
```

值得注意的是，在 shell 中表示“相等”时，“==”和“=”在大部分情况下不存在差异，这和 C/C++程序员的经验不同。读者将会在后文中逐渐熟悉如何进行表达式的判断。

3.2.3 表达式求值

之所以单独列出这一节，因为这是让很多初学者感到困惑的地方。shell 中进行表达式求值时，有和其他编程语言不同的地方。首先来看一个例子，这个例子可以“帮助”读者产生困惑。

```
$ num=1
$ num=$num+2
$ echo $num
1+2
```

为什么结果不是 3？原因很简单，shell 脚本语言是一种“弱类型”的语言，它并不知道变量 num 中保存的是一个数值，因此在遇到 num=$num+2 这个命令时，shell 只是简单地把$num 和“+2”连在一起作为新的值赋给变量 num(在这方面，其他脚本语言——例如 PHP 似乎显得更“聪明”一些)。为了让 shell 得到“正确”的结果，可以试试下面这条命令。

```
$ num=$[ $num+1 ]
```

$[]这种表示形式告诉 shell 应该对其中的表达式求值。如果上面这条命令不太容易看清楚的话，那么不妨对比一下下面这两条命令的输出。

```
$ num1=1+2
$ num2=$[ 1 + 2 ]
$ echo $num1 $num2
1+2 3
```

$[]的使用方式非常灵活，可以接受不同基数的数字(默认情况下使用十进制)。可以采用[base#]n 来表示从二到三十六进制的任何一个 n 值，例如 2#10 就表示二进制数 10(对应于十进制的 2)。下面的几个例子显示了如何在$[]中使用不同的基数求值。

```
$ echo $[ 2#10 + 1 ]
3
$ echo $[ 16#10 + 1 ]
17
$ echo $[ 8#10 + 1 ]
9
```

expr 命令也可以对表达式执行求值操作，这个命令允许使用的表达式更为复杂，也更为灵活。限于篇幅，这里无法介绍 expr 的高级用法。下面的例子是用 expr 计算 1+2 的值，注意 expr 会同时把结果输出。

```
$ expr 1 + 2
3
```

注意：

在“1”“+”和“2”之间要有空格，否则 expr 会简单地将其当作字符串输出。

另一种指导 shell 进行表达式求值的方法是使用 let 命令。更准确地说，let 命令用于计算整数表达式的值。下面这个例子显示了 let 命令的用法。

```
$ num=1
$ let num=$num+1
$ echo $num
2
```

3.2.4　脚本执行命令和控制语句

本节将介绍 shell 脚本中的执行命令及控制语句。在正常情况下，shell 按顺序执行每一条语句，直至碰到文件尾。但在多数情况下，需要根据情况选择相应的语句执行，或者对一段程序循环执行。这些都是通过控制语句实现的。

1. if 选择结构

if 命令判断条件是否成立，进而决定是否执行相关的语句。这也许是程序设计中使用频率最高的控制语句了。最简单的 if 结构如下：

```
if test-commands
then
    commands
fi
```

上面这段代码首先检查表达式 test-commands 是否为真。如果是，就执行 commands 所包含的命令——可以是一条，也可以是多条命令。如果 test-commands 为假，那么直接跳过这段 if 结构(以 fi 作为结束标志)，继续执行后面的脚本。

下面这段程序提示用户输入口令。如果口令正确，就显示一条欢迎信息。

```
#!  /bin/bash

echo "Enter password:"
read password

if [ "$password" = "mypasswd" ]
then
    echo "Welcome!!"
fi
```

注意，这里用于条件测试的语句["$password" = "mypasswd"]，在[、"$password"、=、"mypasswd"和] 之间必须存在空格。条件测试语句将在随后介绍，读者暂时只要能“看懂”就可以了。该脚本的运行效果如下：

```
$ ./pass
Enter password:
mypasswd:                                    #输入正确的口令
Welcome!!
$
$ ./pass
Enter password:
wrongpasswd                                  #输入错误的口令
$
```

if 结构的这种形式在很多时候显得太过“单薄”了，为了方便用户做出“如果……如果……否则……”这样的判断，if 结构提供了下面这种形式。

```
if test-command-1
then
    commands-1
elif test-command-2
then
    commands-2
elif test-command-3
then
    commands-3
…
else
    commands
fi
```

上面这段代码依次判断 test-command-1、test-command-2、test-command-3……如果上面这些条件都不满足，就执行 else 语句中的 commands。注意这些条件都是“互斥”的，也就是说，shell 依次检查条件，只要一个条件匹配，就退出整个 if 结构。现在修改上面的脚本，根据不同的口令显示不同的欢迎信息。

```
#! /bin/bash

echo "Enter password:"
read password

if  [ "$password" = "john" ]
then
```

```
        echo "Hello, John!!"
    elif [ "$password" = "mike" ]
    then
        echo "Hello, mike!!"
    elif [ "$password" = "lewis" ]
    then
        echo "Hello, Lewis!!"
    else
        echo "Go away!!!"
        fi
```

下面显示了这个脚本的运行结果。在输入 john 之后，shell 发现 if 语句的第一个条件成立，于是 shell 就执行命令 echo"Hello,John!!"，然后跳出 if 语句块结束脚本，而不会继续去判断"$password"="mike"这个条件。从这个意义上，if-elif-else 语句和连续使用多个 if 语句是有本质区别的。

```
$ ./pass
Enter password:
john                                        #输入口令 john
Hello, John!!

$ ./pass
Enter password:
lewis                                       #输入口令 lewis
Hello, Lewis!!

$ ./pass
Enter password:
peter                                       #输入口令 peter
Go away!!!
```

2. case 多选结构

shell 中另一种控制结构是 case 语句。case 用于在一系列模式中匹配某个变量的值，这个结构的基本语法如下：

```
case word in
    pattern-1)
        commands-1
        ;;
    pattern-2)
        commands-2
        ;;
```

```
    …
    pattern-n)
      commands-N
      ;;
esac
```

变量 word 逐一同从 pattem-1 到 pattem-n 的模式进行比较，当找到一个匹配的模式后，就执行紧跟在后面的命令 commands(可以是多条命令)；如果没有找到匹配模式，case 语句就什么也不做。

命令“;;”只在 case 结构中出现，shell 一旦遇到这条命令就跳转到 case 结构的最后。也就是说，如果有多个模式都匹配变量 word，那么 shell 只会执行第一条匹配模式所对应的命令。与此类似的是，C 语言提供了 break 语句，在 switch 结构中实现相同的功能，shell 只是继承了这种书写“习惯”。区别在于，程序员可以在 C 程序的 switch 结构中省略 break 语句(用于实现一种几乎不被使用的流程结构)，而在 shell 的 case 结构中省略“;;”则是不允许的。

相比 if 语句，case 语句在诸如“a = b”这样的判断上能够提供更简洁、可读性更好的代码结构。在 Linux 的服务器启动脚本中，case 结构用于判断用户究竟是要启动、停止还是重新启动服务器进程。下面是从 openSUSE 中截取的一段控制 SSH 服务器的脚本(/etc/init.d/sshd)。

```
case "$1" in
  start)
  echo -n "Starting SSH daemon"
  ## start daemon with startproc(8). If this fails
## the echo return value is set appropriate.

startproc -f -p $SSHD_PIDFILE $SSHD_BIN $SSHD_OPTS -o "PidFile=$SSHD_PIDFILE"

# Remember status and be verbose
rc_status -v
;;
stop)
echo -n "Shutting down ssh daemon"
## Stop daemon with killproc(8) and if this fails
## set echo the echo return value.

killproc -p $SSHD_PIDFILE -TERM $SSHD_BIN

# Remember status and be verbose
rc status -v
;;
restart)
```

```
        ## Stop the service and regardless of whether it was
        ## running or not, start it again.
        $0 stop
        $0 start

        # Remember status and be quiet
        rc_status
        ;;
    *)
    echo "Usage: $0 { start | stop | restart }"
    exit 1
    ;;
    esac
```

在这个例子中，如果用户运行命令“/etc/init.d/sshd start”，那么 shell 将执行下面这段命令，以通过 startproc 启动 SSH 守护进程。

```
echo -n "Starting SSH daemon"
## Start daemon with startproc(8). If this fails
## the echo return value is set appropriate.

startproc -f -p $SSHD_PIDFILE $SSHD_BIN $SSHD_OPTS -o "PidFile=$SSHD_ PIDFILE"

# Remember status and be verbose
rc_status -v
```

值得注意的是最后使用的“*)”，星号(*)用于匹配所有的字符串。在上面的例子中，如果用户输入的参数不是 start、stop 或 restart 中的任何一个，那么这个参数将匹配“*)”脚本执行下面这行命令，提示用户正确的使用方法。

```
echo "Usage: $0 { start| stop | restart | }"
```

由于 case 语句是逐条检索匹配模式，因此“*)”所在的位置很重要。如果上面这段脚本将“*)”放在 case 结构的开头，那么无论用户输入什么，脚本只会说“Usage:$0 {start|stop|restart}”这一句话。

3.2.5　条件测试

shell 和其他编程语言在条件测试上的表现明显不同，理解本节对顺利进行 shell 编程至关重要。

1. if 判断的依据

和大部分人的经验不同的是，if 语句本身并不执行任何判断。它实际上接收一个程序名作为参数，然后执行这个程序，并依据这个程序的返回值来判断是否执行相应的语句。如果程序的返回值是 0，就表示“真”，if 语句进入对应的语句块；所有非 0 的返回值都表示“假”，if 语句跳过对应的语句块。下面的这段脚本 testif 很好地显示了这一点。

```
#!/bin/bash
if ./testscript -1                                  #如果返回值是-1
then
    echo "testscript exit -1"
fi
if ./testscript 0                                   #如果返回值是 0
then
    echo "testscript exit o"
fi

if ./testscript 1                                   #如果返回值是 1
then
    echo "testscript exit 1"
fi
```

脚本的运行结果如下：

```
$ ./testif                                          #运行脚本
testscript exit 0
```

这段脚本依次测试返回值-1、0 和 1，最后只有返回值为 0 所对应的 echo 语句被执行了。脚本中调用的 testscript 接收用户输入的参数，然后简单地把这个参数返回给其父进程。testscript 脚本只有两行代码，其中的 exit 语句用于退出脚本并返回一个值。

```
#!/bin/bash
exit $@
```

现在读者应该能够大致了解 if 语句的运行机制。也就是说，if 语句事实上判断的是程序的返回值，返回值 0 表示真，非 0 值表示假。

2. test 命令和空格的使用

既然 if 语句需要接收一个命令作为参数，那么像"$password" = "john"这样的表达式就不能直接放在 if 语句的后面。为此需要额外引入一个命令，用于判断表达式的真假。test 命令的语法如下：

```
test expr
```

其中，expr 是通过 test 命令可以理解的选项来构建的。例如下面这条命令用于判断字符串变量 password 是否等于"john"。

```
test "$password" = "john"
```

如果两者相等，那么 test 命令就返回值 0；反之则返回 1。作为 test 的同义词，用户也可以使用方括号“[”进行条件测试。后者的语法如下：

```
[ expr ]
```

必须提醒读者注意的是，在 shell 编程中，空格的使用绝不仅仅是编程风格上的差异。现在来对比下面 3 条命令:

```
password="john"
test "$password" = "john"
[ "$password" = "john" ]
```

第一条是赋值语句，在 password、=和"john"之间没有任何空格；第 2 条是条件测试命令，在 test、"$password"、=和"john"之间都有空格；第 3 条也是条件测试命令(是 test 命令的另一种写法)，在[、"$password"、=、"john"和]之间都有空格。

一些 C 程序员喜欢在赋值语句中等号“=”的左右两边都加上空格，因为这样看上去会比较清晰，但是在 shell 中这种做法会导致语法错误。

```
password = "john"
bash: password:找不到命令
```

同样地，试图去掉条件测试命令中的任何一个空格也是不允许的。去掉“[”后面的空格是语法错误，去掉等号(=)两边的空格会让测试命令永远都返回 0(表示真)。

之所以会出现这样的情况，是因为 shell 首先是一个命令解释器，而不是一门编程语言。空格在 shell 这个“命令解释器”中用于分隔命令和传递给它的参数(或者用于分隔命令的两个参数)。使用 whereis 命令可以看到，这是两个存放在/usr/bin 目录下的“实实在在”的程序文件。

```
$ whereis test [
test:/usr/bin/test/usr/share/man/man1/test.1.gz
[:  /usr/bin/[    /usr/share/man/man1/[.1.gz
```

因此在上面的例子中，"$password"、=和"john"都是 test 命令和[命令的参数，参数和命令、参数和参数之间必须要使用空格分隔。而单独的赋值语句 password="john"不能掺杂空格的原因也就很明显了。password 是变量名，而不是某个可执行程序。

test 和[命令可以对以下 3 类表达式进行测试：字符串比较、文件测试、数字比较。

(1) 字符串比较。

test 和[命令的字符串比较主要用于测试字符串是否为空，或者两个字符串是否相等。和字符串比较相关的选项如表 3-2 所示。

表 3-2　用于字符串比较的选项

选项	描述
-z str	当字符串 str 长度为 0 时返回真
-n str	当字符串 str 长度大于 0 时返回真
str1 = str2	当字符串 str1 和 str2 相等时返回真
str1 != str2	当字符串 str1 和 str2 不相等时返回真

下面这段脚本用于判断用户的输入是否为空。如果用户什么都没有输入，就显示一条要求输入口令的信息。

```
#! /bin/bash

read password

if [ -z "$password" ]
then
      echo "Please enter the password"
fi
```

注意，在$password 两边加上了引号("")，这在 bash 中并不是必要的。bash 会自动给没有值的变量加上引号，这样变量看上去就像是一个空字符串一样。但有些 shell 并不这样做，如果 shell 简单地把空的 password 变量替换为一个空格，那么上面的判断语句就会变成如下这样：

```
if [ -z ]
```

毫无疑问，在这种情况下 shell 就会报错。从清晰度和可移植性的角度考虑，为字符串变量加上引号是一个好的编程习惯。不过需要注意的是，shell 对大小写敏感，只有两个字符串“完全相等”才会被认为是“相等”的。下面的例子说明了这一点。

```
l!/bin/bash

if [ "ABC" = "abc" ]
then
      echo "ABC"=="abc"
else
      echo "ABC"!="abc"
fi
```

```
if [ "ABC" = "ABC" ]
then
    echo "ABC"=="ABC"
else
    echo "ABC"!="ABC"
    fi
```

运行结果显示，ABC 和 ABC 是相等的，而 ABC 和 abc 则是不相等的。

```
$ ./char_equal
ABC!=abc
ABC==ABC
```

(2) 文件测试。

文件测试用于判断一个文件是否满足特定的条件。表 3-3 显示了常用的用于文件测试的选项。

表 3-3　用于文件测试的选项

选项	描述
-b file	当 file 是块设备文件时返回真
-c file	当 file 是字符文件时返回真
-d pathname	当 pathname 是一个目录时返回真
-e pathname	当 pathname 指定的文件或目录存在时返回真
-f file	当 file 是常规文件(不包括符号链接、管道、目录等)时返回真
-g pathname	当 pathname 指定的文件或目录设置了 SGID 位时返回真
-h file	当 file 是符号链接文件时返回真
-p file	当 file 是命名管道时返回真
-r pathname	当 pathname 指定的文件或目录设置了可读权限时返回真
-s file	当 file 存在且大小为 0 时返回真
-u pathname	当 pathname 指定的文件或目录设置了 SUID 位时返回真
-w pathname	当 pathname 指定的文件或目录设置了可写权限时返回真
-x pathname	当 pathname 指定的文件或目录设置了可执行权限时返回真
-o pathname	当 pathname 指定的文件或目录被当前进程的用户拥有时返回真

文件测试选项的使用非常简单。下面的例子取自系统中的 rc 脚本。如果/sbin/unconfigured.sh 文件存在并且可执行，就执行这个脚本，否则什么也不做。

```
if [ -x/sbin/unconfigured.sh ]
then
```

```
    /sbin/unconfigured.sh
fi
```

(3) 数字比较。

test 和[命令在数字比较方面只能用来比较整数(包括负整数和正整数)。其基本的语法如下：

```
test int1 option int2
```

或者

```
[ int1 option int2 ]
```

其中的 option 表示比较选项。和数字比较有关的选项见表 3-4。

表 3-4　用于数字比较的选项

选项	对应的英语单词	描述
-eq	qual	如果相等，返回真
-ne	not equal	如果不相等，返回真
-lt	less than	如果 int1 小于 int2，返回真
-le	less or equal	如果 int1 小于或等于 int2，返回真
-gt	greater than	如果 int1 大于 int2，返回真
-ge	greater or equal	如果 int1 大于或等于 int2，返回真

下面这段代码取自 Samba 服务器的启动脚本。脚本使用-eq 选项测试变量 status 是否等于 0。如果是，就调用 log_success_msg 显示 Samba 已经运行的信息，否则就调用 log_failure_msg 显示 Samba 没有运行。

```
if [ $status -eq 0 ]; then
    log_success _msg "SMBD is running"
else
    log_failure_msg "SMBD is not running"
fi
```

3. 复合表达式

到目前为止，所有的条件判断都是单个表达式。但在实际生活中，人们总是倾向于组合使用几个条件表达式，这样的表达式就被称为复合表达式。test 和[命令本身内建了操作符来完成条件表达式的组合，如表 3-5 所示。

表 3-5　复合表达式操作符

操作符	描述
! expr	“非”运算，当 expr 为假时返回真
expr1 -a expr2	“与”运算，当 expr1 和 expr2 同时为真时才返回真
expr1 -o expr2	“或”运算，expr1 或 expr2 为真时返回真

下面这段脚本接受用户的输入，如果用户提供的文件是常规文件，并且 vi 编辑器可执行，就先复制(备份)这个文件，然后调用 vi 编辑器打开；如果用户文件不存在，或者没有 vi 编辑器，就什么都不做。

```
#!/bin/bash

if [ -f $@ -a -x /usr/bin/vi ]
then
    cp $@ $@.bak
    vi $@
fi
```

具体来说，该 if 语句依照下面的步骤执行。

(1) 首先执行“-f $@”测试命令，如果“$@”变量(也就是用户输入的参数)对应的文件是常规文件，那么该测试返回真(0)；否则整条测试语句返回假，直接跳出 if 语句块。

(2) 如果第一个条件为真，就执行“-x /usr/bin/vi”测试命令。如果/usr/bin/vi 文件可执行，那么该测试返回真(0)，同时整条测试语句返回真(0)，否则整条测试语句返回假，直接跳出 if 语句块。

(3) 如果整条测试语句返回真，那么执行 if 语句块中的两条语句。

再来看一个使用-o(或)和!(非)运算的例子。下面这段脚本在变量 password 非空，或者密码文件.public_key 是常规文件的情况下向父进程返回 0，否则提示用户输入口令。

```
if [ ! -z "$password" -o -f ~/.public_key ]
then
    exit 0
else
    echo "Please enter the password:"
    read password
fi
```

该 if 语句依照下面的步骤执行。

(1) 首先执行“! -z "$password"”测试命令，如果字符串 password 不为空，那么该测试语句返回真(0)，同时测试语句返回真(0)，不再判断“-f ~/.public_key”。

(2) 如果第一个条件为假，就执行"-f ~1.public_key"测试命令。如果主目录下的.public_key文件是常规文件，那么该测试返回真(0)，同时整条测试语句返回真(0)；否则整条测试语句返回假，直接跳出 if 语句块。

(3) 如果整条测试语句返回真。那么执行“exit 0”；否则执行 else 语句块中的语句。

shell 的条件操作符“&&”和“||”可以用来替代 test 和[命令内建的“-a”和“-o”。如果选择使用 shell 的条件操作符，那么上面的第一个例子可以改写成这样:

```
if [ -f $@ ] && [-x /usr/bin/vi ]
then
    cp $@ $@.bak
    vi $@
fi
```

注意，“&&”连接的是两条[命令或 test 命令，而-a 操作符是在同一条[命令或 test 命令中使用的。类似地，上面使用-o 操作符的脚本可以改写成这样:

```
if [ ! -z "$password" ] || [ -f ~/.public_key ]
then
    exit 0
else
    echo "Please enter the password:"
    read password
fi
```

究竟是使用 shell 的条件操作符(&&、||)，还是 test 或[命令内建的操作符(-a、-o)，并没有“好”与“不好”的差别，这只是“喜欢”和“不喜欢”的问题。一些程序员偏爱“&&”和“||”，是因为这样可以使条件测试看上去更清晰。而另一方面，由于-a 和-o 只需要用到一条test 语句，因此执行效率会相对高一些。鱼和熊掌不可兼得，谁说不是呢?

3.3 循环结构

循环结构用于反复执行一段语句，这也是程序设计中的基本结构之一。shell 中的循环结构有 3 种：while、until 和 for。下面逐一介绍这 3 种循环语句。

1. while 语句

while 语句重复执行命令，直到测试条件为假。该语句的基本结构如下。

```
while test-commands
do
```

```
    commands
done
```

注意，commands 可以是多条语句组成的语句块。

运行时，shell 首先检查 test-commands 是否为真(为 0)，如果是，就执行命令 commands。commands 执行完成后，shell 再次检查 test-commands，如果为真，就再次执行 commands……这样的“循环”一直持续到条件 test-commands 为假(非 0)。为了更好地说明这一过程，下面这个脚本让 shell 做一件著名的体力劳动：计算 1+2+3+…+100。

```
#!/bin/bash

sum=0
number=1

while test $number -le 100
do
    sum=$[ $sum + $number ]
    let number=$number+1
done

echo "The summary is $sum"
```

简单地分析一下这段小程序。在程序的开头，首先将变量 sum 和 number 初始化为 0 和 1，其中变量 sum 保存最终结果，number 则用于保存每次相加的数。测试条件“$number -le 100”告诉 shell 仅当 number 中的数值小于或等于 100 的时候，才执行包含在 do 和 done 之间的命令。注意，每次循环之后都将 number 的值加上 1，循环在 number 达到 101 的时候结束。

保证程序能在适当的时候跳出循环是程序员的责任和义务。在上面这个程序中，如果没有“let number=$number+1”这句话，那么测试条件将永远为真，程序就陷在这个死循环中了。

while 语句的测试条件未必要使用 test(或者[])命令。在 Linux 中，命令都是有返回值的。例如，read 命令在接收到用户的输入时就返回 0，如果用户按 Ctrl+D 快捷键输入一个文件结束符，那么 read 命令就返回一个非 0 值(通常是 1)。利用这个特性，可以使用任何命令来控制循环。下面这段脚本从用户处接收一个大于 0 的数值 n，并且计算 1+2+3+...+n。

```
f!/bin/bash

echo -n "Enter a number(>0):"
while read n
do
    sum=0
    count=1
```

```
        if [ $n -gt 0 ]
        then
            while [ $count -le $n ]
            do
                sum=$[ $sum + $count ]
                let count=$count+1
            done
            echo "The summary is $sum"
        else
            echo "please enter a number greater than zero"
        fi
        echo -n "Enter a number(>0):"
done
```

这段脚本不停地读入用户输入的数值，并判断这个数是否大于 0。如果是，就计算从 1 一直加到这个数的和。如果不是，就显示一条提示信息，然后继续等待用户的输入，直到用户按快捷键 Ctrl+D(代表文件结束)结束输入。下面显示了这个脚本的执行效果。

```
$ ./one2n
Enter a number(>0):100
The summary is 5050
Enter a number (>0) :55
The summary is 1540
Enter a number(>0):-1
Please enter a number greater than zero
Enter a number(>0): <ctr1+D>                    #这里按 Ctrl+D 快捷键
```

2. until 语句

until 是 while 语句的另一种写法——除了测试条件相反。其基本语法如下：

```
until test-commands
do
    commands
done
```

单从字面上理解，while 说的是“当 test-commands 为真(值为 0)，就执行 commands”。而 until 说的是“执行 commands，直到 test-commands 为真(值为 0)”，这句话顺过来讲可能更容易理解，即“当 test-commands 为假(非 0 值)，就执行 commands”。

但愿读者没有被上面这些话搞糊涂。下面这段脚本是让 shell 再做一次那个著名的体力劳动，不同的是这次改用 until 语句。

```
#!/bin/bash

sum=0
number=1
until ! test $number -le 100
do
	sum=$[ $sum + $number ]
	let number=$number+1
done
echo "The summary is $sum"
```

注意，下面这两句话是等效的。

```
while test $number -le 100
```

和

```
until ! test $number -le 100
```

3. for 语句

使用 while 语句，已经可以完成 shell 编程中的所有循环任务了。但有些时候用户希望从列表中逐一取一系列的值(例如取出用户提供的参数)，此时使用 while 和 until 就显得不太方便。shell 提供了 for 语句，这个语句在一个值表上迭代执行。for 语句的基本语法如下：

```
for variable (in list]
do
	commands
done
```

这里的“值表”是一系列以空格分隔的值。shell 每次从这个列表中取出一个值，然后运行 do 和 done 之间的命令，直到取完列表中所有的值。下面这段程序简单地打印出 1 和 9 之间(包括 1 和 9)所有的数。

```
#!/bin/bash

for i in 1 2 3 4 5 6 7 8 9
do
	echo $i
done
```

每次循环开始的时候，shell 从列表中取出一个值，并把它赋给变量 i，然后执行命令块中的语句(即 echo $i)。下面显示了这个脚本的运行结果，注意 shell 是按顺序取值的。

```
$ ./1to9
1
2
3
4
5
6
7
8
9
```

用于存放列表数值的变量并不一定会在语句块中用到。如果某件事情需要重复N次的话，只要给 for 语句提供一个包含 N 个值的列表就可以了。不过这种“优势”听上去有些可笑，如果N 是一个特别大的数，难道需要手工列出所有这些数字吗?

shell 的简便性在于，所有已有的工具都可以在 shell 脚本中使用。shell 本身带了一个叫作 seq 的命令，该命令接收一个数字范围，并把它转换为一个列表。如果要生成 1~9 的数字列表，那么可以这样使用 seq。

```
$ seq 9
```

这样，上面这个程序就可以改写成下面这样:

```
#!/bin/bash

for i in `seq 9`
do
    echo $i
done
```

这里使用了倒引号，表示要使用 shell 执行这条语句，并将运行结果作为这个表达式的值。用户也可以指定 seq 输出的起始数字(默认是 1)，以及“步长”。

for 语句也可以接收字符和字符串组成的列表，下面这个脚本统计当前目录下文件的个数。

```
#!/bin/bash

count=0

for file in `1s`
do
    if ![ -d $file ]
    then
        let count=$count+1
    fi
```

```
done
echo "There are $count files"
```

这段脚本每次从 1s 生成的文件列表中取出一个值存放在 file 变量中，并给计数器增加 1。下面是这段脚本的执行效果。

```
$1s -F                                  #查看当前目录下的文件
1to9* a/ file_count*
$ ./file_count                          #运行脚本
There are 2 files
```

3.4 读取用户输入

shell 程序并不经常和用户进行大量的交互，但有些时候仍然需要接受用户的输入。read 命令提供了这样的功能，从标准输入接收一行信息。在前面的几节中，读者已经在一些程序中使用了 read 命令，这里将进一步解释其中的细节。

read 命令接收一个变量名作为参数，把从标准输入接收到的信息存放在这个变量中。如果没有提供变量名，那么读取的信息将存放在变量 REPLY 中。下面的例子说明了这一点。

```
$ read
Hello World!
$ echo $REPLY
Hello World!
```

可以给 read 命令提供多个变量名作为参数。在这种情况下，read 命令会将接收到的行“拆开”分别赋予这些变量。当然，read 需要知道怎样将一句话拆成若干个单词。默认情况下，bash 只认识空格、制表符和换行符。下面这个脚本将用户输入拆分为两个单词分别放入变量 first 和 second 中。

```
#! /bin/bash
read first second

echo $first
echo $second
```

下面是输入 Hello World!后该脚本的输出。

```
$ ./read char
Hello World!
```

```
Hello
World!
```

read 命令常常用来在输出一段内容后暂停，等待用户发出“继续”的指令。下面这段脚本在列出当前目录的详细信息后打印一行“Press<ENTER>to continue”——读者对这样的提示信息或许会很熟悉。

```
#! /bin/bash


1s -1


echo "Press <ENTER> to continue"
#此处暂停
Read

echo "END"
```

执行这个脚本并观察其运行效果。

```
$ ./pause
总用量 40
-rwxr-xr-x 1 lewis lewis79 2008-11-06 22:20 badpro
-rwxr-xr-x 1 lewis lewis86 2008-11-08 07:37 display_para
-rwxr-xr-x 1 lewis lewis 148 2008-11-07 17:06 export_varible
-rwxr-xr-x 1 lewis lewis 37 2008-11-07 15:35 hello
-rwxr-xr-x 1 lewis lewis 160 2008-11-08 08:10 listfiles
-rwxr-xr-x 1 lewis lewis71 2008-11-08 16:02 pause
-rwxr-xr-x 1 lewis lewis 264 2008-11-08 08:35 quote
-rwxr-xr-x 1 lewis lewis 58 2008-11-08 15:42 read_char
-rwxr-xr-x 1 lewis lewis 110 2008-11-08 15:13 trap_InT
-rwxr-xr-x 1 lewis lewis 148 2008-11-07 16:46 varible
Press <ENTER> to continue
#此处按 Enter 键
END
```

3.5 脚本执行命令

下面介绍另两条用于控制脚本行为的命令，即 exit 和 trap。前者退出脚本并返回一个特定的值，后者用于捕获信号。合理地使用这两条命令，可以使脚本的表现更为灵活、高效。

1. exit 命令

exit 命令强行退出一个脚本，并且向调用这个脚本的进程返回一个整数值。例如：

```
#!/bin/bash
exit 1
```

在一个进程成功运行后，总是向其父进程返回数值 0。其他非零返回值都表示发生了某种异常。这条规则被广泛地应用，因此不要轻易去改变它。至于说父进程为什么需要接收这样一个返回值，这是父进程的事情。可以定义一些操作来处理子进程的异常退出(通过判断返回值是什么)，也可以只是简单地丢弃返回值。

2. trap 命令

trap 命令用来捕获一个信号。信号是进程间通信的一种方式，可以简单地使用 trap 命令捕捉并忽视一个信号。下面这个脚本忽略 INT 信号，并显示一条信息提示用户应该怎样退出这个程序(INT 信号是用户在 shell 中按 Ctrl+C 快捷键时被发送的)。

```
#!/bin/bash

trap 'echo "Type quit to exit"' int

while [ "$input" != 'quit' ]
do
    read input
done
```

下面是这段脚本的执行效果。

```
$ ./trap_INT                 #执行 trap_INT 脚本
continue                     # 随便输入一个字符串
<Ctrl+C>                     #这里按 Ctrl+C 快捷键
Type quit to exit            #脚本捕捉到该信号，显示相应的信息
quit                         #输入 quit 退出程序
```

有时候忽略用户的中断信号是有益的。某些程序不希望自己在执行任务的时候被打断，而要求用户依照正常手续退出。trap 还可以捕捉其他一些信号，下面这段脚本在用户退出脚本的时候显示“Goodbye!”，就像 ftp 客户端程序做的那样。

```
#!/bin/bash

trap 'echo "Goodbye"; exit' EXIT
```

```
 echo "Type 'quit' to exit"

while [ "$input" != "quit" ]
do
      read input
done
```

注意，在 trap 命令中使用了复合命令“echo"Goodbye"; exit”，即先执行“echo"Goodbye"”显示提示信息，再执行 exit 命令退出脚本。这条复合命令在脚本捕捉到 EXIT 信号的时候执行。EXIT 信号在脚本退出的时候被触发。下面是该脚本的执行效果。

```
$ ./exit msg                                    #执行脚本
Type 'quit' to exit
quit
Goodbye
```

3.6 创建命令表

在“3.2.5 条件测试”一节中已经提到，test 命令的-a 和-o 参数执行第 2 条测试命令的情况是不同的。这一点同样适用于 shell 内建的“&&”和“||”。事实上，“&&”和“||”更多地被用来创建命令表，命令表可以利用一个命令的退出值来控制是否执行另一条命令。下面这条命令取自系统的 rc 脚本。

```
[ -d /etc/rc.boot ] && run-parts /etc/rc.boot
```

这条命令首先执行“[-d /etc/rc.boot]”，判断目录 /etc/rc.boot 是否存在。如果该测试命令返回真，就继续执行“run-parts /etc/rc.boot”，调用 run-parts 命令执行/etc/rc.boot 目录中的脚本。如果测试命令“[-d /etc/rc.boot]”返回假(即/etc/rc.boot 目录不存在)，那么 run-parts 命令就不会执行。因此上面这条命令等效于：

```
If [ -d /etc/rc.boot ]
then
run-parts /etc/rc.boot
fi
```

显然，使用命令表可以让程序变得更简洁。shell 提供了 3 种形式的命令表，如表 3-6 所示。

表 3-6　命令表的表示形式

表示形式	说明
a && b	“与”命令表。当且仅当 a 执行成功，才执行 b
a || b	“或”命令表。当且仅当 a 执行失败，才执行 b
a; b	顺序命令表。先执行 a，再执行 b

3.7 其他 shell 编程工具

本节介绍一些有用的 shell 工具，对从事 shell 编程的用户可能会很有用。表 3-7 列出了这里将要介绍的命令工具及其简要描述。

表 3-7　常用的 shell 命令

命令	描述
cut	以指定的方式分割行，并输出特定的部分
diff	找出两个文件的不同点
sort	对输入的行进行排序
uniq	删除已经排好序的输入文件中的重复行
tr	转换或删除字符
wc	统计字符、单词和行的数量
substr	提取字符串中的一部分
seq	产生一个整数数列

1. cut 命令

cut 命令用于从输入的行中提取指定的部分(不改变源文件)。以下面这个文件 city.txt 为例，简单地演示 cut 命令的分割效果。该文件包含了 4 个城市的长途电话区号，城市名和区号之间使用空格分隔。

```
Beijing 010
Shanghai 021
Tianjin 022
Hangzhou 0571
```

带有-c 选项的 cut 命令，可提取一行中指定范围的字符。下面这条命令提取 city.txt 中每一行的第 3~6 个字符。

```
$ cut -c 3-6 city.txt
ijin
angh
anji
ngzh
```

更有用的一个选项是-f。-f 选项提取输入行中指定的字段，字段和字段间的分隔符由-d 参数指定。如果没有提供-d 参数，那么默认使用制表符(TAB)作为分隔符。下面这条命令提取并输出 city.txt 中每一行的第 2 个字段(城市区号)。

```
$ cut -d " " -f 2 city.txt
010
021
022
0571
```

2. diff 命令

diff 命令通常被程序员用来确定两个版本的源文件中存在哪些修改。下面这条命令比较 badpro 脚本的两个版本。

```
$ diff badpro badpro2
7c7
<   sleep 2s
---
>   sleep 6s
```

diff 命令输出的第一行指出了发生不同的位置，“7c7”表示 badpro 的第 7 行和 badpro2 的第 7 行是不同的。紧跟着 diff 列出了这两行不同的地方，左箭头“<”后面紧跟着 badpro 中的内容，右箭头“>”后面紧跟着 badpro2 中的内容，两者之间使用一些短画线分隔。

3. sort 命令

sort 命令接受输入行，并对其按照字母顺序进行排列(不改变源文件)。仍然以 4 个城市的区号表为例，下面这条命令按照字母升序排列后输出这张表。

```
$ sort city.txt
Beijing     010
Hangzhou    0571
Shanghai    021
Tianjin     022
```

用户也可以使用-r 选项颠倒排列的顺序，即以字母降序排列。

```
$ sort -r city.txt
Tianjin     022
```

```
Shanghai    021
Hangzhou    0571
Beijing     010
```

4. uniq 命令

uniq 命令可以从已经排好序的输入文件中删除重复的行，把结果显示在标准输出上(不改变源文件)。在 city.txt 的最后加入重复的一行，使其看起来如下：

```
Beijing010
Shanghai 021
Tianjin 022
Hangzhou0571
Shanghai 021
```

注意，uniq 命令必须在输入文件已经排好序的情况下才能正确工作(这说的是相同的几行必须连在一起)。可以使用 sort 命令结合管道做到这一点。

```
$ sort city.txt | uniq
Beijing010
Hangzhou 0571
Shanghai 021
Tianjin 022
```

5. tr 命令

tr 命令按照用户指定的方式对字符执行替换，并将替换后的结果在标准输出上显示(不改变源文件)。以下面这个文件 alph.txt 为例：

```
ABC DEF GHI
jkl mno pqr
StU vwx yz
12A Cft pOd
Hct Yoz cc4
```

下面这条命令将文件中所有的 A 转换为 H，B 转换为 C，H 转换为 A。

```
$ tr "ABH" "HCA" < alph.txt
HCC DEF GAI
jkl mno pqr
StU vwx yz
12H Cft pOd
Act Yoz cc4
```

将几个字符转换为同一个字符非常容易，和使用正则表达式一样。下面的例子将 alph.txt 中所有的 A、B 和 C 都转换为 Z。

```
$ tr "ABC" "[Z*]" < alph.txt
ZZZ DEF GHI
jkl mno pqr
StU vwx yz
12Z Zft pOd
Hct Yoz cc4
```

可以为需要转换的字符指定一个范围，上面命令等效于：

```
$ tr "A-C"[Z*]" < alph.txt
```

还可以指定 tr 删除某些字符。下面的命令删除 alph.txt 中所有的空格。

```
$ tr --delete ""< alph.txt
ABCDEFGHI
jklmnopqr
StUvwxyz
12ACftpOd
HctYozcc4
```

6. wc 命令

小写的 wc 是 word counts 的意思，用来统计文件中字节、单词以及行的数量。例如:

```
$ wc city.txt
5 10 64 city.txt
```

这表示 city.txt 文件中总共有 5 行(在讲解 uniq 命令的时候添加了重复的一行)、10 个单词(以空格分隔的字符串)和 64 字节。如果 3 个数字同时显示不太好辨认，可以指定 wc 只显示某几项信息。表 3-8 中列出了 wc 命令的常用选项。

表 3-8　wc 命令的常用选项

选项	描述
-c 或--bytes	显示字节数
-1 或--lines	显示行数
-L 或--max-line-length	显示最长一行的长度
-w 或--words	显示单词数
--help	显示帮助信息

7. substr 命令

substr 命令从字符串中提取一部分。在编写处理字符串的脚本时，这个工具非常有用。substr 命令接收 3 个参数，依次是字符串(或者存放有字符串的变量)、提取开始的位置(从 1 开始计数)和需要提取的字符数。下面这条命令从 Hello World 中提取字符串 Hello。

```
$ expr substr "Hello World" 1 5
Hello
```

注意，substr 必须使用 expr 进行表达式求值，因为这并不是一个程序，而是 shell 内建的运算符。如果不使用 expr，那么系统会提示找不到 substr 命令。

```
$ substr "Hello World" 1 5
bash: substr : 找不到命令
```

8. seq 命令

seq 命令用于产生一个整数数列。seq 最简单的用法莫过于在介绍 for 语句时看到的那样。

```
$ seq 5
1
2
3
4
5
```

默认情况下，seq 从 1 开始计数，也可以指定一个范围。

```
$ seq -1 3
-1
0
1
2
3
```

可以明确指定一个“步长”。下面的命令生成 0~9 的数列，递减排列，每次减 3。

```
$ seq 9 -3 0
9
6
3
0
```

3.8 安全的 delete 命令

本节将设计一个相对“安全”的 delete 命令来替代 rm。

(1) 在用户的主目录下添加目录.trash 用作“回收站”。

(2) 在每次删除文件和目录前向用户确认。

(3) 将需要“删除”的文件和目录移到~/.trash 中。

下面是这个脚本的完整代码。

```
#建立回收站机制
#将需要删除的文件移到~/.trash 中

#!/bin/bash

If [ ! -d ~/.trash ]
then
    mkdir ~/.trash
fi
if[$# -eq 0 ]
then
    #提示 delete 的用法
    echo "Usage: delete file1 [file2 file3 ...]"
else
    echo "You are about to delete these files:"
    echo $@

#要求用户确认是否删除这些文件，回答 N 或 n 放弃删除
read reply..

    if [ "$reply" != "n" ] && [ "$reply" != "N" ]
    then
        for file in $@
        do
            #判断文件或目录是否存在
            if [ -f "$file" ] || [ -d "$file" ]
            then
                mv -b "$file" ~/.trash/
            else
                echo "$file: No such file or directory"
            fi
        done
```

```
        #如果用户回答 N 或 n
        else
            echo "No file removed"
        fi
fi
```

注意，在使用 mv 命令移动文件时使用了-b 选项。这样当 ~/.trash 中已经存在同名文件的时候，mv 不会简单地把它覆盖，而是先改名，然后把文件移动过去。最后把 delete 脚本复制到/bin 目录下，这样用户就不需要每次使用时都指定一个绝对路径了。

```
$ cp delete /bin/
```

不过，这个 delete 并不是那么完美。例如它不能够处理文件名中存在空格的情况。

```
$ touch "hello world"                    #建立名为“hello world”的文件
$ delete "hello world"                   #使用 delete 脚本删除该文件
You are about to delete these files:
hello world
Are you sure to do that? [Y/n]:
hello: No such file or directory
world: No such file or directory
```

读者可以尝试改进这个脚本程序，来满足自己的需求。事实上，如果感到 Linux 中的某些命令不够顺手，完全可以“改造”它，然后通过定义别名和环境变量让系统认识这些修改。

3.9 shell 定制

本节介绍如何在 shell 中设置环境变量，以及如何使用别名。到目前为止，读者已经掌握了足够多和 shell 有关的知识，这部分的内容将帮助读者定制自己的 shell。毕竟，创建一个足够顺手的工作环境总会让人心情愉快。

3.9.1 修改环境变量

“环境变量”是一些和当前 shell 有关的变量，用于定义特定的 shell 行为。餐厅的服务员必须依照菜单给顾客上菜，shell 也一样。使用 printenv 命令，可以查看当前 shell 环境中所有的环境变量。

```
$ printenv                                 #显示环境变量
GPG_AGENT_INFO=/tmp/seahorse-O0kojq/S.gpg-agent:7473:1
SHELL=/bin/bash
TERM=xterm
DESKTOP_STARTUP_ID=
XDG_SESSION_COOKIE=655ca7009509be1906041979490c7421-1231999675.14837-123978042
GTK_RC_FILES=/etc/gtk/gtkrc:/home/lewis/.gtkrc-1.2-gnome2
WINDOWID=79691867
USER=lewis
http_proxy=http://220.191.75.201:6666/
...
...
PATH=/usr/1ocal/sbin:/usr/local/bin:/usr/sbin:/usr/bin:/sbin:/bin:/usr/ games
...
DISPLAY= : 0.0
GTK_IM_MODULE=scim-bridge
LESSCLOSE=/usr/bin/lesspipe %S %S
COLORTERM=gnome-terminal
...
```

最常用的环境变量之一是“搜索路径(PATH)”，这个变量告诉 shell 可以在什么地方找到用户要求执行的程序。举例来说，用户可以使用下面这条命令列出当前目录中的文件信息。

```
$ /bin/1s
```

在实际使用中，人们总是简单地输入 1s 来替代上面的绝对路径。这种简化的背后就是 PATH 变量在起作用。PATH 变量用一系列冒号分隔各个目录。

```
PATH=/usr/1oca1/sbin:/usr/1ocal/bin:/usr/sbin:/usr/bin:/sbin:/bin:/usr/
games
```

提交一个命令时，如果用户没有提供命令的完整路径，那么 shell 会依次在 PATH 变量指定的目录中寻找。一旦找到这个程序，就执行它。如果遍历 PATH 中所有的路径都无法找到这个程序，那么 shell 会提示无法找到该命令。

```
$ mypr                                     #提交命令
bash: mypr: command not found
```

用户可以向 PATH 变量中添加和删除路径。举例来说，如果 mypr 存放在/usr/local/bin/myproc 目录下，那么可以使用下面的命令把这个目录追加到 PATH 变量的末尾。

```
$ PATH=$PATH:/usr/local/bin/myproc
```

现在查看 PATH 变量可以看到/usr/local/bin/myproc 目录已经被添加。于是 shell 能够在正确的地方找到 mypr 这个程序了。

```
$ printenv | grep PATH                          #查看 PATH 环境变量
PATH=/usr/1ocal/sbin:/usr/local/bin:/usr/sbin:/usr/bin:/sbin:/bin:/usr/
games:/usr/local/bin/myproc
$ mypr                                          #运行 mypr 程序
hello!
```

值得注意的是，经过修改的环境变量只在当前的 shell 环境中有效。也就是说，如果用户再开一个终端模拟器，或者切换到另一个控制台，这个"新的"shell 仍然会提示找不到 mypr 命令。

用户还可以对其他的环境变量进行设置。下面的命令将系统的 HTTP 代理服务器调整为 10.171.34.32，端口为 808。

```
$ http_proxy=http://10.171.34.32:808/
```

3.9.2 设置别名

别名是 bash 的一个特性，使用别名可以简化命令的输入。如果正在使用 openSUSE，可以试试下面这个命令。

```
$ 1                             #字母"1"
drwxr-xr-x 2 lewis lewis        4096 2008-11-08 08:57 account
drwx------ 2 root root          4096 2008-11-04 21:39 Desktop
lrwxrwxrwx 1 lewis lewis        26 2008-11-01 23:19 Examples      ->
/usr/share/example-content
-rw-r--r-- 1   lewis lewis      27504640 2008-11-07 15:50 1inux_book_bak.tar
drwxr-xr-x 2 lewis lewis        4096 2008-11-08 16:02 shell
-rw-r--r-- 1   lewis lewis      1306 2008-11-02 00:01 sources.list_hz
-rw-r--r-- 1   lewis lewis      1305 2008-11-02 00:00 sources.list_ut
drwxr-xr-x 2 lewis lewis        4096 2008-11-04 19:21 torrent
```

"1"不是什么新增的 shell 命令，它只是"ls -1"的一个别名。用户可以自己定义一个命令的别名，完全取决于个人喜好。有些人喜欢用"11"而不是"1"来表示"1s -1"。

使用 alias 命令来创建别名，下面这条命令将"11"设置为"1s -1"的别名。

```
$ alias ll='ls -1
```

使用引号是因为命令中出现了空格，用户也可以选择使用双引号，不过两者还是有一些差异的。单引号不会对特殊字符(例如$)进行解释，而双引号会这样做。具体请参考 3.2.2 节中的"bash 引号规则"。

不过，通过 alias 命令设置的别名只是临时有用，一旦系统重新启动，刚才所做的修改就不复存在了。没有人希望每次在系统启动的时候都重新设置一遍别名，为此可以把这条命令写入~/.bashrc 文件中，这样每次用户登录后系统都会自动执行这条命令，使别名设置生效。

别名最大的价值在于简化输入，把用户从一长串命令中解放出来。如果每天上传文件都要输入“rsync-e ssh-z-t-r-vv--progress/home/tom/web/muo/rsmuo/docs muo:/www/man- drakeuser/docs”，会让人很辛苦。当然，为一些不常用的或者非常简单的命令定义别名并没有什么必要，过多依赖别名的人总是会在另一台机器上输错命令。

3.9.3 个性化设置：修改.bashrc 文件

shell 为每个用户提供了一个配置文件。对于 bash 而言，这个文件叫作.bashrc，位于用户的主目录中。在前面的例子中，只要将下面这两行添加到~/.bashrc 文件中，就可以把设置保留下来，并且在该用户登录的任何地方都有效(而不是只能用于当前的终端模拟器或者控制台)。

```
PATH=/usr/1ocal/sbin:/usr/1ocal/bin:/usr/sbin:/usr/bin:/sbin:/bin:/usr/
games:/usr/local/bin/myproc
$ alias 11='1s -1'
```

事实上，~/.bashrc 是一个 shell 脚本文件，在用户登录到系统后自动执行。打开这个文件后可以看到很多熟悉的 shell 语句。

```
#~/.bashrc: executed by bash(1) for non-login shells.
# see/usr/share/doc/bash/examples/startup-files (in the package bash-doc)
# for examples

# If not running interactively, don't do anything
[-z "$PS1" ] && return
...
if[ -n "$force_color_prompt" ]; then
   if [-x /usr/bin/tput ] && tput setaf 1 >& /dev/null; then
      # we have color support; assume it's compliant with Ecma-48
      #(ISO/IEC-6429).(Lack of such support is extremely rare, and such
      # a case would tend to support setf rather than setaf.)
      color_prompt=yes
else
      color_prompt=
fi
fi
...
...
```

用户可以把自己想让系统在启动的时候自动完成的任务写入这个脚本，完成真正意义上的“个性化”。要让修改立即生效，可以使用 source 命令执行这个脚本。

```
$ source .bashrc
```

系统还提供了/etc/bash.bashrc 文件，用于从全局上定制 shell。为了编辑这个文件，必须使用管理员(root)权限。由于系统升级时可能会覆盖原有的配置文件，openSUSE 告诫用户不要修改/etc/bash_bashrc，而应该把环境变量和别名存放在/etc/bash.bashrc.local 中。

3.10 总结

本节对常用的知识点进行了归纳总结。

(1) shell 脚本是一组 shell 命令的组合，包含基本的循环和分支等逻辑结构。

(2) 要执行 shell 脚本，应该首先使用 chmod 命令为其加上可执行权限。

(3) 以“#”开头的行是注释行。

(4) shell 脚本中使用美元符号“$”引用一个变量。

(5) shell 脚本使用位置变量确定参数的值。

(6) 使用$[ ]、expr、let 命令对表达式求值。

(7) if 命令用于执行基本的分支结构。

(8) case 命令在一系列模式中匹配某个变量的值。

(9) shell 编程中的循环结构有 while、until 和 for。

3.11 习题

1. Linux 常用的 shell 有几种？我们常用的是哪种？
2. 以“#”号开头的行有什么作用？shell 如何处理“#”号后面的所有内容？
3. 如何赋值和使用变量？
4. 在一个脚本中美元提示符“$”有什么作用？
5. 简述引号、单引号、倒引号的使用规则。
6. shell 中的循环结构有哪几种？

第 4 章

Exynos4412资源

Exynos4412 是韩国三星电子生产的 ARM Cortex-A9 RISC(精简指令系统)微处理器，是三星第一款四核处理器。其主频达到 1.4~1.6Ghz，功耗有了明显降低。Exynos4412 广泛应用于多个领域。

Exynos4412 基本结构如图 4-1 所示。

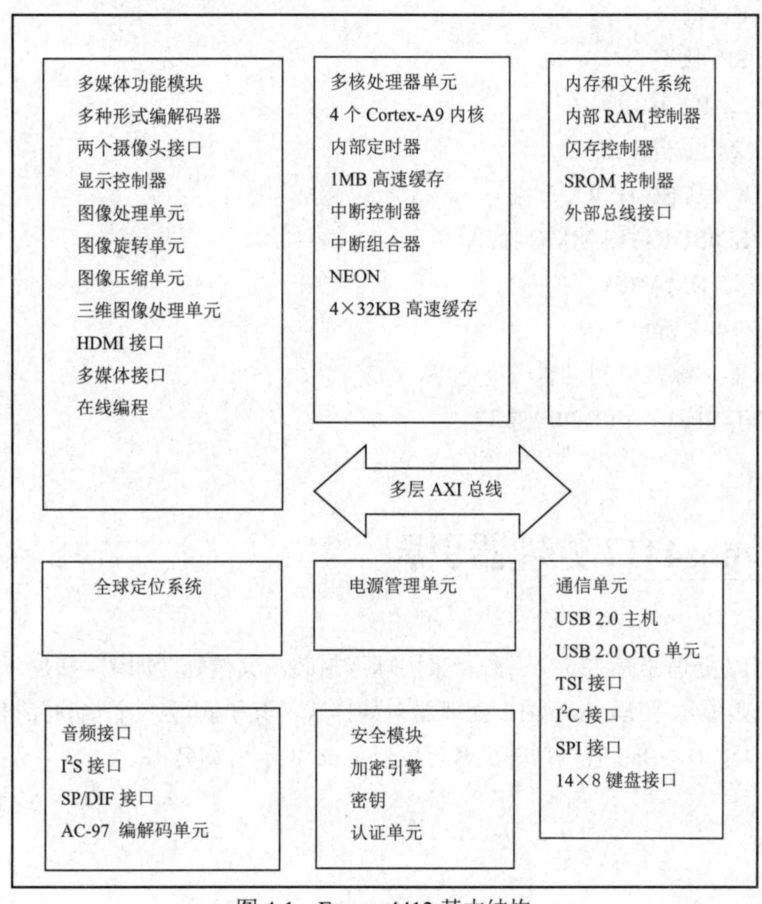

图 4-1　Exynos4412 基本结构

4.1 Exynos4412 基本功能

为了降低系统成本和提高整体功能，Exynos4412 除内核外还集成了许多常用的硬件外设单元，具体如下。

(1) 基于 ARM Cortex-A9 的四核 CPU，工作频率达 1.4Mhz。

(2) 先进的电源管理单元。

(3) 内置 64KB ROM 用于安全启动，256KB RAM 用于安全工作。

(4) 支持 8 位 601/605 ITU 格式相机接口。

(5) 支持二维图形加速。

(6) 支持高分辨率显示接口。

(7) HDMI 接口。

(8) MIPI-DSI、MIPI-CSI 接口。

(9) 音频编码解码器接口和三通道 PCM 串行音频接口。

(10) 3 个 24 位 I^2S 接口。

(11) 8 个 I^2C 接口。

(12) 3 个 SPI 接口。

(13) 4 个 UART 接口。

(14) USB 2.0 主机接口。

(15) 2 个片上 USB HSIC。

(16) 4 个 SD/SDIO/HS-MMC 接口。

(17) 24 通道 DMA 接口。

(18) 支持 14×8 键盘。

(19) 定时器、脉宽调制、看门狗电路。

(20) NAND Flash、LPDDR2 接口。

4.2 Exynos4412 处理器引脚

Exynos4412 处理器有 786 个引脚，采用球形封装，其俯视图如图 4-2 所示。

俯视图只是显示了 Exynos4412 处理器封装样式，其引脚(也称管脚)的清楚排列顺序见表 4-1。在表 4-1 中，Ball 表示球阵列号，Pin Name 表示引脚名称。

	1	2	3	4	5	6	7	8	9	10	11	12	13	14	15	16	17	18	19	20	21	22	23	24	25	26	27	
A	VSS	VSS	XEINT_8	XNRSTOUT	XXTI	XHSICSTROBE_0	XUOTGDM	XUOTGDM	XUOTGDP	XUSBXTI	XUSBXTO	XMIDATA_30	XMIDATA_25	XMIDQS_3	XMIDQSN_3	XMIDATA_14	XMIDQS_1	XMIDQSN_1	XMICLK	XMICLKN	XMIDQSN_0	XMIDQS_0	XMIDQS_2	XMIDQSN_2	XMIDATA_19	VSS	VSS	A
B	VSS	XGNSS_MCLK	XEINT_31	XEINT_25	XEINT_9	XEINT_27	VDD12_HSIC0	XUOTGVBUS	VSSA_UOTG	VSS	XTSEXT_RES	XMIDATA_29	VSS	XMIDATA_26	XMIDQM_3	VSS	XMIDQM_1	VSS	VSS	XMIDATA_5	XMIDQM_0	VSS	XMIDQM_2	XMIDATA_20	XMIDATA_18	XMIDATA_17	VSS	B
C	XRTCXTI	XRTCXTO	XEINT_24	XEINT_20	XGNSS_RTC_OUT	XEINT_15	XEINT_29	VDD12_HSIC1	VSSA_UOTG	VDD33_UOTG	XVPLLFILTER	XMIDATA_31	XMIDATA_28	XMIDATA_24	XMIDATA_15	XMIDATA_13	XMIDATA_10	XMIGATEO	XMIGATEI	XMIDATA_3	XMIDATA_2	XMIDATA_1	XMIDATA_23	XMIDATA_22	XMIDATA_16	VSS	XM2DATA_30	C
D	XEINT_14	XRTCCLKO	XEINT_6	XEINT_3	XEINT_7	VSS	XEINT_11	XHSICSTROBE_1	XUOTGID	XUOTGREXT	VDDQ_SYS00	XMIVREF0	XMIDATA_27	VSS	XMIDATA_11	XMIDATA_12	XMIDATA_9	XMIDATA_8	XMIDATA_7	XMIDATA_6	XMIDATA_4	XMIDATA_0	XMIDATA_21	VSS	XM2DATA_28	XM2DATA_29	XM2DATA_27	D
E	XEINT_4	XEINT_13	XEINT_5	XEINT_2	XEINT_1	XEINT_21	XEINT_23	XHSICDATA_1	XEINT_22	VDD10_UOTG	VDDQ_SYS02	XEFFSOURCE	XMICSN_0	XMICSN_1	XMIADDR_4	XMIADDR_15	VSS	XMIADDR_8	XMIADDR_11	XMIADDR_2	VSS	VSS	XM2CASN	XM2DATA_31	XM2DATA_26	VSS	XM2DATA_24	E
F	XPWRRGTON	XNWRESET	XOM_0	XEINT_0	XEINT_19	VDD10_HSIC	XNRESET	XEINT_16	XEINT_17	XPSHOLD	VSS_VPLL	VDD10_VPLL	XMIODT_0	VSS	XMIADDR_1	VSS	XMIADDR_9	XMIADDR_12	VSS	XMIODT_1	XMIADDR_13	VSS	XM2ADDR_2	XM2DATA_25	XM2DATA_14	XM2DQM_3	XM2DQS_3	F
G	XOM_2	XOM_5	XOM_3	XCLKOUT	XEINT_18	XEINT_30	VSS12_HSIC	VDD18_HSIC	XEINT_26	VDD18_TS	VSS_APLL	VDD10_APLL	XMICASN	XMIBA_0	XMIADDR_3	XMICKE_0	XMIADDR_6	XMICKE_1	XMIBA_1	XMIADDR_14	XMIADDR_10	XM2ODT_0	XM2RASN	VSS	XM2DATA_15	VSS	XM2DQSN_3	G
H	XOM_6	XOM_4	XOM_1	XM0BEN_0	XGNSS_CLKREQ	XEINT_10	XEINT_12	VSS12_HSIC	XEINT_28	XEPLLFILTER	VSS_EPLL	VDD10_EPLL	XMIZQ	XMIWEN	XMIRASN	VDDQ_CKEM1	XMIVREF2	XMIBA_2	XMIADDR_7	XMIADDR_0	XMIADDR_5	XM2ZQ	XM2CKE_0	XM2DATA_11	XM2DATA_10	XM2DATA_13	XM2DATA_12	H
J	XMMC0CLK	XMMC1CMD	XM0DATA_14	XMMC2CMD	XMMC2DATA_0	VDD_RTC	VDDQ_CKO			VDD_ALIVE	VSS_MPLL	VDD10_MPLL	VSS	VSS	VSS	VSS	VSS	VSS			XM2ADDR_15	XM2ADDR_1	VSS	XM2DATA_9	XM2DATA_8	XM2DQM_1	XM2DQS_1	J
K	XMMC0CDN	XMMC1DATA_0	XM0DATA_0	XMMC2DATA_2	XMMC2DATA_1	VDDQ_SYS33	VDD18_ABB0		VSS	VSS	VSS	VSS	VSS	VDDQ_M1	VDDQ_M1	VDDQ_M1	VDDQ_M1	VDDQ_M1	VDDQ_M1		VSS	XM2ADDR_3	XM2ADDR_4	VDDQ_CKEM2	XM2ADDR_8	XM2BA_0	VSS	K
L	XMMC0DATA_0	XMMC1DATA_1	XM0DATA_1	VSS	XMMC3CDN	XMMC3CLK	VDDQ_MMC01	VDDQ_PRE	VDD_INT	VDD_INT	VDD_INT	VDD_INT	VSS	VDD_ARM	VDD_ARM	VDD_ARM	VDD_MIF	VDD_MIF	VDD_MIF	VDDQ_M2	XM2VREF0	XM2ADDR_0	XM2CSN_0	VSS	XM2GATEO	XM2DATA_6	XM2CLK	L
M	XMMC0DATA_1	XMMC1DATA_2	XM0DATA_8	XMMC2CDN	XMMC3DATA_3	XMMC3DATA_0	XMMC3DATA_1	VDDQ_MMC2	VSS	VSS	VDD_INT	VSS	VSS	VSS	VDD_ARM	VDD_ARM	VSS	VSS	VSS	VDDQ_M2	VSS	XM2ADDR_9	XM2CKE_1	XM2CSN_1	XM2GATEI	VSS	XM2CLKN	M
N	XMMC0DATA_2	XMMC1DATA_3	XM0DATA_9	XMMC2CLK	XMMC2DATA_3	XMMC3CMD	XMMC3DATA_2	VDDQ_MMC3	VDD_INT	VDD_INT	VDD_INT	VDD_INT	VSS	VDD_ARM	VDD_ARM	VDD_ARM	VDD_ARM	VDD_ARM	VDD_MIF	VDDQ_M2	VSS	XM2ADDR_6	XM2ADDR_5	XM2DATA_4	XM2DATA_7	XM2DQM_0	XM2DQS_0	N
P	XMMC1CDN	XMMC0CMD	XM0FALE	XM0ADDR_5	XM0ADDR_9	XM0ADDR_12	XM0ADDR_14	VDDQ_PRE	VSS	VSS	VDD_INT	VSS				VSS	VDD_ARM	VSS	VSS	VDDQ_M2	VSS	XM2ADDR_13	VSS	XM2ADDR_7	XM2DATA_2	VSS	XM2DQSN_0	P
R	XMMC0DATA_3	XMMC1CLK	XM0DATA_RDN	XM0CSN_1	XM0ADDR_11	XM0ADDR_15	XM0ADDR_10	XM0ADDR_13	VDD_INT	VDD_INT	VDD_INT	VDD_INT				VDD_ARM	VDD_ARM	VDD_ARM	VDD_MIF	VDDQ_M2	XM2BA_2	XM2ADDR_10	XM2WEN	XM2DATA_5	XM2DATA_1	XM2DATA_0	XM2DQSN_2	R
T	XM0DATA_4	XM0DATA_10	XM0ADDR_1	XM0ADDR_7	XM0FCLE	XM0ADDR_0	XM0ADDR_6	XM0ADDR_4	VSS	VSS	VDD_INT	VSS				VDD_INT	VDD_INT	VSS	VSS	VDDQ_M2	XM2ODT_1	XM2ADDR_12	XM2BA_1	XM2DATA_3	VSS	XM2DQM_2	XM2DQS_2	T
U	XM0DATA_11	XM0DATA_2	XM0DATA_3	XM0ADDR_3	XM0ADDR_8	XM0ADDR_2	XM0FRNB_2	XM0FRNB_3	VDD_INT	VDD_INT	VDD_INT	VDD_INT				VDD_G3D	VDD_G3D	VDD_G3D	VSS	XM2VREF2	XM2ADDR_14	XM2ADDR_11	VSS	XM2DATA_22	XM2DATA_21	XM2DATA_23	XM2DATA_20	U
V	XM0DATA_13	XM0DATA_5	XM0DATA_12	VSS	XM0FRNB_1	XM0BEN_1	XM0WAITN	VDDQ_M0	VSS	VSS	VDD_INT	VSS	VSS	VSS	VSS	VDD_G3D	VSS	VDD_G3D	VSS	XC2CRXD_15	XC2CWKREQIN	XC2CRXD_11	XC2CRXD_14	XM2DATA_17	XM2DATA_16	XM2DATA_19	XM2DATA_18	V
W	XM0DATA_7	XM0DATA_6	XM0DATA_15	XI2S0SDO_1	XM0CSN_3	XM0FRNB_0	XM0OEN	VDDQ_M0	VDD_INT	VDD_INT	VDD_INT	VDD_INT	VDD_INT	VDD_INT	VSS	VDD_G3D	VSS	VDD_G3D	VSS	VDDQ_C2C_W	XC2CWKREQOUT	XC2CRXD_5	XC2CRXD_8	XC2CRXD_7	XC2CRXD_9	XC2CRXD_12	XC2CRXD_13	W
Y	XI2S0SDO_2	XI2S0LRCK	XI2S0SDO_0	XI2S0SDI	XM0CSN_0	XM0WEN	XM0CSN_2	XGNSS_GPIO_7	VSS	VSS	VDD_INT	VSS	VSS	VSS	VSS	VDD_G3D	VDD_G3D	VDD_G3D	VSS	VDDQ_C2C	VDDQ_C2C	XC2CRXD_1	XC2CRXD_10	XC2CRXCLK_0	XC2CRXD_4	XC2CRXCLK_1	XC2CRXD_6	Y
AA	XGNSS_SDA	XI2S0SCLK	XI2S0CDCLK	XGNSS_GPIO_0	XGNSS_GPIO_5	XGNSS_GPIO_4	XGNSS_GPIO_6		VDD_INT	VDD_INT	VDD_INT	VDD_INT	VDD_INT	VDD_INT	VSS	VSS	VSS	VSS	VSS		XC2CRXD_2	XC2CTXD_15	XC2CRXD_0	VSS	XC2CTXD_7	XC2CTXD_13	XC2CRXD_3	AA
AB	XGNSS_QSIGN	XGNSS_RF_RSTN	XGNSS_GPIO_3	XGNSS_GPIO_2	XGNSS_GPIO_1	VDDQ_ISP	VDDQ_GPS			VSS_ADC	XADCAIN_3	VDDQ_LCD	XVVD_7	XVVD_1	XVVD_5	VSS_HDMI	VSS_HDMI	XURTSN_2			XC2CTXD_10	XC2CTXD_1	XC2CTXD_9	XC2CTXD_12	XC2CTXD_3	XC2CTXD_8	XC2CTXD_14	AB
AC	XGNSS_SYNC	XGNSS_ISIGN	XGNSS_IMAG	XGNSS_SCL	XGNSS_QMAG	VDDQ_AUD	VDDQ_ISP	VDDQ_ISP	XISPRGB_0	VDD18_ADC	XCIDATA_4	XCIDATA_6	XVVD_16	XVSYS_OE	XVVD_13	XVVSYNC_LDI	XPWMTOUT_3	XUTXD_1	XPWMTOUT_2	XURXD_2	XC2CTXD_4	XC2CTXD_11	XC2CTXD_5	XURXD_3	XC2CTXCLK_1	XC2CTXD_0	XC2CTXCLK_0	AC
AD	XJTDI	XJTDO	XUOTGDRVVBUS	XJDBGSEL	XJTRSTN	XISPGP4	XISPVSYNC	XISPRGB_9	XISPRGB_2	XADCAIN_2	XCIFIELD	XCIPCLK	XCIDATA_3	XVVD_6	XVVD_18	XVVD_8	XMIPIVREG_0P4V	XVVD_2	XUCTSN_1	XSPICLK_0	XSPIMOSI_1	XURXD_0	XC2CTXD_6	XPWMTOUT_1	XUTXD_2	XUTXD_3	XC2CTXD_2	AD
AE	XUHOSTOVERCUR	XJTMS	XJTCK	XUHOSTPWREN	XISPMCLK	XISPI2C1SCL	XISPI2C0SDA	XISPRGB_7	XISPRGB_1	XADCAIN_1	XCIDATA_7	XCIHREF	XCIDATA_2	XVVD_3	VSS	XVVD_21	XVVD_20	XVVD_19	XVVD_10	XI2S1SCLK	XSPICSN_0	XSPICSN_1	XSPICLK_1	XPWMTOUT_0	XUTXD_0	XSPIMISO_1	XUCTSN_2	AE
AF	XISPSPIMOSI	XISPGP9	XISPGP3	XISPRGB_12	XISPHSYNC	XISPI2C0SCL	XISPI2C1SDA	XISPRGB_4	XISPPCLK	XADCAIN_0	XCIDATA_0	XCIDATA_5	XVVD_17	XVVD_23	XVVD_12	XVVD_15	XVVDEN	XVVD_14	XVVD_4	VDD18_MIPI	XSPIMOSI_0	XURXD_1	XURTSN_0	VDDQ_EXT	XUCTSN_0	XI2C1SDA	XI2C0SDA	AF
AG	XISPGP7	XISPSPICSN	XISPGP0	XISPRGB_10	XISPGP6	XISPRGB_13	XISPRGB_8	XISPRGB_5	XISPRGB_3	XCICLKENB	XCIDATA_1	XVVD_22	VDD10_MIPI	VDD10_MIPI	VDD10_MIPI	XVVD_11	XVHSYNC	XVVSYNC	XVVD_0	XVVD_9	VDD18_ABB2	XI2S2SDO	XI2S1CDCLK	XI2S2LRCK	XURTSN_1	XI2C1SCL	XI2C0SCL	AG
AH	XISPSPICLK	XISPGP2	XISPSPIMISO	VSS	VDDQ_MIPIHSI	VDD10_MIPI2L	VSS_MIPI2L	XISPRGB_11	XISPRGB_6	VDDQ_CAM	XCIVSYNC	VSS_MIPI	VSS_MIPI	VSS_MIPI	VDD10_MIPI	XVVCLK	VDD10_MIPI_PLL	VDD18_HDMI_OSC	VDD10_HDMI_PLL	XHDMIREXT	VSS_HDMI_OSC	VDD18_ABB1	XI2S1SDO	XI2S2SCLK	XI2S2CDCLK	XI2S1LRCK	XSPIMISO_0	AH
AJ	VSS	XISPGP8	XISPGP1	XMIPI2LSDP1	XMIPI2LSDPCLK	XMIPI2LSDP0	VDD18_MIPI2L	XMIPISDP3	XMIPISDP2	XMIPISDPCLK	XMIPISDP1	XMIPISDP0	XMIPIMDP3	XMIPIMDP2	XMIPIMDPCLK	XMIPIMDP1	XMIPIMDP0	VDD10_HDMI	XHDMITXCP	XHDMITX0P	XHDMITX1P	XHDMITX2P	XHDMIXTO	XSBUSDATA	XI2S2SDI	XI2S1SDI	VSS	AJ
AK	VSS	VSS	XISPGP5	XMIPI2LSDN1	XMIPI2LSDNCLK	XMIPI2LSDN0	VSS	XMIPISDN3	XMIPISDN2	XMIPISDNCLK	XMIPISDN1	XMIPISDN0	XMIPIMDN3	XMIPIMDN2	XMIPIMDNCLK	XMIPIMDN1	XMIPIMDN0	VSS	XHDMITXCN	XHDMITX0N	XHDMITX1N	XHDMITX2N	XHDMIXTI	XSBUSCLK	VDDQ_SBUS	VSS	VSS	AK
	1	2	3	4	5	6	7	8	9	10	11	12	13	14	15	16	17	18	19	20	21	22	23	24	25	26	27	

图 4-2 Exynos4412 处理器引脚俯视图

Exynos4412 处理器有 4 种启动方式可供选择，分别是：NAND flash；SD/MMC；eMMC 和 USB devic。具体采用什么方式启动，由芯片管脚 OM1~OM6 决定。华清远见将 OM1~OM6 改为 4 个拨码开关，拨码开关为 1000，由 SD 卡启动；拨码开关为 0110，为 eMMC 启动。根据用户习惯常采用 SD 卡启动，此时要将启动程序固化到 SD 卡中，本书第 20 章将对此进行介绍。

表 4-1　Exynos4412 处理器管脚排列(含下面 5 个续表)

Ball	Pin Name	Ball	Pin Name	Ball	Pin Name	Ball	Pin Name
A1	VSS	B7	VDD12_HSIC0	C13	XM1DATA_28	D19	XM1DATA_7
A2	VSS	B8	XUOTGVBUS	C14	XM1DATA_24	D20	XM1DATA_6
A3	XEINT_8	B9	VSSA_UOTG	C15	XM1DATA_15	D21	XM1DATA_4
A4	XNRSTOUT	B10	VSS	C16	XM1DATA_13	D22	XM1DATA_0
A5	XXTI	B11	XTSEXT_RES	C17	XM1DATA_10	D23	XM1DATA_21
A6	XHSICSTROB	B12	XM1DATA_29	C18	XM1GATEO	D24	VSS
A7	XHSICDATA_0	B13	VSS	C19	XM1GATEI	D25	XM2DATA_28
A8	XUOTGDM	B14	XM1DATA_26	C20	XM1DATA_3	D26	XM2DATA_29
A9	XUOTGDP	B15	XM1DQM_3	C21	XM1DATA_2	D27	XM2DATA_27
A10	XUSBXTI	B16	VSS	C22	XM1DATA_1	E1	XEINT_4
A11	XUSBXTO	B17	XM1DQM_1	C23	XM1DATA_23	E2	XEINT_13
A12	XM1DATA_30	B18	VSS	C24	XM1DATA_22	E3	XEINT_5
A13	XM1DATA_25	B19	VSS	C25	XM1DATA_16	E4	XEINT_2
A14	XM1DQS_3	B20	XM1DATA_5	C26	VSS	E5	XEINT_1
A15	XM1DQSN_3	B21	XM1DQM_0	C27	XM2DATA_30	E6	XEINT_21
A16	XM1DATA_14	B22	VSS	D1	XEINT_14	E7	XEINT_23
A17	XM1DQS_1	B23	XM1DQM_2	D2	XRTCCLKO	E8	XHSICDATA_1
A18	XM1DQSN_1	B24	XM1DATA_20	D3	XEINT_6	E9	XEINT_22
A19	XM1CLK	B25	XM1DATA_18	D4	XEINT_3	E10	VDD10_UOTG
A20	XM1CLKN	B26	XM1DATA_17	D5	XEINT_7	E11	VDDQ_SYS02
A21	XM1DQSN_0	B27	VSS	D6	VSS	E12	XEFFSOURCE
A22	XM1DQS_0	C1	XRTCXTI	D7	XEINT_11	E13	XM1CSN_0
A23	XM1DQS_2	C2	XRTCXTO	D8	XHSICSTROBE	E14	XM1CSN_1
A24	XM1DQSN_2	C3	XEINT_24	D9	XUOTGID	E15	XM1ADDR_4
A25	XM1DATA_19	C4	XEINT_20	D10	XUOTGREXT	E16	XM1ADDR_15
A26	VSS	C5	XGNSS_RTC	D11	VDDQ_SYS00	E17	VSS
A27	VSS	C6	XEINT_15	D12	XM1VREF0	E18	XM1ADDR_8
B1	VSS	C7	XEINT_29	D13	XM1DATA_27	E19	XMIADDR_11
B2	XGNSS_MCLK	C8	VDD12_HSIC1	D14	VSS	E20	XM1ADDR_2
B3	XEINT_31	C9	VSSA_UOTG	D15	XM1DATA_11	E21	VSS
B4	XEINT_25	C10	VDD33_UOTG	D16	XM1DATA_12	E22	VSS
B5	XEINT_9	C11	XVPLLFILTER	D17	XM1DATA_9	E23	XM2CASN
B6	XEINT_27	C12	XM1DATA_31	D18	XM1DATA_8	E24	XM2DATA_31

(续表)

Ball	Pin Name	Ball	Pin Name	Ball	Pin Name	Ball	Pin Name
E25	XM2DATA_26	G8	VDD18_HSIC	H18	XM1BA_2	K5	XMMC2DATA_1
E26	VSS	G9	XEINT_26	H19	XM1ADDR_7	K6	VDDQ_SYS33
E27	XM2DATA_24	G10	VDD18_TS	H20	XM1ADDR_0	K7	VDD18_ABB0
F1	XPWRRGTON	G11	VSS_APLL	H21	XM1ADDR_5	K9	VSS
F2	XNWRESET	G12	VDD10_APLL	H22	XM2ZQ	K10	VSS
F3	XOM_0	G13	XM1CASN	H23	XM2CKE_0	K11	VSS
F4	XEINT_0	G14	XM1BA_0	H24	XM2DATA_11	K12	VSS
F5	XEINT_19	G15	XM1ADDR_3	H25	XM2DATA_10	K13	VSS
F6	VDD10_HSIC	G16	XM1CKE_0	H26	XM2DATA_13	K14	VDDQ_M1
F7	XNRESET	G17	XM1ADDR_6	H27	XM2DATA_12	K15	VDDQ_M1
F8	XEINT_16	G18	XM1CKE_1	J1	XMMC0CLK	K16	VDDQ_M1
F9	XEINT_17	G19	XM1BA_1	J2	XMMC1CMD	K17	VDDQ_M1
F10	XPSHOLD	G20	XM1ADDR_14	J3	XM0DATA_14	K18	VDDQ_M1
F11	VSS_VPLL	G21	XM1ADDR_10	J4	XMMC2CMD	K19	VSS
F12	VDD10_VPLL	G22	XM2ODT_0	J5	XMMC2DATA_0	K21	XM2ADDR_3
F13	XM1ODT_0	G23	XM2RASN	J6	VDD_RTC	K22	XM2ADDR_4
F14	VSS	G24	VSS	J7	VDDQ_CKO	K23	VDDQ_CKEM2
F15	XM1ADDR_1	G25	XM2DATA_15	J10	VDD_ALIVE	K24	XM2ADDR_8
F16	VSS	G26	VSS	J11	VSS_MPLL	K25	XM2BA_0
F17	XM1ADDR_9	G27	XM2DQSN_3	J12	VDD10_MPLL	K26	VSS
F18	M1ADDR_12	H1	XOM_6	J13	VSS	K27	XM2DQSN_1
F19	VSS	H2	XOM_4	J14	VSS	L1	XMMC0DATA_0
F20	XM1ODT_1	H3	XOM_1	J15	VSS	L2	XMMC1DATA_1
F21	XM1ADDR_13	H4	XM0BEN_0	J16	VSS	L3	XM0DATA_1
F22	VSS	H5	XGNSS_CLKR	J17	VSS	L4	VSS
F23	XM2ADDR_2	H6	XEINT_10	J18	VSS	L5	XMMC3CDN
F24	XM2DATA_25	H7	XEINT_12	J21	XM2ADDR_15	L6	XMMC3CLK
F25	XM2DATA_14	H8	VSS12_HSIC	J22	XM2ADDR_1	L7	VDDQ_MMC01
G1	XOM_2	H11	VSS_EPLL	J25	XM2DATA_8	L10	VDD_INT
G2	XOM_5	H12	VDD10_EPLL	J26	XM2DQM_1	L11	VDD_INT
G3	XOM_3	H13	XM1ZQ	J27	XM2DQS_1	L12	VDD_INT
G4	XCLKOUT	H14	XM1WEN	K1	XMMC0CDN	L13	VSS
G5	XEINT_18	H15	XM1RASN	K2	XMMC1DATA_0	L14	VDD_ARM
G6	XEINT_30	H16	VDDQ_CKEM1	K3	XM0DATA_0	L15	VDD_ARM
G7	VSS12_HSIC	H17	XM1VREF2	K4	XMMC2DATA_2	L16	VDD_ARM

(续表)

Ball	Pin Name	Ball	Pin Name	Ball	Pin Name	Ball	Pin Name
L17	VDD_MIF	M27	XM2CLKN	P10	VSS	R26	XM2DATA_0
L18	VDD_MIF	N1	XMMC0DATA_2	P11	VSS	R27	XM2DQSN_2
L19	VDD_MIF	N2	XMMC1DATA_3	P12	VSS	T1	XM0DATA_4
L20	VDDQ_M2	N3	XM0DATA_9	P16	VSS	T2	XM0DATA_10
L21	XM2VREF0	N4	XMMC2CLK	P17	VDD_ARM	T3	XM0ADDR_1
L22	XM2ADDR_0	N5	XMMC2DATA_3	P18	VSS	T4	XM0ADDR_7
L23	XM2CSN_0	N6	XMMC3CMD	P19	VSS	T5	XM0FCLE
L24	VSS	N7	XMMC3DATA_2	P20	VDDQ_M2	T6	XM0ADDR_0
L25	XM2GATEO	N8	VDDQ_MMC3	P21	VSS	T7	XM0ADDR_6
L26	XM2DATA_6	N9	VDD_INT	P22	XM2ADDR_13	T8	XM0ADDR_4
L27	XM2CLK	N10	VDD_INT	P23	VSS	T9	VSS
M1	XMMC0DATA_1	N11	VDD_INT	P24	XM2ADDR_7	T10	VSS
M2	XMMC1DATA_2	N12	VDD_INT	P25	XM2DATA_2	T11	VDD_INT
M3	XM0DATA_8	N13	VSS	P26	VSS	T12	VSS
M4	XMMC2CDN	N14	VDD_ARM	P27	XM2DQSN_0	T16	VDD_INT
M5	XMMC3DATA_3	N15	VDD_ARM	R1	XMMC0DATA_3	T17	VDD_INT
M6	XMMC3DATA_0	N16	VDD_ARM	R2	XMMC1CLK	T18	VSS
M7	XMMC3DATA_1	N17	VDD_ARM	R3	XM0DATA_RDN	T19	VSS
M8	VDDQ_MMC2	N18	VDD_ARM	R4	XM0CSN_1	T20	VDDQ_M2
M9	VSS	N19	VDD_MIF	R5	XM0ADDR_11	T21	XM2ODT_1
M10	VSS	N20	VDDQ_M2	R6	XM0ADDR_15	T22	XM2ADDR_12
M11	VDD_INT	N21	VSS	R7	XM0ADDR_10	T23	XM2BA_1
M12	VSS	N22	XM2ADDR_6	R8	XM0ADDR_13	T24	XM2DATA_3
M13	VSS	N23	XM2ADDR_5	R9	VDD_INT	T25	VSS
M14	VSS	N24	XM2DATA_4	R10	VDD_INT	T26	XM2DQM_2
M15	VDD_ARM	N25	XM2DATA_7	R11	VDD_INT	T27	XM2DQS_2
M16	VDD_ARM	N26	XM2DQM_0	R12	VDD_INT	U1	XM0DATA_11
M17	VSS	N27	XM2DQS_0	R16	VDD_ARM	U2	XM0DATA_2
M18	VSS	P1	XMMC1CDN	R17	VDD_ARM	U3	XM0DATA_3
M19	VSS	P2	XMMC0CMD	R18	VDD_ARM	U4	XM0ADDR_3
M20	VDDQ_M2	P3	XM0FALE	R19	VDD_MIF	U5	XM0ADDR_8
M21	VSS	P4	XM0ADDR_5	R20	VDDQ_M2	U6	XM0ADDR_2
M22	XM2ADDR_9	P5	XM0ADDR_9	R21	XM2BA_2	U7	XM0FRNB_2
M23	XM2CKE_1	P6	XM0ADDR_12	R22	XM2ADDR_10	U8	XM0FRNB_3

(续表)

Ball	Pin Name	Ball	Pin Name	Ball	Pin Name	Ball	Pin Name
U12	VDD_INT	V25	XM2DATA_16	Y8	XGNSS_GPIO_7	AA19	VSS
U16	VDD_G3D	V26	XM2DATA_19	Y9	VSS	AA21	XC2CRXD_2
U17	VDD_G3D	V27	XM2DATA_18	Y10	VSS	AA22	XC2CTXD_15
U18	VDD_G3D	W1	XM0DATA_7	Y11	VDD_INT	AA23	XC2CRXD_0
U19	VSS	W2	XM0DATA_6	Y12	VSS	AA24	VSS
U20	XM2VREF2	W3	XM0DATA_15	Y13	VSS	AA25	XC2CTXD_7
U21	XM2ADDR_14	W4	XI2S0SDO_1	Y14	VSS	AA26	XC2CTXD_13
U22	XM2ADDR_11	W5	XM0CSN_3	Y15	VSS	AA27	XC2CRXD_3
U23	VSS	W6	XM0FRNB_0	Y16	VDD_G3D	AB1	XGNSS_QSIGN
U24	XM2DATA_22	W7	XM0OEN	Y17	VDD_G3D	AB2	XGNSS_RF_R
U25	XM2DATA_21	W8	VDDQ_M0	Y18	VDD_G3D	AB3	XGNSS_GPIO_
U26	XM2DATA_23	W9	VDD_INT	Y19	VSS	AB4	XGNSS_GPIO_
U27	XM2DATA_20	W10	VDD_INT	Y20	VDDQ_C2C	AB5	XGNSS_GPIO_
V1	XM0DATA_13	W11	VDD_INT	Y21	VDDQ_C2C	AB6	VDDQ_ISP
V2	XM0DATA_5	W12	VDD_INT	Y22	XC2CRXD_1	AB7	VDDQ_GPS
V3	XM0DATA_12	W13	VDD_INT	Y23	XC2CRXD_10	AB10	VSS_ADC
V4	VSS	W14	VDD_INT	Y24	XC2CRXCLK_0	AB11	XADCAIN_3
V5	XM0FRNB_1	W15	VSS	Y25	XC2CRXD_4	AB12	VDDQ_LCD
V6	XM0BEN_1	W16	VDD_G3D	Y26	XC2CRXCLK_1	AB13	XWD_7
V7	XM0WAITN	W17	VSS	Y27	XC2CRXD_6	AB14	XVVD_1
V8	VDDQ_M0	W18	VDD_G3D	AA1	XGNSS_SDA	AB15	XVVD_5
V9	VSS	W19	VSS	AA2	XI2S0SCLK	AB16	VSS_HDMI
V10	VSS	W20	VDDQ_C2C	AA3	XI2S0CDCLK	AB17	VSS_HDMI
V11	VDD_INT	W21	XC2CWKREQ	AA4	XGNSS_GPIO_0	AB18	XURTSN_2
V12	VSS	W22	XC2CRXD_5	AA5	XGNSS_GPIO_5	AB21	XC2CTXD_10
V13	VSS	W23	XC2CRXD_8	AA6	XGNSS_GPIO_4	AB22	XC2CTXD_1
V14	VSS	W24	XC2CRXD_7	AA7	XGNSS_GPIO_6	AB23	XC2CTXD_9
V15	VSS	W25	XC2CRXD_9	AA9	VDD_INT	AB24	XC2CTXD_12
V16	VDD_G3D	W26	XC2CRXD_12	AA10	VDD_INT	AB25	XC2CTXD_3
V17	VSS	W27	XC2CRXD_13	AA11	VDD_INT	AB26	XC2CTXD_8
V18	VDD_G3D	Y1	XI2S0SDO_2	AA12	VDD_INT	AB27	XC2CTXD_14
V20	XC2CRXD_15	Y3	XI2S0SDO_0	AA14	VDD_INT	AC2	XGNSS_ISIGN
V21	XC2CWKREQIN	Y4	XI2S0SDI	AA15	VSS	AC3	XGNSS_IMAG
V22	XC2CRXD_11	Y5	XM0CSN_0	AA16	VSS	AC4	XGNSS_SCL

(续表)

Ball	Pin Name	Ball	Pin Name	Ball	Pin Name	Ball	Pin Name
AC7	VDDQ_ISP	AD17	XMIPIVREG_0P4	AE27	XUCTSN_2	AG10	XCICLKENB
AC8	VDDQ_ISP	AD18	XVVD_2	AF1	XISPSPIMO	AG11	XCIDATA_1
AC9	XISPRGB_0	AD19	XUCTSN_1	AF2	XISPGP9	AG12	XVVD_22
AC10	VDD18_ADC	AD20	XSPICLK_0	AF3	XISPGP3	AG13	VDD10_MIPI
AC11	XCIDATA_4	AD21	XSPIMOSI_1	AF4	XISPRGB_12	AG14	VDD10_MIPI
AC12	XCIDATA_6	AD22	XURXD_0	AF5	XISPHSYNC	AG15	VDD10_MIPI
AC13	XVVD_16	AD23	XC2CTXD_6	AF6	XISPI2C0SCL	AG16	XVVD_11
AC14	XVSYS_OE	AD24	XPWMTOUT_1	AF7	XISPI2C1SDA	AG17	XVHSYNC
AC15	XVVD_13	AD25	XUTXD_2	AF8	XISPRGB_4	AG18	XVVSYNC
AC16	XVVSYNC_LDI	AD26	XUTXD_3	AF9	XISPPCLK	AG19	XVVD_0
AC17	XPWMTOUT_3	AD27	XC2CTXD_2	AF10	XADCAIN_0	AG20	XVVD_9
AC18	XUTXD_1	AE1	XUHOS	AF11	XCIDATA_0	AG21	VDD18_ABB2
AC19	XPWMTOUT_2	AE2	XJTMS	AF12	XCIDATA_5	AG22	XI2S2SDO
AC20	XURXD_2	AE3	XJTCK	AF13	XVVD_17	AG23	XI2S1CDCLK
AC21	XC2CTXD_4	AE4	XUHOSTPWREN	AF14	XVVD_23	AG24	XI2S2LRCK
AC22	XC2CTXD_11	AE5	XISPMCLK	AF15	XVVD_12	AG25	XURTSN_1
AC23	XC2CTXD_5	AE6	XISPI2C1SCL	AF16	XVVD_15	AG26	XI2C1SCL
AC24	XURXD_3	AE7	XISPI2C0SDA	AF17	XVVDEN	AG27	XI2C0SCL
AC25	XC2CTXCLK_1	AE8	XISPRGB_7	AF18	XVVD_14	AH1	XISPSPICLK
AC26	XC2CTXD_0	AE9	XISPRGB_1	AF19	XVVD_4	AH2	XISPGP2
AD1	XJTDI	AE11	XCIDATA_7	AF21	XSPIMOSI_0	AH4	VSS
AD2	XJTDO	AE12	XCIHREF	AF22	XURXD_1	AH5	VDDQ_MIPIHSI
AD3	XUOT	AE13	XCIDATA_2	AF23	XURTSN_0	AH6	VDD10_MIPI2L
AD4	XJDBGSEL	AE14	XVVD_3	AF24	VDDQ_EXT	AH7	VSS_MIPI2L
AD5	XJTRSTN	AE15	VSS	AF25	XUCTSN_0	AH8	XISPRGB_11
AD6	XISPGP4	AE16	XVVD_21	AF26	XI2C1SDA	AH9	XISPRGB_6
AD7	XISPVSYNC	AE17	XVVD_20	AF27	XI2C0SDA	AH10	VDDQ_CAM
AD8	XISPRGB_9	AE18	XVVD_19	AG1	XISPGP7	AH11	XCIVSYNC
AD9	XISPRGB_2	AE19	XVVD_10	AG2	XISPSPICSN	AH12	VSS_MIPI
AD10	XADCAIN_2	AE20	XI2S1SCLK	AG3	XISPGPO	AH13	VSS_MIPI

(续表)

Ball	Pin Name	Ball	Pin Name	Ball	Pin Name	Ball	Pin Name
AH20	XHDMIREXT	AJ9	XMIPISDP2	AJ25	XI2S2SDI	AK14	XMIPIMDN2
AH21	VSS_HDMI	AJ10	XMIPISDPCLK	AJ26	XI2S1SDI	AK15	XMIPIMDN
AH22	VDD18_ABB1	AJ11	XMIPISDP1	AJ27	VSS	AK16	XMIPIMDN1
AH23	XI2S1SDO	AJ12	XMIPISDP0	AK1	VSS	AK17	XMIPIMDN0
AH24	XI2S2SCLK	AJ13	XMIPIMDP3	AK2	VSS	AK18	VSS
AH25	XI2S2CDCLK	AJ14	XMIPIMDP2	AK3	XISPGP5	AK19	XHDMITXC
AH26	XI2S1LRCK	AJ15	XMIPIMDPCLK	AK4	XMIPI2LSDN1	AK20	XHDMITX0
AH27	XSPIMISO_0	AJ16	XMIPIMDP1	AK5	XMIPI2LSDN	AK21	XHDMITX1
AJ1	VSS	AJ17	XMIPIMDP0	AK6	XMIPI2LSDN0	AK22	XHDMITX2
AJ2	XISPGP8	AJ18	VDD10_HDMI	AK7	VSS	AK23	XHDMIXTI
AJ3	XISPGP1	AJ19	XHDMITXCP	AK8	XMIPISDN3	AK24	XSBUSCLK
AJ4	XMIPI2LSDP1	AJ20	XHDMITX0P	AK9	XMIPISDN2	AK25	VDDQ
AJ5	XMIPI2LSDP	AJ21	XHDMITX1P	AK10	XMIPISDNCLK	AK26	VSS
AJ6	XMIPI2LSDP0	AJ22	XHDMITX2P	AK11	XMIPISDN1	AK27	VSS
AJ7	VDD18_MIPI2L	AJ23	XHDMIXTO	AK12	XMIPISDN0		
AJ8	XMIPISDP3	AJ24	XSBUSDATA	AK13	XMIPIMDN3		

4.3 Exynos4412软件资源

Exynos4412处理器有1000个以上特殊功能寄存器，我们使用任何一个都要进行定义，就是确定其绝对物理地址。为了减少用户使用困难，厂家给我们提供了一个头文件exynos_4412.h。在该文件中对这些特殊功能寄存器进行了定义，我们在使用这些寄存器时就不用再去定义它们了。只要在程序开始处引入该头文件，就可以在程序中通过这些特殊功能寄存器名称来使用。

4.4 Exynos4412存储器结构

Exynos4412处理器有2个独立的DRAM控制器，分别是DMC0和DMC1，分别支持最大1.5GB的DAM。FS4412存储器结构如图4-3所示。

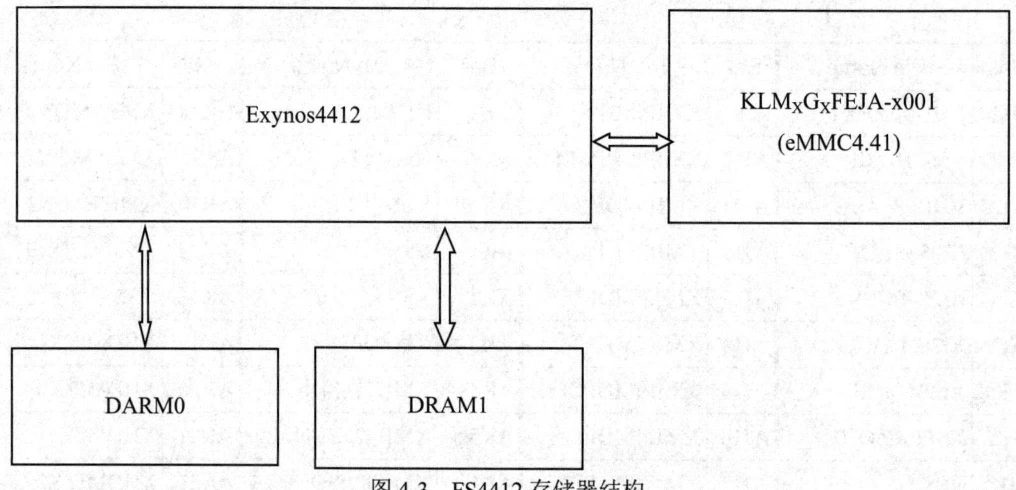

图 4-3　FS4412 存储器结构

eMMC 接口 Flash 芯片为 KLM$_X$G$_X$FEJA-x001，容量为 4GB。Exynos4412 处理器存储器地址可参见表 4-2。

表 4-2　Exynos4412 存储器地址

基地址	地址范围	容量	描述
0x0000_0000	0x0001_0000	64KB	iROM
0x200_0000	0x201_0000	64KB	iROM
0x0202_0000	0x0302_0000	256KB	iRAM
0x0300_0000	0x0302_0000	128KB	厂家产品数据
0xc00_0000	0xcD0_0000	16MB	Bank0 of SMC
0xce0_0000	0x0D00_0000	16MB	Bank1 of SMC
0x01000_0000	0x1400_0000	16MB	特殊功能寄存器
0x4000_0000	0xAFFF_FFFF	1.5GB	DMC0
0xA000_0000	0x0000_0000	1.5GB	DMC1

DRAM0 对应地址是 0x4000_0000~0xAFFF_FFFF，共 1.5GB；DRAM1 对应地址是 0xA000_0000~0x0000_0000，共 1.5GB。

DRAM 由 4 片 DDR3 芯片组成，每片 256MB×16，型号是 K4B4G1646B-HYXX。

4.5 Exynos4412 开发板资源

我们使用北京华清远见-嵌入式 ARM 试验箱进行项目开发，该试验箱配备了 Exynos4412

几乎所有硬件资源和软件驱动程序，给我们开发学习提供了很大方便，该实验箱具体结构如图 4-4 所示。

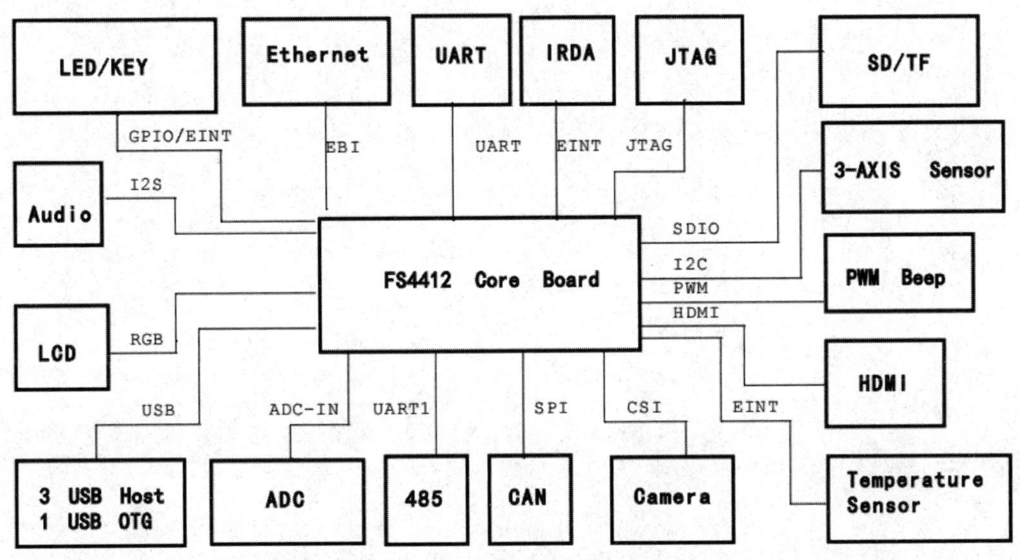

图 4-4　华清远见-嵌入式 ARM 试验箱资源

4.6 习题

1. Exynos4412 是几核处理器，其工作频率能达到多少 GHz?
2. Exynos4412 有几个 24 位 I^2S 接口？
3. Exynos4412 有几个 I^2C 接口？
4. Exynos4412 有几个 SPI 接口？
5. Exynos4412 有几个 UART 接口？

第二部分

ARM Cortex-A9芯片 Exynos4412的硬件及软件编程

第 5 章

Exynos4412的I/O端口和端口操作

Exynos4412 芯片上共有 304 个多功能的输入/输出引脚，分为 37 组通用 GPIO 和 2 组 Memory GPIO。可以通过设置寄存器来确定某个引脚是用于输入、输出，还是用于其他特殊功能。GPIO 具体功能如图 5-1 所示。

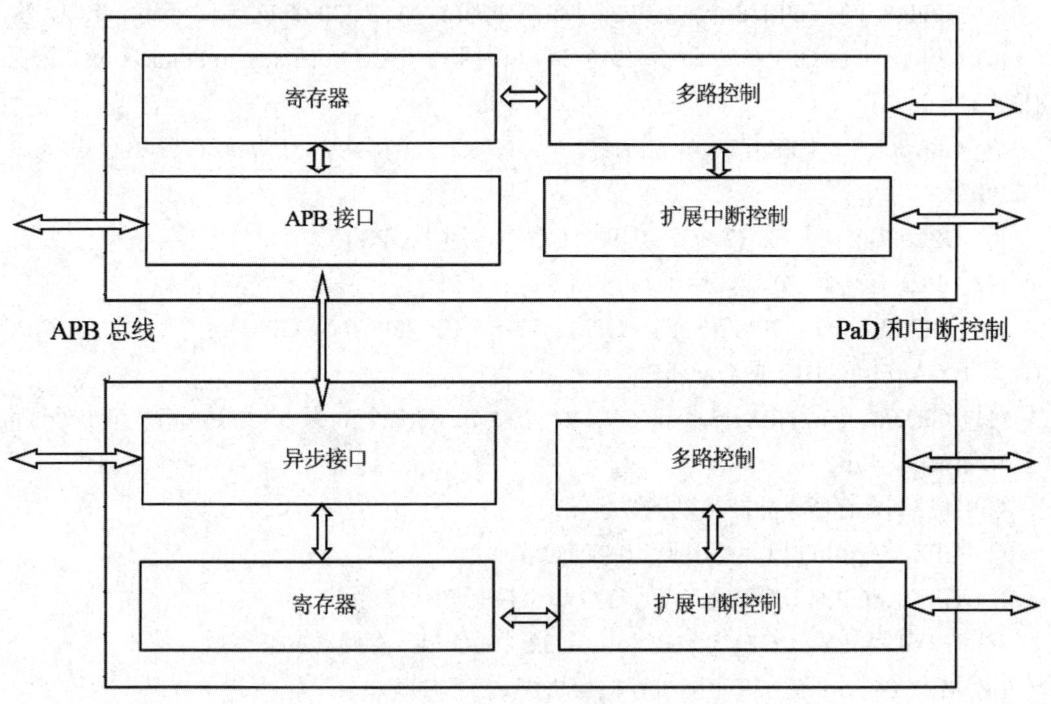

图 5-1　GPIO 具体功能

5.1 Exynos4412 的 I/O 端口寄存器分类

Exynos4412 芯片的各组端口数目不尽相同，用途差别也很大。本节按组对这些端口进行介绍。

5.1.1 Exynos4412 的 I/O 端口分组

37 组通用 GPIO 分类如下：

(1) GPA0(8 个)，GPA1(6 个)，共 14 个 I/O 口，还用于 3×UART(带流控制)和 1×UART(不带流控制)，或 2×I^2C。

(2) GPB，共 8 个 I/O 口，还用于 2×I^2C。

(3) GPC0(5 个)，GPC1(5 个)，共 10 个 I/O 口，还用于 2×I^2S 或 2×PCW 或 AC97、S/PDIF(S/PDIF 是索尼与飞利浦公司合作开发的一种民用数字音频接口协议)、I^2C、SPI。

(4) GPD0(4 个)，GPD1(4 个)，共 8 个 I/O 口，还用于 PWM、2×LCD I/F、MIPI。

(5) GPF0(8 个)，GPF1(8 个)，GPF2(8 个)，GPF3(6 个)，共 30 个 I/O 口，还用于 LCD I/F。

(6) GPJ0(8 个)，GPJ1(5 个)，共 13 个 I/O 口，用于 CAM I/F(Image to Frame ratio，影像/图框比)。

(7) GPK0(7 个)，GPK1(7 个)，GPK2(7 个)，GPK3(7 个)，共 28 个 I/O 口，还用于 4×MMC 或 GPS。

(8) GPL0(7 个)，GPL1(2 个)，共 9 个 I/O 口，用于 GPS I/F。

(9) GPL2 有 8 个 I/O 口，用于 GPS 或 Key pad I/F。

(10) GPM0(8 个)，GPM1(7 个)，GPM2(5 个)，GPM3(8 个)，GPM4(8 个)，共 36 个 I/O 口，用于 CAM I/F、HIS 或 TraceI/F。

(11) GPX0(8 个)，GPX1(8 个)，GPX2(8 个)，GPX3(8 个)，共 32 个 I/O 口，用于外部可唤醒中断或 Key I/F。

GPIO 控制寄存器不能控制以下这些端口。

(1) GPZ，7 个 I/O 口，还用于 I^2S 或 PCM。

(2) GPY0、GPY1、GPY2，16 个 I/O 口，控制 EBI 信号。

(3) GPY3、GPY4、GPY5、GPY6，共 32 个 I/O 口，存储器 EBI 引脚。

(4) MP1_0~MP1_9，78 个随机存储器引脚。

(5) MP2_0~MP2_9，78 个随机存储器引脚。

5.1.2 Exynos4412 的 I/O 端口寄存器

Exynos4412 的 I/O 端口有如下相关的寄存器。

(1) 端口控制寄存器：GPA0CON~GPZCON。在 Exynos4412 中，端口控制寄存器控制了每个管脚的功能。所以使用这些管脚时，必须通过控制寄存器对管脚进行设置。

(2) 端口数据寄存器：GPA0DAT~GPZDAT。如果端口被设置成了输出端口，可以向该端口按位输出数据；如果该端口被设置成输入端口，则可以从该端口相应位读入数据。

(3) 端口上拉或下拉寄存器：GPA0PUD~GPZPUD。端口上拉或下拉寄存器控制了该端口的上拉或下拉的禁止或使能，可提高端口的驱动和抗干扰能力。

(4) 端口驱动能力寄存器：GPA0DRV~GPZDRV。端口驱动能力寄存器提高了端口的驱动能力。

5.1.3　常用的 Exynos4412 的 I/O 端口控制寄存器

Exynos4412 常用的管脚控制寄存器较多，我们仅就下面例子用到的管脚做详细介绍，例子用到 GPX2 的第 7 脚，GPX1 的第 0 脚，以及 GPF3 的第 4、5 脚。

表 5-1 是 GPX2CON 控制寄存器，每一个引脚用控制寄存器的 4 位来控制，如 GPX2 的第 7 脚就要用 GPX2CON 控制寄存器的第 28~31 位来控制。其中，第 28~31 位置 0x0，该脚作为输入；第 28~31 位置 0x1，该脚作为输出；第 28~31 位置 0xF，该脚作为可唤醒中断 WAKEUP_INT2[7]。具体见表 5-1。

表 5-1　GPX2CON

名称	位	类型	描述	复位值
GPX2CON[7]	[31:28]	RW	0x0=输入 0x1=输出 0xF=WAKEUP_INT2[7]	0x0

表 5-2 是 GPX1CON 控制寄存器，表中仅列出脚 0 的控制位。脚 0 由 GPX1CON 的 3:0 位控制。

表 5-2　GPX1CON

名称	位	类型	描述	复位值
GPX1CON[0]	[3:0]	RW	0x0=输入 0x1=输出 0xF=WAKEUP_INT1[0]	0x0

表 5-3 是 GPF3CON 控制寄存器，注意表中列出的脚 4、5 的控制位分别为 16~19，20~23。

其他没有用到的管脚控制寄存器设置基本相同，使用时请查询随书下载文档，即 Exynos4412 说明书。

表 5-3 GPF3CON

名称	位	类型	描述	复位值
GPF3CON[5]	[23:20]	RW	0x0=输入 0x1=输出 0xF=WAKEUP_INT16[5]	0x0
GPF3CON[4]	[19:16]	RW	0x0=输入 0x1=输出 0xF=WAKEUP_INT16[4]	0x0

5.1.4 Exynos4412 的 I/O 端口数据寄存器

端口数据寄存器为 GPA0DAT~GPZDAT。如果端口被设置成了输出端口，可以向该端口按位输出数据；如果该端口被设置成输入端口，则可以从该端口相应位读入数据。

我们仅就下面例子用到的数据寄存器做详细介绍，例子用到 GPX2、GPX1 和 GPF3。

GPX2 数据寄存器结构见表 5-4，GPX1 数据寄存器结构见表 5-5，GPF3 数据寄存器结构见表 5-6。

表 5-4 GPX2DAT

名字	位	类型	描述	复位值
GPX2DAT[7:0]	[7:0]	RW	如果作为输入，可以从该寄存器读入该管脚数据；如果作为输出，可以通过该寄存器向该管脚输出数据	0x0

表 5-5 GPX1DAT

名字	位	类型	描述	复位值
GPX1DAT[7:0]	[7:0]	RW	如果作为输入，可以从该寄存器读入该管脚数据；如果作为输出，可以通过该寄存器向该管脚输出数据	0x0

表 5-6 GPF3DAT

名字	位	类型	描述	复位值
GPF3DAT[5:0]	[5:0]	RW	如果作为输入，可以从该寄存器读入该管脚数据；如果作为输出，可以通过该寄存器向该管脚输出数据	0x0

5.1.5　Exynos4412 的 I/O 端口编程

I/O 口编程实验通过 GPX2-7、GPX1-0、GPF3-4、GPF3-5 四个端口控制 4 个 LED，电路如图 5-2 所示。根据图接线，端口发高电平，相应 LED 亮，发低电平，相应 LED 灭。所以实验就是对相应端口初始化，使其具有输出功能，然后在该端口输出高低电平控制 LED 的亮灭。

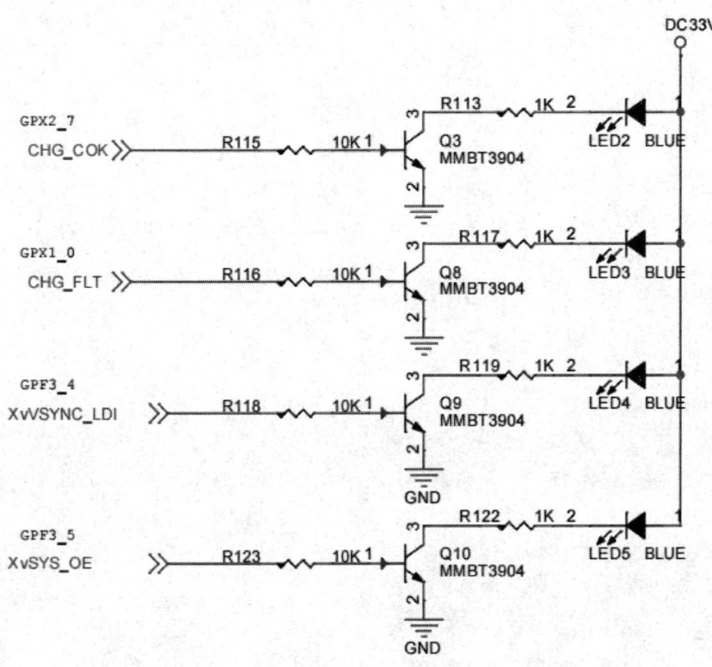

图 5-2　LED 驱动电路

(1) 电路原理：通过 GPX2_7、GPX1_0、GPF3_4 和 GPF3_5 控制 LED2、LED3、LED4、LED5 的亮灭。当相应管脚输出高电平，与之相连的 LED 亮；当相应管脚输出低电平，与之相连的 LED 灭。

(2) 程序比较简单，主要练习 Exynos4412 管脚的编程。

(3) C 语言程序编写如下：

```
#include " exynos_4412.h "
void mydelay_ms(int ms)
{
    int i, j;
    while(ms--)
    {
        for (i = 0; i < 5; i++)
            for (j = 0; j < 514; j++);
    }
}
```

```
int main(void)
{

    GPX2.CON = (GPX2.CON & ~(0xf<<28))| 1<<28;//GPX2_7:output, LED2
    GPX1.CON = (GPX1.CON & ~(0xf)) | 1; //GPX1_0:output, LED3
    GPF3.CON = (GPX3.CON & ~(0xf<<16 | 0xf<<20)) | (1<<16 | 1<<20);//GPF3_4:output,LED4
        //GPF3_5:output, LED5
while(1)
    {
      //Turn on LED2
        GPX2.DAT |= 0x1 << 7;
        mydelay_ms(500);
       //Turn on LED3
        GPX1.DAT |= 0x1;
        //Turn off LED2
        GPX2.DAT &= ~(0x1<<7);
        mydelay_ms(500);
 //Turn on LED4
        GPF3.DAT |= (0x1 << 4);
        //Turn off LED3
        GPX1.DAT &= ~0x1;
        mydelay_ms(500); //Turn on LED5
        GPF3.DAT |= (0x1 << 5); //Turn off LED4
        GPF3.DAT &= ~(0x1 << 4);
        mydelay_ms(500);//Turn off LED5
        GPF3.DAT &= ~(0x1 << 5);
    }
     return 0;
}
```

5.2 习题

1. Exynos4412有多少多功能的输入/输出引脚，分为多少组通用GPIO和Memory GPIO？

2. 熟悉通用 GPIO 的功能控制寄存器、数据寄存器的用法。

3. 对 Exynos4412 I/O 端口进行编程，以实现通过 GPX2_7、GPX1_0、GPF3_4 和 GPF3_5 端口，控制 LED2、LED3 亮，LED4、LED5 灭。

4. 对 Exynos4412 I/O 端口进行编程，以实现通过 GPX2_7、GPX1_0、GPF3_4 和 GPF3_5 端口，控制 LED2、LED3 灭，LED4、LED5 亮。

第 6 章

Exynos4412的中断系统

Exynos4412 采用中断控制器(GIC)来管理中断资源，它支持 160 个中断源，包括 16 个软件中断(SGI)、16 个私有外部中断(PPI)和 128 个公共外部中断(SPI)。

使用中断控制器(GIC)管理中断资源，具体见图 6-1。

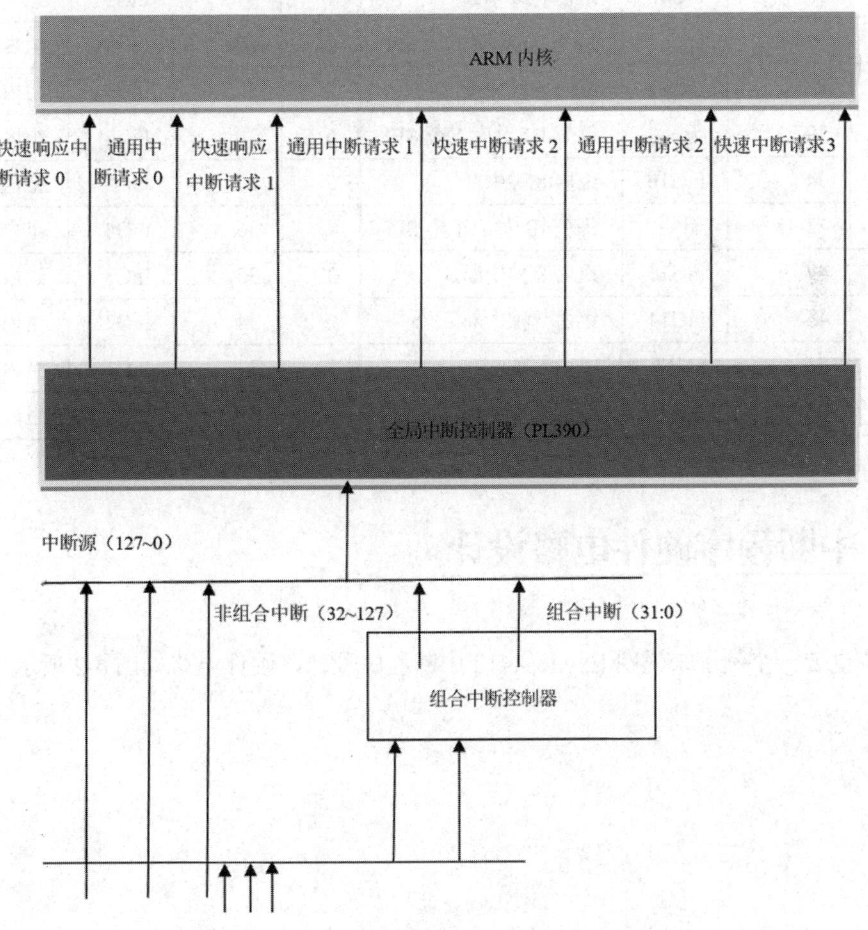

图 6-1　使用中断控制器(GIC)管理中断资源

对于 160 个中断源，每个中断源都被赋予一个唯一的中断号(ID)，GIC 和处理器核对中断源管理都是根据中断号来进行的。16 个 SGI 对应 0~15 号中断，16 个 PPI 对应 16~31 号中断，128 个 SPI 对应 32~159 号中断。每个中断的使能和屏蔽都由中断控制器的 1 位控制。160 个中断源对应 5 个 32 位的中断控制器。例如，CPU0 的中断使能控制器包括 ICDISER0~ICDISER4 五个，SGI 占用 ICDISER0[15~0]，PPI 占用 ICDISER0[31~16]，SPI 占用 ICDISER1~ICDISER4 四个控制寄存器。如 SPI 的中断 ID 号是 57，相应的是第 25 号 SPI 中断，则控制位是 ICDISER1[25]。如 SPI 的中断号是 58，相应的是 26 号 SPI 中断，则控制位是 ICDISER1[26]。注意，SPI 中断号是从 32~159，占用 ICDISER1~ICDISER4 四个控制寄存器。

128 个 SPI 分组情况见表 6-1，组内中断详细分类可参考随书下载文件。

表 6-1　128 个 SPI 中断分组情况

序号	中断 ID	中断组	说明	序号	中断 ID	中断组	说明
127-109	159-141	无	每个 ID 对应 1 个 SPI	11	43	InG11	组内 4 种中断
108	140	inG19	组内 8 种中断	10	42	InG10	组内 8 种中断
107	139	inG18	组内 8 种中断	9	41	InG9	组内 8 种中断
106-49	138-81	无	每个 ID 对应 1 个 SPI	8	40	InG8	组内 8 种中断
48	80	inG17	组内 8 种中断	7	39	InG7	组内 8 种中断
47-43	79-75	无	每个 ID 对应 1 个 SPI	6	38	InG6	组内 8 种中断
42	74	inG16	组内 8 种中断	5	37	InG5	组内 8 种中断
41-16	73-48	无	每个 ID 对应 1 个 SPI	4	36	InG4	组内 8 种中断
15	47	inG15	组内 8 种中断	3	35	InG3	组内 7 种中断
14	46	inG14	组内 7 种中断	2	34	InG2	组内 7 种中断
13	45	nG13	组内 6 种中断	1	33	InG1	组内 4 种中断
12	44	inG12	组内 8 种中断	0	3	InG0	组内 4 种中断

6.1 中断程序硬件电路设计

我们结合一个例子来说明 Exynos4412 中断程序设计，硬件电路如图 6-2 所示。

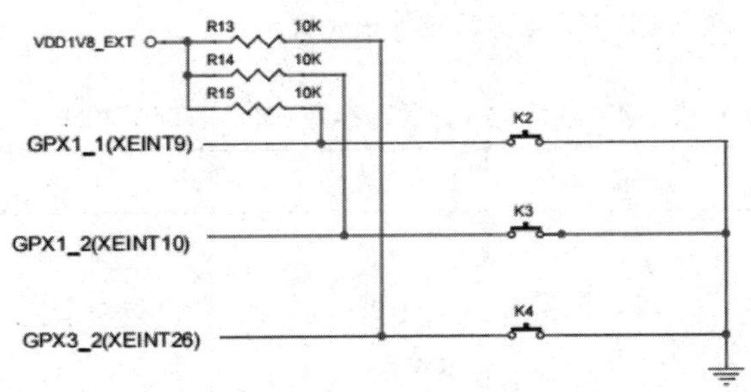

图 6-2　Exynos4412 中断程序设计硬件电路

经过查询使用手册，知道 GPX1_1 对应外部中断 9，GPX1_2 对应外部中断 10，GPX3_2 对应外部中断 26，我们的试验只涉及 GPX1_1 和 GPX1_2，具体见表 6-2。

表 6-2　GPX1_1 和 GPX1_2 对应外部中断

中断号	管脚、功能
EINT_9	GPX1[1]，WAKEUP1[1]
EXT_10	GPX1[2]，WAKEUP1[2]

在图 6-2 中，当 K2、K3、K4 没按下时，三个管脚 GPX1_1、GPX1_2 和 GPX3_2 输入高电平。当任何一个键按下时，相应管脚输入变低电平，此时产生中断。

在硬件电路中已加了上拉电阻，所以程序中就不用再加了。

1. 相应管脚

将 GPX1_1 和 GPX1_2 设置为外部中断功能，GPX3_2 暂时不用，故不用设置。GPXICON 结构具体见表 6-3。为了满足题目要求，GPX1CON[1]、GPX1CON[2]要设置为 0xF。

表 6-3　GPX1CON

名称	位	类型	描述	复位值
GPX1CON[2]	[11:8]	RW	0x0=输入 0x1=输出 0xF=WAKEUP_INT1[2]	0x0
GPX1CON[1]	[7:4]	RW	00=输入 0x1=输出 0xF=WAKEUP_INT1[1]	0x0

2. 设置外部中断触发方式

外部触发方式有 5 种，分别是低电平、高电平、下降沿、上升沿和双沿。对应的触发方式配置为 EXT_INT41CON[6:4]，对应 GPX1_1；EXT_INT41 [10:8]，对应 GPX1_2。

触发方式配置寄存器 EXT_INT41CON 见表 6-4。

表 6-4 触发方式配置寄存器 EXT_INT41CON

名称	位	类型	描述	复位值
EXT_INT41_CON[2]	[10:8]	RW	0x0=低电平 0x1=高电平 0x2=下降沿 0x3=上升沿 0x4=双沿	0x0
EXT_INT41_CON[1]	[6:4]	RW	0x0=低电平 0x1=高电平 0x2=下降沿 0x3=上升沿 0x4=双沿	0x0

注意，因为 SGI 和 PPI 占有中断 ID 号 0~31，所以 XENT_9 ID 号是 32+9=41。

由于我们设置的例子是低电平触发，因此 EXT_INT41[1]和 EXT_INT41[2]均设置为 0x0。

3. 中断的使能和禁止

GPX1_1(外部中断 WAKEUP_INT1[1])对应的中断使能和禁止寄存器为 EXT_INT41_MASK[1]位，EXT_INT41_MASK[1]设置为 0，表示允许中断。当 GPX1_1 收到中断信号，中断状态寄存器 EXT_INT41_PEND[1]会自动置 1，则中断控制器 GIC 认为外部中断 EINT9 的中断触发条件已满足，进入下一步的中断响应。如果 EXT_INT41_MASK[1]设置为 1，表示禁止外部 WAKEUP_INT1[1]中断。GPX1_2(外部中断 WAKEUP_INT1[2])对应的中断使能和禁止寄存器是 EXT_INT41_MASK[2]位，对应的中断状态寄存器是 EXT_INT41_PEND[2]。

使能寄存器 EXT_INT41_MASK 和状态寄存器 EXT_INT41_PEND 配置见表 6-5 和表 6-6。

表 6-5 EXT_INT41_MASK 配置

名称	位	类型	描述	复位值
EXT_INT41_MASK[2]	[2]	RW	0x0=允许中断 0x1=禁止中断	0x1
EXT_INT41_MASK[1]	[1]	RW	0x0=允许中断 0x1=禁止中断	0x1

表 6-6　EXT_INT41_PEND 配置

名称	位	类型	描述	复位值
EXT_INT41_PEND[2]	[2]	RW	0x0=中断不发生 0x01=产生中断	0x0
EXT_INT41_PEND[1]	[1]	RW	0x0=中断不发生 0x1=产生中断	0x0

6.2 中断控制寄存器设置

Exynos4412 是四核处理器，可由 GIC 设置一个或多个处理器核来响应 SPI。在本例中 EINT9 和 EINT10 将要送 CPU0 处理，因此要设置 CPU0 的相应处理器。

1. 中断使能寄存器 ICDISER_CPU0

CPU0 允许响应外部中断 EINT9 和 EINT10，EINT9 和 EINT10 中断号是 57 和 58，所以 ICDISER1_CPU0 的[25]和[26]位要设置为 1。

中断使能寄存器 ICDISER_CPU0 配置见表 6-7。

表 6-7　中断使能寄存器 ICDISER_CPU0 配置

名称	位	类型	描述	复位值
允许位选择	[31:0]	RW	0x0=禁止相应中断 0x1=允许相应中断	0x0

2. CPU0 中断响应开关

Exynos4412 有四个 CPU，每个 CPU 都可以响应或禁止中断，这由四个 CPU 的使能控制寄存器的[0]位决定，该位设置为 1，则允许该 CPU 响应中断，设置为 0，则禁止该 CPU 响应中断。CPU0 中断响应总开关是 ICCICR_CPU0，使能控制寄存器 ICCICR_CPU0 配置见表 6-8。

表 6-8　使能控制寄存器 ICCICR_CPU0 配置

名称	位	类型	描述	复位值
允许位选择	[0]	RW	0x0=禁止中断 0x1=允许中断	0x0

3. CPU0 优先级过滤寄存器

每个处理器核都可以设置优先级过滤，四个优先级过滤寄存器是ICCPMR_CPUn(n=0~3)，每个ICCPMR的低8位为优先级，从0~255共256个优先级，只有优先级大于或等于所设优先级，对应的中断才能被处理器核所响应。优先级值越小，级别越高，如设置为0xff，则可响应所有中断。ICCPMR_CPUn(n=0~3)设置见表6-9。

表6-9　ICCPMR_CPUn(n=0~3)设置

名称	位	类型	描述	复位值
优先级	[7:0]	RW	0~255 可选，数值越小，级别越高	0x0

4. GIC 全局中断使能寄存器

ICDDCR是全局中断使能寄存器，当ICDDCR[0]为1时，GIC开始监控中断源，当中断条件满足时，给相应CPU发中断响应信息。ICDDCR配置见表6-10。

表6-10　GIC 全局中断使能寄存器

名称	位	类型	描述	复位值
全局中断允许位	[0]	RW	0x0=全局中断禁止 0x1=全局中断允许	0x0

5. GIC 中断目标寄存器

ICDIPTR是中断目标寄存器，它决定一个中断由哪个CPU来处理，每个32位的ICDIPTR对应4个中断源，每个中断源由8位来描述。Exynos4412可处理160个中断，这样的寄存器就有40个。本例中EINT9和EINT10分别是SPI25和SPI26，中断ID号是57和58，则对应ICDIPTR14[15:8]和ICDIPTR14[23:16]。从表6-11来看，ICDIPTR14包含了SPI24、25、26、27。目标寄存器设置方法见表6-12。因为我们要把中断送CPU0处理，所以ICDIPTR14直接送0x01010101即可。

表6-11　ICDIPTR 和 SPI 关系

寄存器	描述	复位值
ICDIPTR14	目标寄存器 SPI[27:24]	0x0

表 6-12　目标寄存器设置方法

CPU 取值范围	目标 CPU
0bxxxxxxx1	CPU0
0bxxxxxx1x	CPU1
0bxxxxx1xx	CPU2
0bxxxx1xxx	CPU3
0bxxxx1xxxx	CPU4
0bxx1xxxxx	CPU5
0bx1xxxxxx	CPU6
0b1xxxxxxxx	CPU7

6. 中断号识别处理

当一个 CPU 处理中断时，可通过 ICCIAR_CPUn(n=0~3)寄存器的低 10 位来读取中断源的 ID 号。中断号寄存器 ICCIAR_CPUn(n=0~3)见表 6-13。

表 6-13　中断号寄存器 ICCIAR_CPUn(n=0~3)

名称	位	类型	描述	复位值
CPUID	[12:10]	W	对 SGI 有效，返回相应的 CPU 号	不定
ACKINTID	[9:10]	W	中断 ID 值	不定

7. 外部中断挂起寄存器

要让 CPU 继续响应外部中断，需要清除外部挂起寄存器 EXT_INT41_PEND，即在 EXT_INT41_PEND[1]和 EXT_INT41_PEND[2]位写 1。

8. CPU0 中断挂起寄存器

要让 CPU0 继续接收新的中断请求，需要清除 CPU0 的中断挂起标志，160 个中断源对应 5 个 CPU0 中断挂起寄存器。EINT9 和 EINT10 对应 ICDICPR1_CPU0[25]和 ICDICPR1_CPU0[26]，在相应位写 1，清除中断标志。CPU0 中断挂起寄存器见表 6-14。

表 6-14　CPU0 中断挂起寄存器

名称	位	类型	描述	复位值
清除挂起状态位	[31:0]	RW	写 0 没意义，写 1 清除中断标志	0x0

9. CPU0 中断结束状态寄存器

当处理器完成某一种中断，需要通过 ICCEOIR_CPUn(n=0~3)寄存器清除处理器该中断状态位。中断结束状态寄存器 ICCEOIR_CPUn(n=0~3)，共 4 个。中断结束状态寄存器见表 6-15。

在 ICCEOIR_CPUn(n=0~3)低 10 位写入中断号，即可清除 CPU 级中断。

表 6-15　中断结束状态寄存器 ICCEOIR_CPUn(n=0~3)

名称	位	描述	复位值
CPUID	[12:10]	中断处理结束后 ICCIAR 返回的 CPUID 值	不定
EOIINTID	[9:0]	中断处理结束写入 ICCIAR 返回的 CPUACKINTID 值，作为中断结束信号	不定

6.3 中断程序设计

参考程序如下。

```
#include "exynos_4412.h"
static int num = 0;

void do_irq(void )
{
    int irq_num;
    irq_num = (CPU0.ICCIAR & 0x3FF);
    switch (irq_num)
    {
        case 58: //turn on D3; turn off D4
        GPX2.GPX2DAT = 0x1 << 7;
        GPX1.GPX1DAT &= ~0x1;
        printf("IRQ interrupt !! turn on D3; turn off D4\n");
        //Clear Pend
        EXT_INT41_PEND |= 0x1 << 2;
        ICDICPR.ICDICPR1 |= 0x1 << 26;
        break;
        case 57: //Turn on D4; Turn off D3
        GPX2.GPX2DAT &= ~(0x1 << 7);
        GPX1.GPX1DAT |= 0x1;
        printf("IRQ interrupt !! Turn on D4; Turn off D3\n");
```

```
            //Clear Pend
            EXT_INT41_PEND |= 0x1 << 1;
            ICDICPR.ICDICPR1 |= 0x1 << 26;
            break;
        }

        // End of interrupt
        CPU0.ICCEOIR = (CPU0.ICCEOIR & ~(0x1FF)) | irq_num;

    }

    void mydelay_ms(int ms)
    {
        int i, j;
        while(ms--)
        {
            for (i = 0; i < 5; i++)
                for (j = 0; j < 514; j++);
        }
    }

    int main(void)
    {
        //D3 GPX2_7
        GPX2.GPX2CON |= 0x1 << 28; //GPX2_7 output
        //D4 GPX1_0
        GPX1.GPX1CON |= 0x1; //GPX1_0 output
        //D2 GPX3_0
        GPX3.GPX3CON |= 0x1 << 0; //GPX3_0 output

        //Key of VOL+    Interrupt    GPX1_1

        GPX1.GPX1PUD = GPX1.GPX1PUD & ~(0x3 << 2); // Disables Pull-up/Pull-down
        GPX1.GPX1CON = (GPX1.GPX1CON & ~(0xF << 4)) | (0xF << 4);
        /* GPX1_1: WAKEUP_INT1[1](EXT_INT41[1]    */
        EXT_INT41_CON = (EXT_INT41_CON & ~(0x7 << 4)) | 0x2 << 4;
        EXT_INT41_MASK = (EXT_INT41_MASK & ~(0x1 << 1));
        / * Bit 1=0 Enables interrupt    Key of VOL-    Interrupt    GPX1_2 */
        GPX1.GPX1PUD = GPX1.GPX1PUD & ~(0x3 << 4); // Disables Pull-up/Pull-down
        GPX1.GPX1CON = (GPX1.GPX1CON & ~(0xF << 8)) | (0xF << 8); //GPX1_2:WAKEUP_INT1[2]
(EXT_INT41[2])
        EXT_INT41_CON = (EXT_INT41_CON & ~(0x7 << 8)) | 0x2 << 8;
        EXT_INT41_MASK = (EXT_INT41_MASK & ~(0x1 << 2));
```

```
    /*  Bit2: =0 Enables interrupt GIC interrupt controller:
    Enables the corresponding interrupt SPI25, SPI26 -- Key_2, Key_3 */
    ICDISER.ICDISER1 |= (0x1 << 25) | (0x1 << 26);

    CPU0.ICCICR |= 0x1; //Global enable for signaling of interrupts

    CPU0.ICCPMR = 0xFF; //The priority mask level.Priority filter. threshold

    ICDDCR = 1;        //Bit1:  GIC monitors the peripheral interrupt signals and
                       //orwards pending interrupts to the CPU interfaces2

    ICDIPTR.ICDIPTR14 = 0x01010101;  /*SPI25  SPI26  interrupts are sent to processor 0*/

    printf("\n ********* GIC test ********\n");
    /*
     * D2 灯闪烁表示程序一直在执行
     * 当用户按下 VOL-时 D4 灯亮，D3 灯灭
     * 当用户按下 VOL+时 D3 灯亮，D4 灯灭
     */
    while (1){
        GPX3.GPX3DAT |= 0x1 << 0;
        mydelay_ms(500);
        GPX3.GPX3DAT &= ~(0x1 << 0);
        mydelay_ms(500);
    }

    return 0;
}
```

6.4 习题

1. Exynos4412 通过 GIC 管理多少中断？其中，软件中断有几个？私有外设中断有几个？共享外设中断有几个？

2. Exynos4412 EXT_INT41CON 配置寄存器有何作用？EXT_INT41_MASK、EXT_INT41_PEND、ICDISERn(n=0~4)_CPUn(n=0~3)、ICCICR_CPUn(n=0~3)、ICDDCR、ICCPMR_CPUn(n=0~3)、ICCIAR_CPUn(n=0~3)、ICCEOIR_CPUn(n=0~3)、ICDICPRn(n=0~4)_ CPUn(n=0~3)的作用是什么？

3. EINT9 和 EINT10 中断 ID 是多少？

4. EINT9 和 EINT10 是第几个 SPI 中断？

ꕥ 第7章 ꕥ

Exynos4412串口UART

Exynos4412 提供了 5 个独立的异步串行通信接口，每个接口都支持中断或 DMA 模式。通道 0 有 256B FIFO，通道 1、4 有 64B FIFO，通道 2、3 有 16B FIFO。

Exynos4412 异步串行通信接口结构如图 7-1 所示。

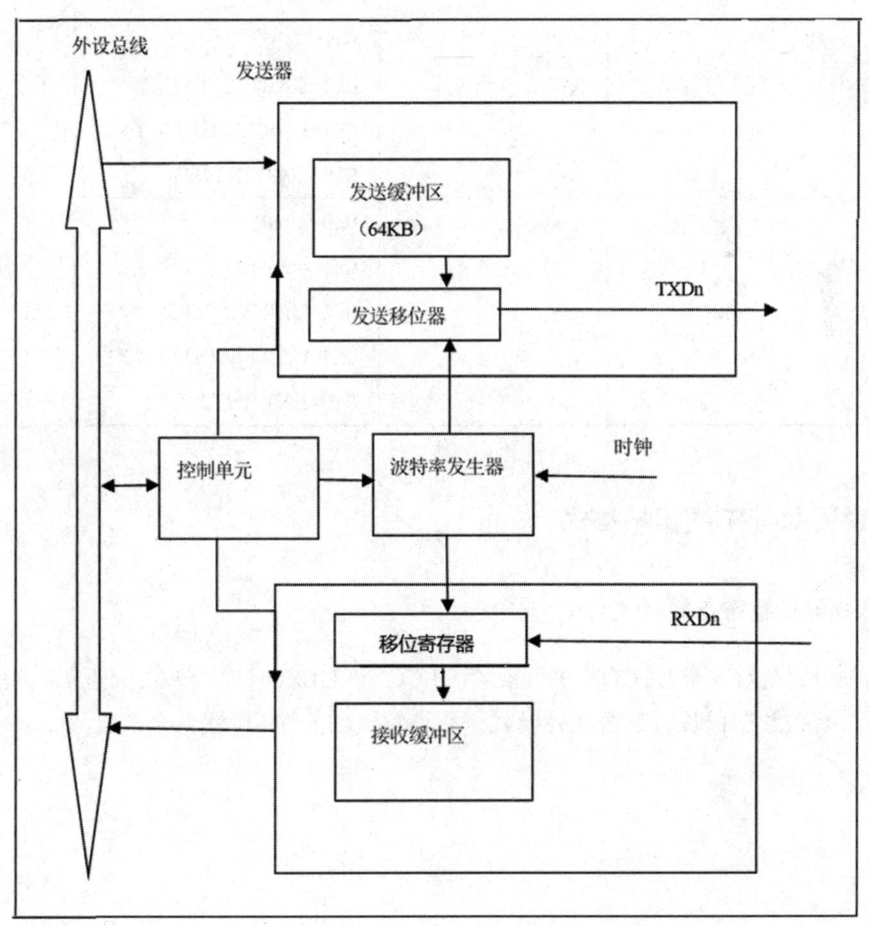

图 7-1　Exynos4412 异步串行通信接口结构

7.1 Exynos4412 串口 UART 概述

本节讲述如何使用 I/O 引脚的复用功能做 UART 的输入和输出，完成嵌入式控制系统的串行通信。下面将介绍 I/O 引脚控制寄存器设置、串行通信数据帧设置、波特率设置、UART 工作模式寄存器设置等内容。

7.1.1 设置 I/O 引脚复用功能

本节例子使用 UART2 模块，该模块 TXD 引脚使用 GPA1_1，RXD 引脚使用 GPA1_0，因此要对 GPA1CON 进行设置。GPA1CON 设置见表 7-1。

表 7-1 GPA1CON

名称	位	类型	描述	复位值
GPA1CON[1]	[7:4]	RW	0x0=输入 0x1=输出 0x2=UART_2_TXD 0x4=UART_AUDIO_TXD 0xF=EXT_INT2[1]	0x0
GPA1CON[0]	[3:0]	RW	0x0=input 0x1=output 0x2=UART_2_RXD 0x4=UART_AUDIO_RXD 0xF=EXT_INT2[0]	0x0

7.1.2 设置 UART 数据帧格式

1. 数据帧设置寄存器 ULCON

数据帧设置是对 5 个 ULCON 进行设置(ULCON0~ULCON4)，要对通信的奇偶效验、数据停止位、有效数据位长、是否红外模式进行设置。ULCON 设置见表 7-2。

表 7-2　ULCONn(n=0~4)

名称	位	类型	描述	复位值
红外模式	[6]	RW	0x0=正常模式 0x1=红外模式	0x0
校验位	[5:3]	RW	0x0=无校验 0x4=奇效验 0x5=偶校验	0x0
停止位	[2]	RW	0x0=1 个停止位 0x1=2 个停止位	0x0
数据帧长	[1:0]	RW	0x0=5 位 0x1=6 位 0x2=7 位 0x3=8 位	0x0

2. 波特率设置分频寄存器

波特率由一个专用的 UART 波特率分频寄存器(UBRDIVn)(n=0~4)控制，计算公式如下：

$$\text{UBRDIVn}=(\text{int})[\text{UART 输入主频}/(\text{波特率}\times16)]-1$$

UBRDIVn 的值必须在 1 和 $2^{16}-1$ 之间。

例如，输入主频等于 40MHz，当波特率为 115200bps 时，UBRDIVn=(int)[40000000/(115200×16)]-1=int(21.7)-1=20.7。

其整数部分存 UBRDIVn=(n=0~4)=20=0x14。

其小数部分存 UFRACVALn(n=0~4)=0.7×16=11=0x0B。

波特率发生器时钟频率整数寄存器 UBRDIVn=(n=0~4)见表 7-3，波特率发生器时钟频率小数寄存器 UFRACVALn(n=0~4)见表 7-4。

表 7-3　UBRDIVn=(n=0~4)

名称	位	类型	描述	复位值
RSVD	[31:16]	-		0x0
UBRDIVn	[15:0]	RW	时钟频率整数	0x0

表 7-4　UFRACVALn(n=0~4)

名称	位	类型	描述	复位值
RSVD	[31:4]	-		0x0
UFRACVALn	[3:0]	RW	时钟频率小数部分	0x0

3. UART 工作模式寄存器

本节介绍 UART 工作模式寄存器设置。UART 工作模式寄存器设置分发送、接收两个阶段，需要分别设置。

工作模式寄存器设置(发送)见表 7-5，工作模式寄存器设置(接收)见表 7-6。

表 7-5　工作模式寄存器设置(发送)

名称	位	类型	描述	复位值
发送模式	[3:2]	RW	0x0=禁止 0x1=中断或轮询 0x2=DMA 方式	0x0

表 7-6　工作模式寄存器设置(接收)

名称	位	类型	描述	复位值
接收模式	[1:0]	RW	0x0=禁止 0x1=中断或轮询 0x2=DMA 方式	0x0

4. UART 接收和发送数据寄存器

接收数据寄存器是 URXHn(n=0~4)，结构如表 7-7 所示。在通信时可以从 URXHn(n=0~4)中读取对方发来的一个字符。发送数据寄存器是 UTXHn(n=0~4)，结构如表 7-8 所示。在通信时要把发送的字符放在 UTXHn(n=0~4)中。

表 7-7　接收数据寄存器 URXHn(n=0~4)结构

名称	位	描述	复位值
RSVD	[31:8]	RSVD	0x0
URXHn(n=0~4)	[7:0]	UART 收到的数据	0x0

表 7-8　发送数据寄存器 UTXHn(n=0~4)结构

名称	位	描述	复位值
RSVD	[31:8]	RSVD	0x0
UTXHn(n=0~4)	[7:0]	UAR 发送的数据	0x0

7.2 Exynos4412 UART 实验电路

我们仅使用 UART2 做实验，电路如图 7-2 所示。

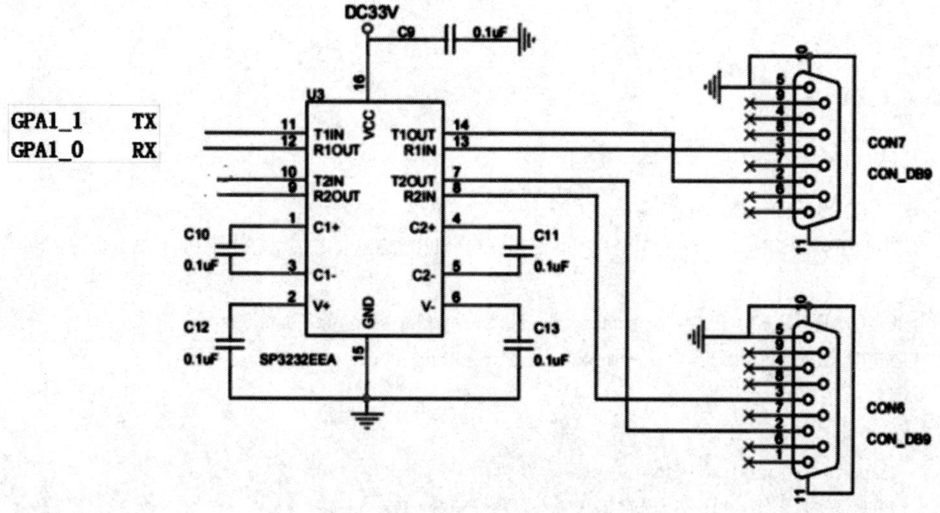

图 7-2 UART2 实验硬件电路

其中 SP3232 是电平转换电路，相当于我们以前用过的 MAX232，进行 TTL 和 RS232 电平转换。PC 端要设置波特率 115200、停止位 1、数据位 8、无奇偶效验。利用串口调试工具在 Exynos4412 上向 PC 发送一串数据，在串口终端可以看到该字符串。

Exynos4412 提供了 5 个独立的异步串行通信接口，每个接口都支持中断或 DMA 模式。

我们实验仅使用 UART2，因此要对 GPA1_1 和 GPA1_0 进行初始化，使 GPA1_0 具有串口 2 输入功能，使 GPA1_1 具有串口 2 输出功能。

GPA1_1 和 GPA1_0 进行初始化过程，参见下面关于实验程序的介绍。

实验程序包括 GPA1_1 和 GPA1_0 进行初始化、输出一个字符、输出一个字符串、点亮 LED、熄灭 LED 等基本串行操作。

7.3 Exynos4412 UART 实验程序

```
#include "exynos_4412.h"
void mydelay(int time);

void mydelay_ms(int time)
{
```

```
        int i, j;
        while (time--)
        {
            for (i = 0; i < 5; i++)
                for (j = 0; j < 514; j++);
        }
}

void uart_init(void)
{

        /*UART2 initialize*/
        GPA1.GPA1CON = (GPA1.GPA1CON & ~0xFF ) | (0x22); //GPA1_0:RX;GPA1_1:TX

        UART2.ULCON2 = 0x3; //Normal mode, No parity,One stop bit,8 data bits
        UART2.UCON2 = 0x5;    //Interrupt request or polling mode

        /*
         * Baud-rate 115200: src_clock:100Mhz
         * DIV_VAL = (100*10^6 / (115200*16) -1) = (54.3 - 1) = 53.3
         * UBRDIV2 = (Integer part of 53.3) = 53 = 0x35
         * UFRACVAL2 = 0.3*16 = 0x5
         * */
        UART2.UBRDIV2 = 0x35;
        UART2.UFRACVAL2 = 0x5;
}

void putc(const char data)
{
        while(!(UART2.UTRSTAT2 & 0X2));
        UART2.UTXH2 = data;
        if (data == '\n')
            putc('\r');
}
void puts(const    char    *pstr)
{
        while(*pstr != '\0')
            putc(*pstr++);
}

unsigned char getchar()
{
        unsigned char c;
```

```
        while(!(UART2.UTRSTAT2 & 0X1));
        c = UART2.URXH2;
        return c;
}

int main(void) {

        char c, str[] = "uart test!! \n";

        //LED
        GPX2.GPX2CON = 0x1 << 28;
        uart_init();

        while(1)
        {
            //Turn on LED
            GPX2.GPX2DAT = GPX2.GPX2DAT | 0x1 << 7;
            puts(str);
            mydelay_ms(500);
            //Turn off LED
            GPX2.GPX2DAT = GPX2.GPX2DAT & ~(0x1 << 7);
            mydelay_ms(500);
        }
        return 0;
}
```

7.4 习题

1. 利用串口调试工具完成 PC 和 Exynos4412 互传一个字符串。
2. Exynos4412 UART 有几种通信模式？
3. Exynos4412 UART 有几个通道，每个通道通信目的是什么？
4. 熟悉实验程序，学会 Exynos4412 UART 编程。

第 8 章

Exynos4412的A/D转换控制

Exynos4412 集成了一个 4 通道、10/12 位的 A/D 转换器，其功能和操作有点类似于 MCS-51 单片机使用的 ADC0809，但比 ADC0809 的精度稍高。Exynos4412 并没有专门的 D/A 转换控制寄存器，系统可以使用设计者自己设计的各种 D/A 转换器件，然后通过串口或并口与 Exynos4412 连接。本章在对 A/D 转换控制寄存器介绍的同时，对它的软件编程进行了介绍。

Exynos4412 A/D 转换功能单元结构图如图 8-1 所示。

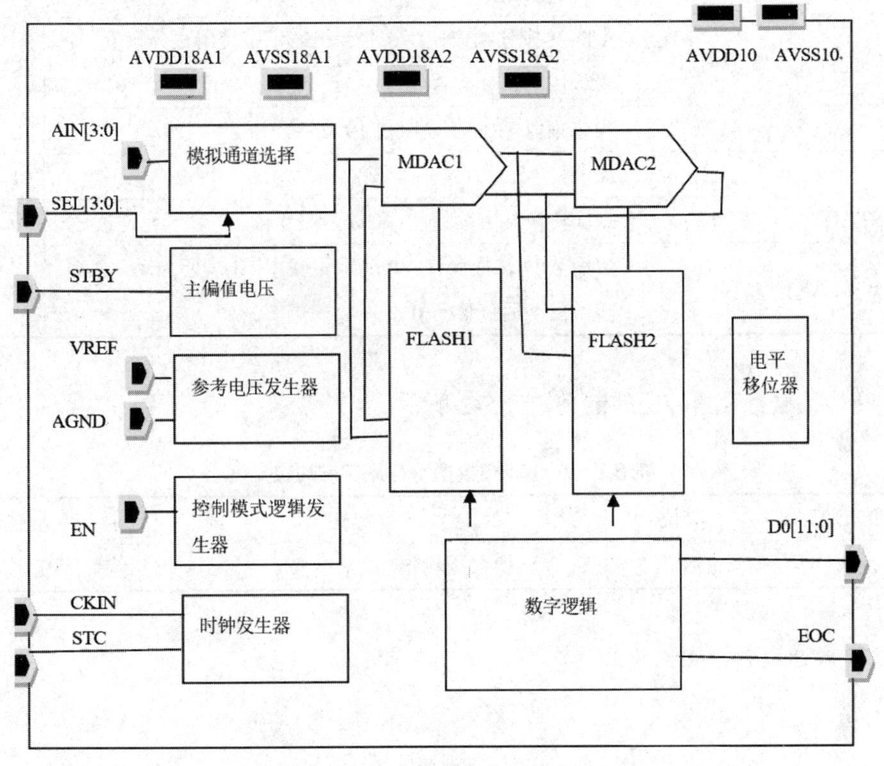

图 8-1　A/D 转换功能单元结构图

8.1 Exynos4412 的 A/D 转换控制概述

本节介绍 A/D 转换控制寄存器的功能和使用。

Exynos4412 集成了一个 4 通道、10/12 位的 A/D 转换器，该转换器可以通过软件设置为休眠模式，可以节省能量消耗，最大转换速率为 1000ksps(kilo samples per second，表示每秒采样千次，是转换速率的单位)。

8.1.1 A/D 转换控制寄存器(ADCCON)

A/D 转换控制寄存器(ADCCON)及各位的定义如表 8-1 所示。

表 8-1　A/D 转换控制寄存器各位的定义

ADCCON	位	定义	复位值
REX	[16]	ADC 转换分辨率选择：0 表示 10 位输出；1 表示 12 位输出	0
ECFLG	[15]	AD 转换结束标志：0 表示 AD 转换正在进行；1 表示 AD 转换结束	0
PRSCVL	[14]	A/D 转换分频值使用选择：0 表示不使用预分频值；1 表示使用预分频值	0xff
PRSCVL	[13:6]	预分频值 PRSVL，取值 19~255	0
保留	[5:3]	保留	1
READ_START	[1]	A/D 转换结束读使能：0 表示禁止读，1 表示允许读	0
ENABLE_START	[0]	启动 A/D 转换允许：0 表示无操作；1 表示启动。A/D 转换启动后该位清 0	0

A/D 转换数据寄存器各位的定义如表 8-2 所示。

表 8-2　A/D 转换数据寄存器各位的定义

ADCDAT	位	定义	复位值
A/D 转换数据	[11:0]	A/D 转换数据输出	不定

ADC 转换通道选择如表 8-3 所示。

表 8-3　ADC 转换通道选择

ADCMUX	位	定义	复位值
SEL_MUX	[3:0]	000：AIN0 001：AIN1 0010：AIN2 0003：AIN3	不定

Exynos4412A/D 转换器的操作非常简单，与 MCS-51 单片机使用的 ADC0809 有点类似。首先，启动 A/D 转换并同时进行通道选择，然后读 ECFLG，当 ECFLG 变为 1 时，表示转换结束。令 READ_START=1，启动读功能，就可以从 A/D 转换数据寄存器 ADCDAT 中读出数据。

A/D 转换器要求的输入模拟电压范围为 0~3.3V，如果超出这个范围，加电阻并按一定比例分压。

8.1.2　A/D 转换控制程序的编写步骤

(1) 设置 A/D 转换的时钟频率。A/D 转换的时钟频率 freq 取决于 ADCCON[13:6]的 PRSCVL 的值，PRSCVL 的值可用如下公式来计算，PCLK 按 100M 算：

PRSCVL=PCLK/freq−1

(2) 选通道，此处选 2 通道。

ADCMUX=0x2;

(3) 启动转换。

```
rADCCON=0x01;             //启动 ADC
While(rADCCON&0x01);      // ADC 启动后该位自动清 0
```

(4) 判断转换是否结束。

```
While(rADCCON[15]&0x8000); //检查 ECFLG 位是否为高
```

(5) 令 READ_START=1 (ADCCON[1]=1)，启动读功能。从数据寄存器 ADCDAT 中读出数据。

8.2　参考程序

本节介绍 A/D 转换控制程序的编写。参考程序如下：

```
#ifndef_ADC_H_
#define_ADC_H_
void Test_Adc(void);
#include <string.h>
#include "Exynos4412.h"
#include "adc.h"
#include "def.h"
#define REQCNT 100                              //循环采样次数
#define ADC_FREQ 2500000                        //ADC 转换频率
#define LOOP 10000                              //延时常数
int ReadAdc(int ch);
volatile U32 preScaler;                         //采样时钟频率
void Test_Adc(void)
{
    int i,key;
    int a0=0,a1=0,a2=0,a3=0,; //初始化各通道转换初值
    Uart_Printf("[ ADC_IN Test ]\n");
    Uart_Printf("0.   a2 Dispaly Count 100 ,1.   Polling\n");
    Uart_Printf("Selet : ");                    /*通过键盘选 0 或 1：若选 0，表示通道 2 采样 100 次；
                                                  若选 1，表示各通道巡回转换并输出*/
    key = Uart_GetIntNum();                     //从键盘输入一个整数
    Uart_Printf("\n\n");
    Uart_Printf("The ADC_IN are adjusted to the following values.\n");
    Uart_Printf("Push any key to exit!!!\n");   //各通道巡回转换时，按任意键退出

    preScaler = ADC_FREQ;                       //采样时钟频率为 2500000kbps
    Uart_Printf("ADC conv. freq. = %dHz\n",preScaler);
    preScaler = PCLK/ADC_FREQ -1;
    Uart_Printf("PCLK/ADC_FREQ - 1 = %d\n",preScaler);
    if (key == 0)
    {
        Uart_Printf("[ AIN2 ]\n");              //选通道 2，采样 REQCNT 次

        for(i=0;i<REQCNT;i++)
        {
            //a0=ReadAdc(0);
            //a1=ReadAdc(1);
            a2=ReadAdc(2);
            //a3=ReadAdc(3);

            Uart_Printf("%04d\n",a2);           //打印通道 2 转换值
        }
    }
```

```
    else if(key == 1)
    {
        while(Uart_GetKey()==0)              //各通道巡回转换并输出，直到按下任意键退出
        {
            a0=ReadAdc(0);
            a1=ReadAdc(1);
            a2=ReadAdc(2);
            a3=ReadAdc(3);


        Uart_Printf("AIN0: %04d AIN1: %04d AIN2: %04d AIN3: %04d, a0,a1,a2,a3);
        }
    }
    rADCCON=(0<<14)|(19<<6)|(4<<3)|(1<<2);
    //分频器停止、通道 4、休眠
    Uart_Printf("\nrADCCON = 0x%x\n", rADCCON);
}
//-----------------------------------------------------------------------------------------------------------
//  取转换结果
//-----------------------------------------------------------------------------------------------------------
int ReadAdc(int ch)
{
    int i;
    static int prevCh=-1;                            /*保证每通道采样 1 次，设置变量记忆 */
    rADCCON = (1<<14)|(preScaler<<6)|(ch<<3);        /*选通道，定转换频率，设 A/D 转换标记*/
    if(prevCh!=ch)
    {
        rADCCON = (1<<14)|(preScaler<<6)|(ch<<3); /*选通道，定转换频率，分频器使能*/
        for(i=0;i<LOOP;i++);                         //2 通道转换中间加延时
        prevCh=ch;                                   //记忆当前采样通道
    }

    rADCCON|=0x1;                        //启动 ADC 转换
    while(rADCCON&0x01);                 /* ADC 转换启动后该位清 0，等 ADC 转换开始*/
    while(!(rADCCON & 0x8000));          //等转换结束
    return ( (int)rADCDAT0 & 0x3ff );    //返回转换结果
}
void main (void)
{
    Test_Adc();
    while(1)

}
```

8.3 习题

1. 简述 ADC 控制寄存器 ADCCON 各位的含义及其用法。
2. 简述 A/D 转换控制程序的编写步骤。
3. 学习并熟悉示例程序，在开发系统上实现 A/D 转换实验。
4. 如何启动一个 A/D 转换和判断 A/D 转换结束？

第 9 章

DMAC驱动控制

DMAC(Direct Memory Access Controller)是一个自适应、先进的微控制器总线体系的控制器，它由 ARM 公司设计并基于 PrimeCell 技术标准。DMAC 提供了一个 AXI 接口用来执行 DMA 传输，以及两个 APB 接口用来控制这个操作。DMAC 在安全模式下用一个 APB 接口执行 TrustZone 技术，其他操作则在非安全模式下执行。

Exynos4412 共有 24 个 DMA 通道，其中内存到内存有 8 个，内存到外设有 16 个。图 9-1 是 DMAC 外部接口框图。

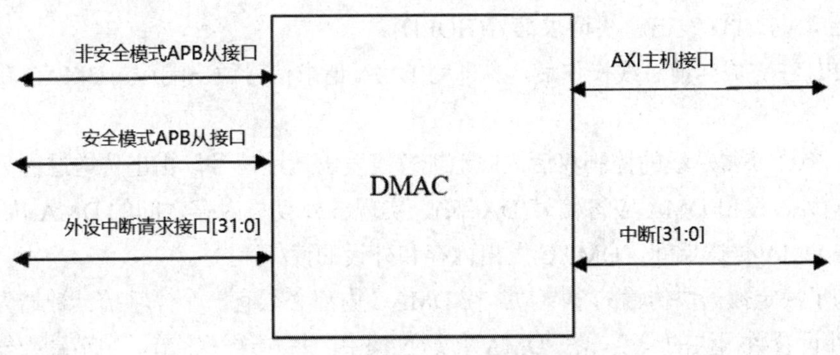

图 9-1　DMAC 外部接口框图

Exynos4412 共采用 3 片 PL330 作为 DMA 控制器，其中 1 片控制存储器到存储器通道，2 片控制存储器和外设通道，具体见图 9-2。

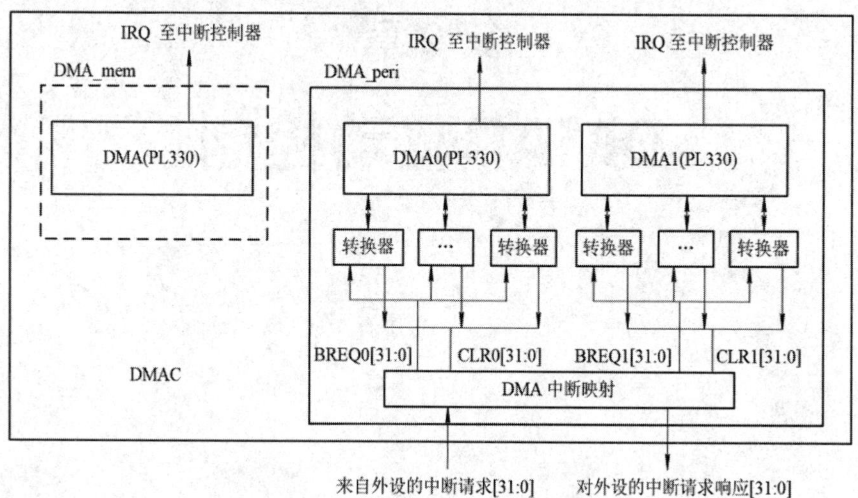

图 9-2　PL330 作为 DMA 控制器

9.1 DMA 工作过程

DMA 的工作过程说明如下。

(1) 当外设准备就绪，向 DMA 控制器(DMAC)发出 DMA 请求信号(DREQ)。DMAC 收到此信号后，向 CPU 发出总线请求信号(HOLD)。

(2) CPU 在完成当前总线操作后，立即对 DMA 请求信号做出响应。DMAC 获得总线的控制权。

(3) DMAC 获得总线的控制权后，向地址总线发出地址信号，指出传送过程需使用的内存地址。向外设发出 DMA 应答信号(DACK)，实现该外设与内存之间的 DMA 传送。

(4) 在 DMA 传送期间，DMAC 发出内存和外设的读/写信号。

(5) 为了决定数据块传输的字节数，在 DMAC 内部必须有一个“字节计数器”。在开始时，由软件设置数据块的长度，在 DMA 传送过程中，每传送一字节，字节计数器减 1，减为 0 时，该次 DMA 传输结束。

(6) DMA 过程结束时，DMAC 向 CPU 发出结束信号(撤销 HOLD 请求)，将总线控制权交还 CPU。

9.2 DMA 传送的方式

DMA 传送的方式有以下几种。

(1) I/O 接口到存储器方式：I/O 接口的数据利用 DMAC 送出控制信号，将数据输送到数据总线 D0～D7 上，同时 DMAC 送出存储器单元地址及控制信号，将存于 D0～D7 上的数据写入选中的存储单元中。这样就完成了 I/O 接口到存储器的一字节的传送。

(2) 存储器到 I/O 接口方式：在进行传送时，DMAC 送出存储器地址和控制信号，将选中的存储器单元的内容读入数据总线的 D0～D7，然后 DMAC 送出控制信号，将数据写到指定的端口中。DMAC 再修改“地址寄存器”和“字节计数器”的内容。

(3) 存储器到存储器方式：这种方式的 DMA 数据传送是用“数据块”方式传送。首先，送出存储器源的地址和控制信号，将选中内存单元的数据暂存，然后修改“地址寄存器”和“字节计数器”的值，接着，送出存储器目标的地址和控制信号，将暂存的数据通过数据总线写入存储器的目标区域中，最后修改“地址寄存器”和“字节计数器”的内容，当“字节计数器”的值减少到 0 时便结束一次 DMA 传送。

9.3 PL330 指令集

1. DMAMOV

该指令是一条数据转移指令，它可以将一个 32 位的立即数移动到源地址寄存器、目标地址寄存器、通道控制寄存器 3 种类型的寄存器中。

(1) 源地址寄存器：该寄存器提供了 DMA 通道的数据源的地址(见表 9-1)。DMAC 从该地址取得数据，每个通道都有自己的数据源地址寄存器。

表 9-1　DMA 通道的数据源的地址

通道 n(n=0~7)	0	1	2	3	4	5	6	7
寄存器名	SA_0	SA_1	SA_2	SA_3	SA_4	SA_5	SA_6	SA_7
地址偏移	0x400	0x420	0x440	0x460	0x480	0x4a0	0x4c0	0x4e0

(2) 目标地址寄存器：该寄存器提供了 DMA 通道数据存放的地址，具体参见表 9-2。

表 9-2　DMA 通道数据存放的地址

通道 n(n=0~7)	0	1	2	3	4	5	6	7
寄存器名	DA_0	DA_1	DA_2	DA_3	DA_4	DA_5	DA_6	DA_7
地址偏移	0x404	0x424	0x444	0x464	0x484	0x4A4	0x4C4	0x4E4

(3) 通道控制寄存器：该寄存器可以控制 DMA 在 AXI 中的传输，并且该寄存器记录了

一些关于目标与源寄存器的基本配置，具体见表 9-3。

表 9-3　通道控制寄存器

通道 n(n=0~7)	0	1	2	3	4	5	6	7
寄存器名	CC_0	CC_1	CC_2	CC_3	CC_4	CC_5	CC_6	CC_7
地址偏移	0x408	0x428	0x448	0x468	0x488	0x4a8	0x4c8	0x4e8

2. DMALD

该指令是一条 DMAC 装载指令，它可以从源数据地址中读取数据序列到 MFIFO 中，如果 src_inc 位被设置，则 DMAC 会自动增加源地址的值。

其指令格式为：DMALD[S|B]

其中：

[S]表示如果 S 位被指定，则 bs 位被置 0，且 x 转换为 0。

[B]表示如果 B 位被指定，则 bs 位被置 0，且 x 转换为 1。

3. DMARMB

该指令是读内存栅栏指令。

4. DMAWMB

该指令是写内存栅栏指令。

5. DMALP/DMALPEND

该指令用来指定某个指令段的开始位置，需要 DMALPEND 指定该指令段的结束位置，一旦指定，DMAC 会循环执行介于 DMALP 与 DMALPEND 之间的指令，直到循环次数为 0 结束。

6. DMASEV

使用该指令可以产生一个事件信号，可以有以下两种模式：

(1) 产生一个事件<event_num>。

(2) 产生一个中断信号 irq<event_num>。

其指令格式为：DMASEV　<event_num>

7. DMAEND

该指令用来通知 DMAC 结束一次操作。

8. DBGINSTO

该指令可控制调试指令、通道、DMAC 线程信息，具体设置如表 9-4 所示。

表 9-4　DBGINSTO 指令

31　　24	23　　16	15　　11	10　　8	7 6 5 4 3 2 1	0
指令字节 1	指令字节 0	保留	通道号	保留	调试线程

其中[10：8]用来确定通道号，其对应关系如下：

B000=通道 0；B001=通道 1；B010=通道 2；B011=通道 3；

B100=通道 4；B101=通道 5；B110=通道 6；B111=通道 7。

9.4 DMA 编程

本节介绍 DMA 驱动程序编写步骤，包括申请 DMA 通道、开启通道、设置 DMA 通道传输参数和设置 DMA 通道方向等问题。

9.4.1　DMA 驱动程序的编写

1. 申请 DMA 通道

在申请 DMA 通道之前，至少需要确定外设 ID(filter_param)和通道类型(mask)。外设 ID 可以通过数据手册或者 PL330 获得，通道类型一般设置为 DMA_SLAVE 或 DMA_CYCLIC。

2. 设置 DMA 通道

设置传输参数，即设置 DMA 通道方向、通道设备端的物理地址(如果使用 DMA 向 SPI 收发数据，则为 SPI 数据寄存器的物理地址)、通道字节宽度等信息。

3. 获取 desc 添加回调函数

在驱动函数中，将发送数据个数、通道方向、数据缓存的总线地址等参数赋值给 scatterlist 结构体，通过调用 dmaengine_prep_slave_sg 或 dmaengine_prep_dma_cyclic 获取 desc，再将回调函数指针传给 desc->callback。

4. 递交配置好的通道

调用 dmaengine_submit((struct dma_async_tx_descriptor *)desc)，将 desc 提交到 DMA 驱动等待队列。通常第 3 步和第 4 步都是在 DMA 驱动的 prepare 函数中实现的。

5. 开启通道，等待回调函数

用 dma_async_issue_pending( )函数激活挂起的等待队列，如果此时通道空闲，则开始传输队列中的数据，传输结束后调用回调函数。

9.4.2 DMA 驱动程序

1. Struct dma_slave_config 结构

该结构包括完成 1 次 DMA 传输所需要的所有可能参数。

```
struct dma_slave_config{
    enu dma_transfer_direction direction;
    phys_addr_t   src_addr;
    phys_addr_t   dst_addr;
    enum dma_slave_buswidth src_addr_width;
    enum dma_slave_buswidth dst_addr_width;
    u32 src_maxburst;
    u32 dst_maxburst;
    u32 src_port_window_size;
    u32 dst_port_window_size;
    booldevice_fc;
    unsigned int slave_id;
};
```

其中的参数说明如下：

(1) directionc：传输方向。

(2) src_addr：当 src 是 dev 时，即从 dev 到 dev 或从 dev 到 mem 时，读取 DMA 从数据的物理地址。反之，当 src 是 mem 时，即从 mem 到 dev 时，忽略此参数。

(3) dst_addr：当 dst 是 dev 时，即从到 dev 到 dev 时，写入 DMA 从数据的物理地址。反之，当 dst 是 mem 时，忽略此参数。

(4) src_addr_width：scr 地址宽度，单位是字节。

(5) dst_addr_widt：dst 地址宽度，单位是字节。

(6) src_maxburst：src 最大传输 burst 的大小。

(7) dst_maxburst：dst 最大传输 burst 的大小。

(8) booldevice_fc：流量控制器设置。

(9) slave_id：从属者 ID，仅对从通道有效。

2. struct dma_async_tx_descriptor 结构

struct dma_async_tx_descriptor 用于描述 1 次 DMA 传输。

```
struct dma_async_tx_descriptor{
    dma_cookie_t cookie;
    emu dma_ctrl_flags flags;
    dma_addr_t phys;
    struct dma_chan *chan;
    dma_cooke_t(*tx_submit)( struct dma_async_tx_descriptor *tx)
    int (*desc_free)( struct dma_async_tx_descriptor *tx)
    dma_async_tx_callback callback;
    dma_async_tx_callback_result callback_resuit;
    void *callback_param;
    struct dmaengine_unmap_data *unmap;
    #ifdef conf_async_tx_enable_channel_switch;
    struct dma_async_tx_descriptor *next;
    struct dma_async_tx_descriptor *parent;
    spinock_t lock;
    #endif;
};

enu dma_ctrl_flags{
    DMA_PREP_INTERRUPT=(1<<0),
    DMA_CTRL_ACK(1<<1);
    DMA_RPEP_PQ_DISABLE_P(1<<2);
    DMA_PREP_PQ_DISABLE_Q=(1<<3);
    DMA_PREP_CONTINUE=(1<<4);
    DMA_PREP_FENCE=(1<<5);
    DMA_PREP_REUSE=(1<<6);
    DMA_PREP_CMD=(1<7);
};
```

其中的参数说明如下。

(1) cookie：跟踪此 transaction 的 COOKIE。

(2) flags：用于增强操作准备，控制完成和通信状态的标志。

(3) phys：描述符的物理地址。

(4) chan：此操作的目标通道。

(5) tx_submit：将此描述符提交到待传输列表的回调函数。

(6) desc_frree：将此描述符释放的回调函数。

(7) callback：此操作完成后，调回的回调函数。

(8) callback_param：callback 回调函数的参数。

3. 设备驱动使用 DMA Engine 的方法

```
enum dma_transfer_direction {
    DMA_MEM_TO_MEM,
    DMA_MEM_TO_DEV,
    DMA_DEV_TO_MEM,
    DMA_DEV_TO_DEV,
    DMA_TRANS_NONE,
};
```

上面的 enum 表明，DMA 传输从方向上来说分为 mem 到 mem、mem 到 dev、dev 到 mem 和 dev 到 dev。

其中，mem 到 dev、dev 到 mem 和 dev 到 dev 属于 Slave-DMA 传输，mem 到 mem 属于 Async TX 传输。因为 Linux 为 mem 到 mem 的 DMA 传输，在 DMA Engine 之上封装了更为简洁的 API 接口，即 Async TX API。DMA Engine 提供的 API 就是 Slave-DMA API。

下面介绍设备驱动使用 DMA Engine 的步骤。

(1) 分配一个 DMA 从通道。

(2) 设置从机和控制器(DMA channel)具体参数。

(3) 获取一个用于识别本次传输的描述符。

(4) 提交传输并启动传输。

(5) 发出待处理的请求并等待传输结束后的回调通知。

下面对这些步骤进行详细介绍。

① 分配一个 DMA 从通道

使用 dma_request_chan()API 请求通道。它将查找并返回与 dev 设备关联的 name 的 DMA 通道。此关联可以通过设备树、ACPI 或基于模板文件的 dma_slave_map 匹配表来完成。

通过此接口分配的通道对调用者来说是专有的，直到 dma_release_channel()被调用。

```
struct dma_chan *dma_request_chan(struct device *dev, const char *name);
void dma_release_channel(struct dma_chan *chan);
```

② 设置 DMA 通道的具体参数

将一些特定信息传递给 DMA 控制器驱动(provider)。consumer 可以使用的大多数通用信息都在 struct dma_slave_config 中，如 DMA direction、DMA addresses、bus widths、DMA burst lengths 等。

使用 dmaengine_slave_config()设置 DMA 通道的具体参数。

```
static inline int dmaengine_slave_config(struct dma_chan *chan, struct dma_slave_config *config)
{
    if(chan->device->device_config)
    return chan->device->device_config(chan, config);
```

```
    return -ENOSYS;
}
```

③ 获取描述符

对于 consumer 使用 DMA，DMA Engine 支持的各种 slave 传输模式有如下几种。

- slave_sg：用于在“scatter gather buffers”列表和总线设备之间进行 DMA 传输。
- dma_cyclic：用于执行循环 DMA 操作，直到操作明确停止，常应用于音频等场景中。
- interleaved dma：用于不连续的、交叉的 DMA 传输，常应用于图像处理等场景中。

使用以下 API 来获取不同传输模式的描述符。

```
static inline struct dma_async_tx_descriptor *dmaengine_prep_slave_sg(
    struct dma_chan *chan, struct scatterlist *sgl, unsigned int sg_len,
    enum dma_transfer_direction dir, unsigned long flags)
{
    if(!chan |!chan->device|l !chan->device->device_prep_slave_sg)
    return NULL;

    return chan->device->device_prep_slave_sg(chan, sgl, sg_len,
    dir,flags,NULL);
}
static inline struct dma_async_tx_descriptor *dmaengine_prep_dma_cyclic
{
    struct dma_chan *chan, dma_addr_t buf_addr, size_t buf_len,
    size_t period_len, enum dma_transfer_direction dir,
    unsigned long flags
}
{
    if(lchan | !chan->device | Ichan->device->device_prep_dma_cyclic)
    return NULL;

    return chan->device->device_prep_dma_cyclic(chan, buf_addr, buf_len,
        period_len, dir, flags);
}
static inline struct dma_async_tx_descriptor *dmaengine_prep_interleaved_dma(
    struct dma_chan *chan, struct dma_interleaved_template *xt, unsigned long flags)
{
    if(!chan |1 !chan->device || !chan->device->device_prep_interleaved_dma)
    return NULL;

    return chan->device->device_prep_interleaved_dma(chan, xt, flags);
}
```

④ 提交传输并启动传输

准备好描述符并添加回调信息后，必须将其放置在 DMA Engine 驱动程序传输队列中，通过调用 dmaengine_submit()API 来将准备好的描述符放到传输队列上，之后调用 dma_async_issue_pending()API 来启动传输。

```
static inline dma_cookie_t dmaengine_submit(struct dma_async_tx_descriptor *desc)、
{
    return desc->tx_submit(desc);
}

static inline void dma_async_issue_pending(struct dma_chan *chan)
{
    chan->device->device_issue_pending(chan);
}
```

⑤ 等待传输完成

在每个 DMA 传输请求提交后，数据开始传输并触发一个任务，然后 tasklet 将调用设备驱动(consumer)完成回调函数来通知传输完成。

还可以调用 dmaengine_pause、dmaengine_resume、dmaengine_terminate_*()等 API 来完成暂停传输、恢复传输、终止传输等操作。

```
static inline int dmaengine_pause(struct dma_chan *chan)
{
    if(chan->device->device_pause)
    return chan->device->device_pause(chan);

        return -ENOSYS;
}
static inline int dmaengine_resume(struct dma_chan *chan)
    if(chan->device->device_resume)
return chan->device->device_resume(chan);

return -ENOSYS; }
    static inline int dmaengine_terminate_all(struct dma_chan *chan)
{
    if (chan->device->device_terminate_all)
        return chan->device->device_terminate_all(chan);

    return -ENOSYS;
}
```

9.5 习题

1. Exynos4412 共有多少个 DMA 通道，其中内存到内存有几个，内存到外设几个？
2. 简述 DMA 工作过程。
3. 简述 DMA 驱动程序编写步骤。
4. 用什么结构可以完成 1 次 DMA 传输所需要的所有参数？

第 10 章 Exynos4412的PWM控制

脉宽调制(Pulse-Width Modulation，PWM)是嵌入式控制系统中使用较多的直流电机调速技术，大多用在闭环伺服控制系统中，具有调速范围宽、升降速稳定、使用方便的优点，有广泛的应用场合。本章主要介绍 PWM 的工作原理、输出控制、控制寄存器的功能和使用，最后给出一个实例程序。

10.1 PWM 定时器概述

本节介绍 PWM 的工作原理、特性和 PWM 操作，包括用占空比控制直流电机。

10.1.1 什么是脉宽调制

在嵌入式控制系统中，有许多场合需要用直流电机作为驱动。直流电机给定直流电压就可以旋转。给定的电压高，电机转速就快；给定的电压低，电机转速就慢。控制给定电压的大小，就可以控制电机的转速。

假定用定时器控制在微处理器的 I/O 端口输出周期为 500μs 的方波，一个周期中，高低电平各占 250μs。人们把高电平占整个周期的时间比率称为“占空比”，上面周期为 500μs 的方波的占空比为 50%。用占空比可以改变的方波控制直流电机，就可以改变直流电机的输入平均电压，进而控制电机速度。占空比可以改变的方波叫作 PWM。PWM 大多用在直流电机调速上。

10.1.2 Exynos4412 的 PWM 及其控制

Exynos4412 有 5 个 32 位定时器，其中定时器 0、1、2、3 具有 PWM 功能，定时器 4 具有内部定时作用，但是没有输出引脚。定时器 0、1 具有死区生成器，可以控制大电流设备。

定时器 0 和 1 共用一个 8 位预定标器，定时器 2、3 和 4 共用另一个 8 位预定标器，每个定时器都有一个时钟分频器，信号分频输出有 5 种模式：1/2、1/4、1/8、1/16 和外部时钟 TCLK。定时器结构框图如图 10-1 所示。

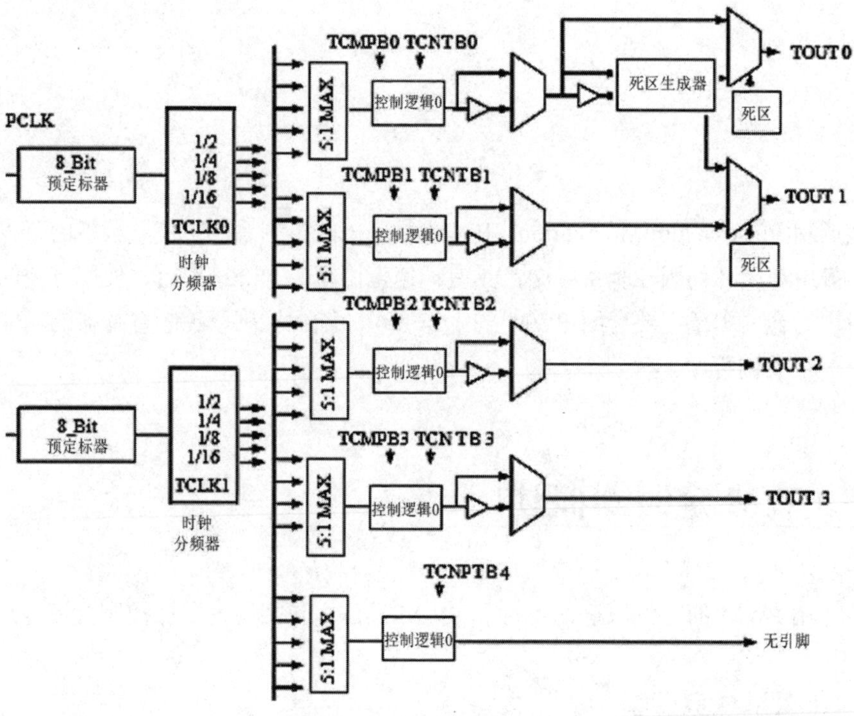

图 10-1　定时器结构框图

每个定时器模块都从时钟定标器接收自己的时钟信号，时钟分频器接收的时钟信号来自 8 位预定标器。可编程 8 位预分频器，根据存储在 TCFG0 和 TCFG1 中的数据对 PCLK 进行预分频。分频器的功能如表 10-1 所示。

表 10-1　分频器的功能

最小分频值 (预定标器=0)	最大分频值 (预定标器=255)	4 位预分频值的设定	最大时间间隔 TCNTBn=65535
0.04μs(25MHz)	10.24μs(97.6562kHz)	1/2(PCLK=50MHz)	0.6710s
0.08μs(12.5MHz)	20.48μs(48.828kHz)	1/4(PCLK=50MHz)	1.3421s
0.16μs(6.25MHz)	40.9601μs(24.42kHz)	1/8(PCLK=50MHz)	2.6843s
0.32μs(3.125MHz)	81.9188μs(12.2070kHz)	1/16(PCLK=50MHz)	5.3686s

当时钟被允许后，定时器计数缓冲寄存器(TCNTBn)把计数初值下载到减法计数器 TCNTn 中。定时器比较缓冲寄存器(TCMPBn)把初始值下载到比较寄存器中，和减法计数器的值相比。这种 TCNTBn 和 TCMPBn 双缓冲寄存器特性能使定时器产生稳定的输出，且占空比可变。

每个定时器都有自己的用定时器时钟驱动的 32 位减法计数器 TCNTn。当减法计数器减到 0 时，就会产生定时器中断来通知 CPU，定时器操作完成。当定时器减法计数器减到 0 时，相应的 TCNTBn 的值被自动重载到减法计数器 TCNTn 中继续下一次操作。然而，如果定时器停止了，如在运行时通过清除 TCON 中的定时器使能位来中止定时器的运行，则 TCNTBn 的值不会被重载到减法计数器中。

TCMPBn 的值用于 PWM。当定时器的减法计数器的值与 TCMPBn 的值相等时，定时器输出改变输出电平。因此，比较寄存器决定了 PWM 的占空比。

10.1.3　Exynos4412 定时器的特性

Exynos4412 定时器具有如下特性：

- 5 个 32 位定时器。
- 2 个 8 位预定标器和 2 个 8 位分频器。
- 可编程改变 PWM 输出占空比。
- 自动重载模式或单个脉冲输出模式。
- 具有死区生成器。
- 自动重载与双缓冲。
- 具有倒相(定时器输出电平取反)功能。

Exynos4412 具有双缓冲功能，能在不中止当前定时器运行的情况下，重载下一次定时器运行参数，尽管新的定时器的值已被设置好，当前操作仍能成功完成。定时器的值可以被写入定时器计数缓冲寄存器(TCNTBn)，当前计数器的值可以从定时器计数观察寄存器(TCNTOn)中读出。读出的 TCNTBn 的值并不是当前计数器的值，而是下次重载的计数器值。减法计数器 TCNTn 的值等于 0 时，自动重载，把 TCNTBn 的值载入减法计数器 TCNTn，只有当自动重载允许并且减法计数器 TCNTn 的值等于 0 时才会自动重载。如果减法计数器 TCNTn=0，自动重载禁止，则定时器停止运行，具体如图 10-2 所示。

使用手动更新完成定时器的初始化和倒相位：当计数器的值减到 0 时，会发生自动重载操作，所以 TCNTn 的初始值必须由用户提前定义好，在这种情况下，就需要手动更新启动值。以下几个步骤给出了更新过程。

(1) 向 TCNTBn 和 TCMPBn 写入初始值。

(2) 置位相应定时器的手动更新位，不管是否使用倒相功能，推荐设置倒相位。

(3) 启动定时器，清除手动更新位。

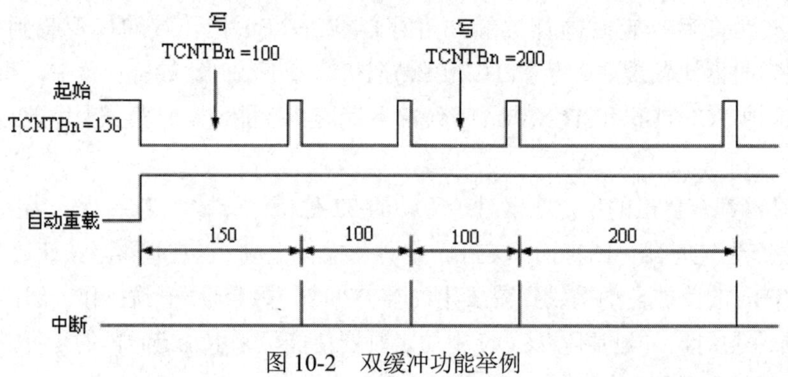

图 10-2　双缓冲功能举例

注意：

如果定时器被强制停止，TCNTn 将保持原来的值；如果要设置一个新的值，必须手动更新位。另外，手动更新位要在定时器启动后清除，否则不能正常运行。只要 TOUT 的倒相位改变，不管定时器是否处于运行状态，TOUT 都会倒相。因此，在手动更新时需要设置倒相位，定时器启动后清除。

10.1.4　定时器操作示例

定时器操作示例如图 10-3 所示。

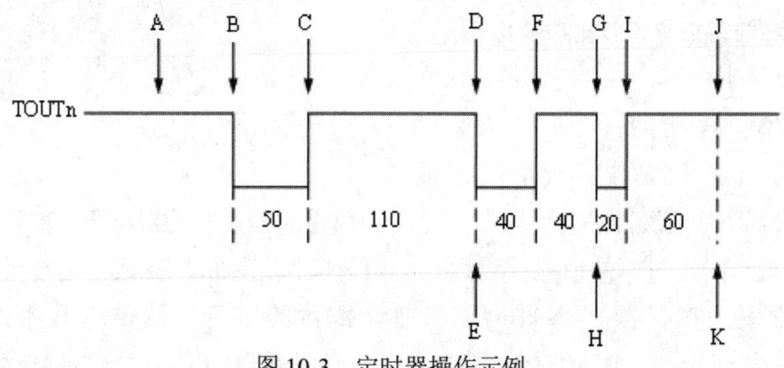

图 10-3　定时器操作示例

各字母选项的含义如下。

A：允许自动重载功能，TCNTBn=160，TCMPBn=110。置位手动更新位，配置倒相位，手动更新位被置位后，TCNTBn 和 TCMPBn 的值被自动载入 TCNTn 和 TCMPn。

B：启动定时器，清零手动更新位，取消倒相功能，允许自动重载，定时器开始启动减法计数。

C：当 TCNTn(160−50=110)和 TCMPn(=110)的值相等时，TOUT 输出电平由低变高。

D：当 TCNTn 的值等于 0 时产生中断，并在下一个时钟到来时把 TCNTBn 的值载入暂存器。

E：在中断服务子程序中，把 80 和 40 分别载入 TCNTBn 和 TCMPBn。

F：当 TCNTn(80−40=40)和 TCMPn(0=40)的值相等时，TOUT 输出电平由低变高。

G、H：当 TCNTn = 0 时，产生中断，在中断服务程序中把 TCNTBn(80)和 TCMPBn(60)的值分别自动载入 TCNTn 和 TCMPn，并在中断服务程序中，禁止自动重载和中断请求来中止定时器的运行。

I：当 TCNTn(80−20=60)和 TCMPn(=60)的值相等时，TOUT 输出电平由低变高。

J、K：尽管 TCNTn=0，但是定时器会停止运行，也不再发生自动重载操作，因为定时器自动重载功能被禁止，不再产生新的中断。

10.1.5 死区生成器

当 PWM 控制用于电源设备时，需要用到死区功能。这个功能允许在一台设备关闭和另一台设备开启之间插入一个时间间隔。这个时间间隔可以防止两台设备同时关闭、同时开启，或一台关闭的同时另一台开启。

TOUT0 是定时器 0 的 PWM 输出，假设 nTOUT0 是 TOUT0 的倒相信号，如果死区功能被允许，TOUT0 和 nTOUT0 的输出波形就变成了 TOUT0_DZ 和 nTOUT0_DZ，如图 10-4 所示。

有了死区间隔，TOUT0_DZ 和 nTOUT0_DZ 的关闭和开启就不会同时进行。

死区间隔时间可以通过软件进行设定，以达到防止两台设备同时动作的目的。

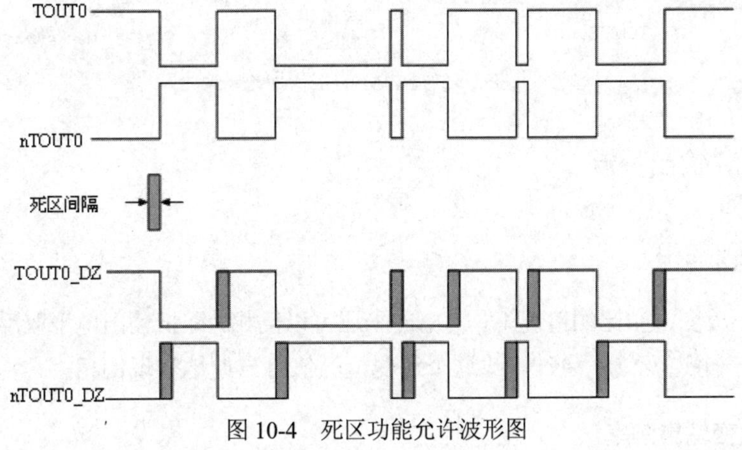

图 10-4 死区功能允许波形图

10.2 PWM 输出电平控制

本节介绍 PWM 的工作原理，以及 PWM 如何通过调整占空比来控制输出电平。

10.2.1 PWM 的工作原理

当把一个数放入 TCNTBn 之后，启动定时器、使用重载功能。TCNTBn 把该数放入减法计数器 TCNTn，减法计数器开始执行减 1 操作，减法计数器减到 0 时，相应的 TCNTBn 的值被自动重载到减法计数器 TCNTn 中继续下一次操作。这样，定时器的输出会产生连续的锯齿波，如图 10-5 所示的 Vtcnt。当把比较值放入 TCMPBn 后，该值会在定时器的输出中产生一个负的电压，如图 10-5 中的 Vtcmpb 所示。定时器的输出电压 Vtout=Vtcnt-Vtcmpb，当 Vtcnt 大于 Vtcmpb 时，Vtout 输出电压变正；当 Vtcnt 小于 Vtcmpb 时，Vtout 输出电压变负。经整形电路处理，Vtout 输出电压变成宽度随 Vtcmpb 改变的方波 Vtout。开发者可以在程序中随时调整。例如，在"计数器到 0"中断服务程序中可随时修改 TCMPBn，使 Vtcmpb 的大小改变，也就是改变 PWM 的占空比。

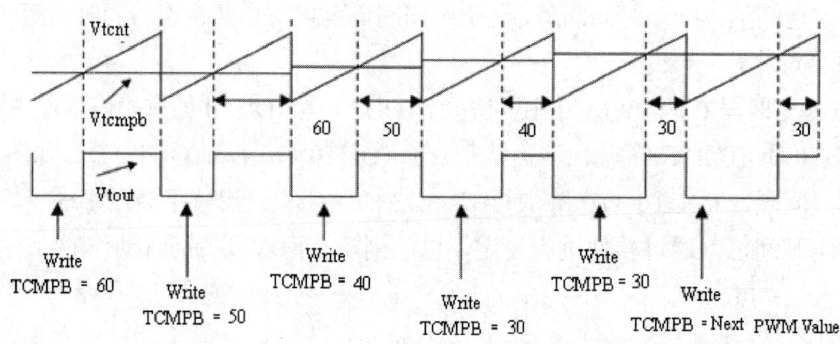

图 10-5　PWM 的工作原理

10.2.2 PWM 输出控制

1. 输出电平倒相

PWM 在不改变占空比的情况下，输出电平还可以倒相，即把输出电平取反。在 PWM 控制寄存器中有一个逆变位，通过修改这个逆变位的值可方便地实现倒相。

2. 编程改变输出频率

PWM 的输出频率很容易改变，具体方法如下面的程序所示。

```
rTCFG0=0xff;            //设置预分频器定标值，定时器 0/1 定标值=255，定时器 2/3/4 定标值=0
rTCFG1=0x1;             //定时器 0 预分频值=1/4
for (freq=4000;freq<14000;freq+=1000)      //频率变化范围为 4000Hz～14000Hz
{ div=(PCLK/256/4)/freq;                   //求定时器的计数初值 TCNTB0
rTCON=0x0;                                 //停止定时器
rTCNTB0=div;                               //定时器 0 的计数初值
rTCMPB0=(2*div)/3;                         //比较寄存器值=2/3 定时器 0 初值，占空比=60%
```

```
rTCON=0xa;                              //手动更新 TCNTB0 和 TCMPB0，自动重载
rTCON=0x9;                              //启动定时器
for(index=0;index<10000;index++);
rTCON=0x0; }                            //延时并停止定时器
```

3. 编程改变输出占空比

```
div=(PCLK/256/4)/8000;                  //输出频率为 8000Hz，使用 1%～99%的占空比
for (rate =1; rate <100; rate ++)
{rTCNTB0=div;
rTCMPB0=(rate*div)/100;                 //修改占空比
rTCON=0xa;                              //手动载入定时器的计数值
rTCON=0x9;                              //启动定时器
for(index=0;index<10000;index++);
rTCON=0x0; }                            //停止定时器
```

10.3 PWM 定时器控制寄存器

本节将介绍 PWM 定时器控制寄存器的配置和使用，包括定时器配置寄存器 0 和定时器配置寄存器 1 的配置、定时器输入时钟频率的计算等。

10.3.1　定时器配置寄存器 0

定时器配置寄存器 0(TCFG0)的配置如表 10-2 所示。

表 10-2　定时器配置寄存器 0(TCFG0)的配置

含义	位	描述	复位值
保留	[31:24]	无	0x00
死区长度	[23:16]	单位是定时器 0 的 1 个计数长度	0x00
预定标器 1	[15:10]	定时器 2、3 和 4 的定标值	0x00
预定标器 2	[7:0]	定时器 0、1 的定标值	0x00

10.3.2　定时器配置寄存器 1

定时器配置寄存器 1(TCFG1)的配置如表 10-3 所示。

表 10-3　定时器配置寄存器 1(TCFG1)的配置

含义	位	描述	复位值
DMA 方式	[23:20]	选 DMA 通道： 0000=全部中断方式；0001：定时器 0；0010：定时器 1；0011：定时器 2；0100：定时器 3；0101：定时器 4；0110，保留	0000
多路开关 4	[19:16]	0000=1/2，0001=1/4，0010=1/8，0011=1/16，0100=外部时钟	0000
多路开关 3	[15:12]	0000=1/2，0001=1/4，0010=1/8，0011=1/16，0100=外部时钟	0000
多路开关 2	[11:8]	0000=1/2，0001=1/4，0010=1/8，0011=1/16，0100=外部时钟	0000
多路开关 1	[7:4]	0000=1/2，0001=1/4，0010=1/8，0011=1/16，0100=外部时钟	0000
多路开关 0	[3:0]	0000=1/2，0001=1/4，0010=1/8，0011=1/16，0100=外部时钟	0000

定时器输入时钟频率的计算公式如下：

$$f_{TCLK}=(f_{PCLK}/(\text{Prescaler}+1))/\text{分频器}$$

其中，Prescaler 为预定标值(0～255)；分频器(表 10-3 中的 4 选 1 开关)的分频值为 2、4、8 和 16。

PWM 输出时钟频率=定时器输入时钟频率(f_{TCLK})/定时器计数缓冲器值(TCNTBn)。

PWM 输出占空比=定时器比较缓冲器值(TCMPBn)/定时器计数缓冲器值(TCNTBn)。

10.3.3　减法缓冲寄存器和比较缓冲寄存器

定时器减法缓冲寄存器(TCNTBn)和比较缓冲寄存器(TCMPBn)的定义如表 10-4 所示。

表 10-4　TCNTBn 和 TCMPBn 的定义

寄存器名	读/写状态	描述	复位值
TCNTBn	R/W	TCNTBn [15:0] 减法缓冲寄存器	0x0000
TCMPBn	R/W	TCMPBn [15:0] 比较缓冲寄存器	0x0000

10.3.4　定时器控制寄存器

定时器控制寄存器(TCON)的配置如表 10-5 所示。

表 10-5　定时器控制寄存器(TCON)的配置

含义	位	描述	复位值
定时器 4 自动重载 ON/OFF	[22]	0=定时器 4 运行 1 次；1=自动重载	0
定时器 4 手动更新	[21]	0=无操作；1=更新 TCNTB4	0

(续表)

含义	位	描述	复位值
定时器 4 启动位	[20]	0=无操作；1=启动定时器 4	0
定时器 3 自动重载 ON/OFF	[19]	0=定时器 3 运行 1 次；1=自动重载	0
定时器 3 逆变开关	[18]	0=逆变开关关；1=逆变开关开	0
定时器 3 手动更新	[17]	0=无操作；1=更新 TCNTB3	0
定时器 3 启动位	[16]	0=无操作；1=启动定时器 3	0
定时器 2 自动重载 ON/OFF	[15]	0=定时器 2 运行 1 次；1=自动重载	0
定时器 2 逆变开关	[14]	0=逆变开关关；1=逆变开关开	0
定时器 2 手动更新	[13]	0=无操作；1=更新 TCNTB2	0
定时器 2 启动位	[12]	0=无操作；1=启动定时器 2	0
定时器 1 自动重载 ON/OFF	[11]	0=定时器 3 运行 1 次；1=自动重载	0
定时器 1 逆变开关	[10]	0=逆变开关关；1=逆变开关开	0
定时器 1 手动更新	[9]	0=无操作；1=更新 TCNTB1	0
定时器 1 启动位	[8]	0=无操作；1=启动定时器 1	0
保留	[7:5]	0=不工作；1=死区使能	000
死区使能	[4]	0=禁止；1=使能	0
定时器 0 自动重载 ON/OFF	[3]	0=定时器 0 运行 1 次；1=自动重载	0
定时器 0 逆变开关	[2]	0=逆变开关关；1=逆变开关开	0
定时器 0 手动更新	[1]	0=无操作；1=更新 TCNTB0	0
定时器 0 启动位	[0]	0=无操作；1=启动定时器 0	0

10.3.5　减法计数器观察寄存器

定时器 0～4 减法计数器 TCNTn 是内部寄存器，它们的值可通过相应的减法计数器观察寄存器 TCNTOn 读出，读出的值不是 TCNTn 的当前值，而是下个周期要重载到减法计数器中的值。

减法计数器观察寄存器(TCNTOn)的配置如表 10-6 所示。

表 10-6　减法计数器观察寄存器的配置

含义	位	描述	复位值
减法计数器观察寄存器	[15:0]	重载到减法计数器中的值	0x0000

10.4 PWM 实验

本例使用定时器 0 的 TOUT0，其对应的引脚是 GPD0_0，因此要对 GPD0CON 进行设置，使 GPD0_0 具有 TOUT0 功能。

PWM 实验参考电路如图图 10-6 所示。

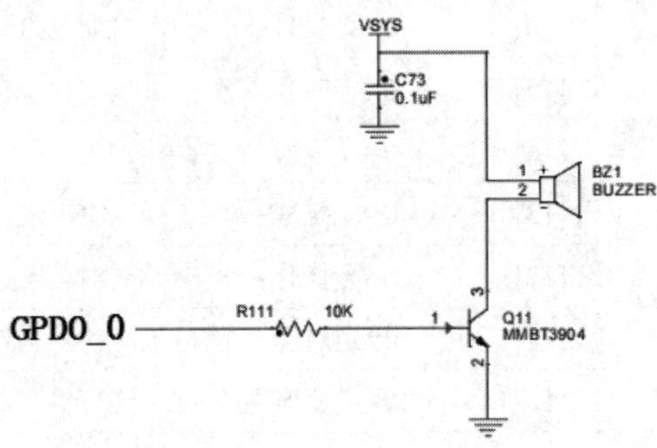

图 10-6　PWM 实验参考电路

GPD0CON 设置具体如表 10-7 所示。

表 10-7　GPD0CON 设置

名称	位	描述	类型	复位值
GPD0CON[0]	[3:0]	00=输入 01=输出 02=TOUT_0	RW	0x00

PWM 实验参考程序如下：

```
#include "exynos_4412.h"

void init_pwm0(void)
{
    PWM.TCFG0=PWM.TCFG0&(~(0xff<<0))|249;
    PWM.TCFG1=PWM.TCFG1&(~(0xff<<0))|4;
    PWM.TCNTB0=100;
    PWM.TCMPB0=50;
    PWM.TCON=PWM.TCON|(0x1<<1);
    PWM.TCON=PWM.TCON&(~(0x<<0))|(0x9<<0);
}
int main(void)
{
    GPD0.CON=GPD0.CON&(~(0xf<<0))|(0x2<<0);
```

```
    init_pwm0();
    while(1);
    return();
)
```

10.5 习题

1. 简述 PWM 的工作原理及使用场合。
2. 定时器的输入频率如何计算？
3. PWM 的输出频率和占空比如何计算？
4. 什么是预定标器和分频器？它们各有什么作用？
5. 如果已确定定时器 TOUT 的输出频率和输入频率，如何求定时器的初值？
6. PWM 控制寄存器有几个？这些寄存器各有什么作用？
7. 分析实验程序，说明定时器用到哪几个 I/O 端口？各端口的作用是什么？

第 11 章 Exynos4412的看门狗电路控制

许多控制系统中都设置了看门狗电路,以保证当系统受到干扰而死机时能够使系统复位,重新开始正常运行。

本章将介绍看门狗电路的功能及工作原理，包括 Exynos4412 的看门狗电路控制、Exynos4412 的看门狗定时器控制寄存器的配置与使用，最后给出一个参考程序。

11.1 看门狗电路的功能及工作原理

嵌入式系统运行时若受到外部干扰或者发生系统错误，程序有时会出现“跑飞”，导致整个系统瘫痪。为了防止这一现象发生，在对系统稳定性要求较高的场合往往要加入看门狗(Watchdog)电路。看门狗的作用就是当系统“跑飞”而进入死循环时，恢复系统的运行。

基本原理为：嵌入式控制系统的软件结构基本是一个循环结构，假设系统程序完整运行一个周期的时间为 t_p，选定 1 个定时器，定时周期为 t_i，且 $t_i>t_p$，在程序正常运行 t_p 周期中修改定时器的计数值 1 次，重新设定定时器的原定时间周期 t_i(俗称“喂狗”)。只要程序正常运行，运行时间永远不会达到 t_i，定时器就不会溢出。

如果由于干扰等原因使系统不能在 t_p 时段修改定时器的计数值，定时器就会在 t_i 时刻溢出，引发定时器溢出中断。在中断程序中编写代码，修改 PC 值为 0，可使系统再回到正常的循环结构中，恢复系统的正常运行。

11.1.1 Exynos4412 的看门狗控制

Exynos4412 的看门狗定时器有以下两个功能。

- 作为常规定时器使用，并且可以产生中断。
- 作为看门狗定时器使用，期满时，可以产生 128 个时钟周期的复位信号。

图 11-1 所示为 Exynos4412 看门狗的电路示意图。输入时钟为 PCLK(该时钟频率等于系统的主频)，它经过两级分频，最后将分频后的时钟作为该定时器的输入时钟，当计数器减到0(看门狗定时器与一般定时器一样，是减法计数器)后可以产生中断或复位信号。

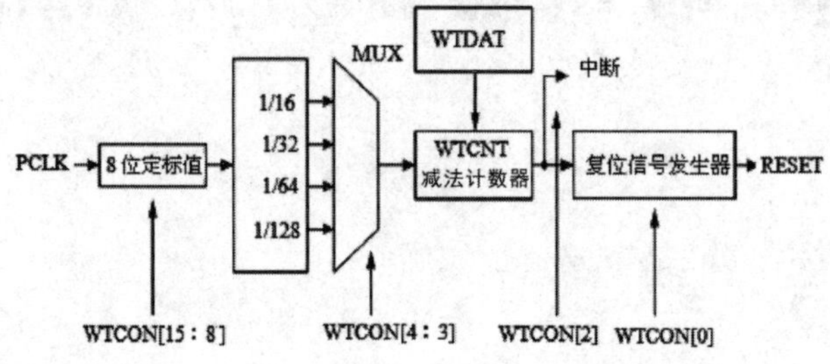

图 11-1　Exynos4412 看门狗的电路示意图

看门狗定时器计数值的计算公式如下。

(1) 输入计数器的时钟周期：

$$t\_watchdog=1/(PCLK/(prescaler\ value+1)/division\_factor)$$

其中，PCLK 为系统时钟频率；prescaler value 为预定标值(范围为 0～255)；division_factor 为四分频值，可以是 16、32、64 或 128。

(2) 看门狗的定时周期：

$$T = WTCNT \times t\_Watchdog$$

其中，WTCNT 是看门狗定时器计数器初值，t_Watchdog 是输入计数器的看门狗时钟周期。

11.1.2　看门狗定时器的寄存器

1. 看门狗定时器控制寄存器(WTCON)

通过该寄存器可以使能/禁止看门狗、选择输入时钟源、使能/关闭中断、使能/关闭输出。该寄存器及其控制位的定义如表 11-1 所示。

表 11-1　看门狗定时器控制寄存器(WTCON)各位的定义

含义	位	描述	复位值
预定标值	[15:8]	有效值 0~255	0x80
保留	[7:6]	必须为 0	00
看门狗电路使能	[5]	0=禁止；1=使能	1
时间分频	[4:3]	00=1/16，01=1/32，10=1/64，11=1/128	00
中断使能	[2]	0=禁止中断，1=使能中断	0
保留	[1]	必须为 0	0
复位功能	[0]	0=禁止看门狗复位，1=引发复位信号	0

2. 看门狗定时器数据寄存器(WTDAT)

该寄存器用于设置看门狗定时器的重载值。看门狗定时器 WTDAT 和 WTCNT 的初始值均为 0x8000。在看门狗开始工作和每次溢出时，该寄存器的值被加载到 WTCNT 寄存器中。该寄存器及其各位的定义如表 11-2 所示。

表 11-2　看门狗定时器数据寄存器(WTDAT)各位的定义

含义	位	描述	复位值
看门狗电路重载计数器	[15:0]	看门狗电路当前重载值	0x80000

3. 看门狗定时器/计数器寄存器(WTCNT)

该寄存器为看门狗定时器的计数器，它的值表示该定时器的当前计数值，即到下一次期满还需要经历的时钟数。定时器工作在看门狗模式时使用该寄存器，计数器减到 0 前需要重新设置其值，以防止发生系统复位。该寄存器及其各位的定义如表 11-3 所示。

表 11-3　看门狗定时器/计数器寄存器(WTCNT)各位的定义

含义	位	描述	复位值
计数器	[15:0]	看门狗电路重载数值寄存器	0x80000

11.2 参考程序

参考程序如下。

```
#include "exynos_4412.h"
#include "uart.h"
void do_irq(void)
{

    int irq_num;
    irq_num = (CPU0.ICCIAR & 0x1FF);
    printf("\n ******* WDT    interrupt !!********\n");
    WDT.WTCLRINT = 1;
    // End of interrupt
    CPU0.ICCEOIR = (CPU0.ICCEOIR & ~(0x1FF)) | irq_num;

}
void mydelay_ms(int time)
```

```
{
    int i, j;
    while(time--)
    {
        for (i = 0; i < 5; i++)
            for (j = 0; j < 514; j++);
    }
}

void wdt_init()
{
    WDT.WTCNT = 0x2014;        //initial value

    /*
    *Prescaler value:255,    Enables WDT
    *Prescaler clock division factor 128
    *Enables WDT interrupt
    */
    WDT.WTCON = 0xff<<8 | 1<<5 | 3<<3 | 1<<2 ;
}

int main(void)
{
    GPX2.CON = 0x1 << 28;
    uart_init();

    /*
     * GIC interrupt controller:
    * */
    // Enables the corresponding interrupt SPI43, WDT
    ICDISER.ICDISER2 |= 1<<11;    /*ICDISER2:spi 32[bit0] ~ 63[bit31], 43 - 32 = [bit11]*/

    CPU0.ICCICR |= 0x1; //Global enable for signaling of interrupts
    CPU0.ICCPMR = 0xFF; //The priority mask level.Priority filter. threshold

    ICDDCR = 1;         //Bit1:   GIC monitors the peripheral interrupt signals and
                    //forwards pending interrupts to the CPU interfaces2

                //ICDIPTR18:SPI40~SPI43; SPI43    interrupts are sent to processor 0
        ICDIPTR.ICDIPTR18 = (ICDIPTR.ICDIPTR18 & ~(0xFF<<24)) | 1<<24;

    wdt_init();
```

```
    printf("\n****************WDT Interrupt test!!****************\n");

    while(1)
        {
            //Turn on    LED2
            GPX2.DAT = GPX2.DAT | 0x1 << 7;
            mydelay_ms(200);

            #if 0
            // Feed Dog
            WDT.WTCNT = 0x2014;
            #endif
            printf("working...\n");
            //Turn off    LED2
            GPX2.DAT = GPX2.DAT & ~(0x1 << 7);
            mydelay_ms(200);
        }
    return 0;
}
```

11.3　习题

1. 简述看门狗电路的功能及其工作原理。
2. 看门狗电路的输入时钟周期、看门狗的定时周期如何计算？
3. 看门狗电路的控制寄存器(WTCON)有哪些功能？
4. 简述看门狗电路的数据寄存器(WTDAT)和计数器寄存器(WTCNT)的使用场合。

第 12 章 Exynos4412的实时时钟

Exynos4412 和其他嵌入式微处理器一样，提供了一个实时时钟(RTC)单元。它由后备电池供电，关机状态下可工作 10 年。RTC 提供可靠的时钟，包括时、分、秒和年、月、日。它除给嵌入式系统提供时钟外(主要用来显示时间)，还可以实现要求不太精确的延时。

本章在讲述实时时钟控制寄存器功能的同时给出了实例程序，以供读者参考。

12.1 实时时钟在嵌入式系统中的作用

本节将介绍实时时钟在嵌入式系统中的作用，以及实时时钟控制寄存器的功能和使用。

在一个嵌入式系统中，实时时钟可以提供可靠的时钟，包括时、分、秒和年、月、日。即使系统处于关机状态下，它也能正常工作(通常采用后备电池供电，可工作 10 年)，在外围也不需要太多的辅助电路，典型的例子就是只需要高精度的晶振。

在嵌入式系统中，实时时钟主要用来显示时间。

12.1.1 Exynos4412 的实时时钟单元

图 12-1 所示的是 Exynos4412 的实时时钟框图。它具有如下特点。

(1) 时钟数据采用 BCD 编码或二进制表示。

(2) 能够对闰年的年、月、日进行自动处理。

(3) 具有告警功能，当系统处于关机状态时，能产生告警中断。

(4) 具有独立的电源输入。

(5) 提供毫秒级的时钟中断(时钟滴答中断)，该中断可用于嵌入式系统的内核时钟。

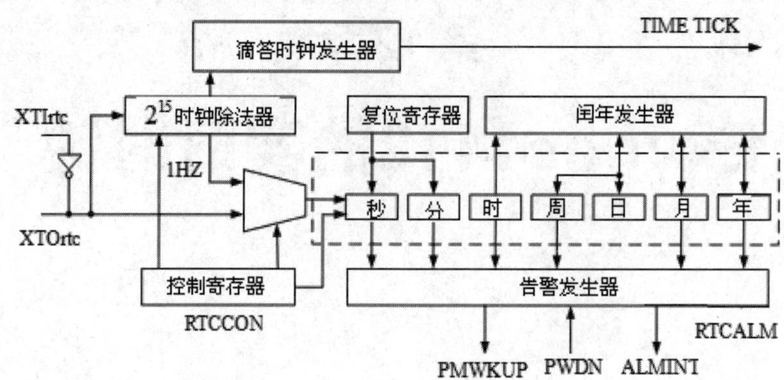

图 12-1　Exynos4412 的实时时钟框图

12.1.2　Exynos4412 的实时时钟寄存器

1. 实时时钟控制寄存器(RTCCON)

该寄存器及其各位的定义如表 12-1 所示。

表 12-1　实时时钟控制寄存器各位的定义

RTCCON	位	描述	复位值
TICEN	[8]	滴答功能使能：0=禁止；1=使能	0
CLKRST	[3]	实时时钟计数器复位：=0，不复位；=1，复位	0
CNTSEL	[2]	BCD 计数选择：=0，BCD 模式；=1，保留	0
CLKSEL	[1]	BCD 时钟选择：=0，将输入时钟 $1/2^{15}$ 分频；=1，保留	0
RTCEN	[0]	RTC 读写使能：0=禁止；1=允许	0

在正常使用实时时钟之前，一定要对 Exynos4412 的实时时钟控制寄存器 RTCCON 进行正确的设置，如使能、BCD 时钟选择、计数方式等。

2. RTC 时间值寄存器

RTC 时间值寄存器包括 BCDSEC、BCDMIN、BCDHOUR、BCDHOUR、BCDDAYWEEK、BCDDAY、BCDMON、BCD、BCDYEAR、CURTICCNT。其中，BCDSEC 寄存器如表 12-2 所示。

表 12-2　BCDSEC 寄存器

秒值寄存器	位	描述	复位值
BCDSEC	[6:4]	秒值十位，值 0~5	不定
	[3:0]	秒值个位，值 0~9	不定

3. 滴答(时间片)时钟计数器

滴答时钟计数器 CURTICCNT 主要用于需要在固定时间产生中断的场合，滴答时钟计数器中的值在每个滴答周期自动减 1，减到 0 时产生中断。中断周期如下：

$$Period=(n+1)/128$$

其中，Period 的单位为秒；n 为 RTC 时钟中断计数，n=1~127。该寄存器及其各位的定义如表 12-3 所示。

表 12-3　滴答时钟计数器 CURTICCNT

名称	位	类型	描述	复位值
滴答计数监测	[31:0]	读	滴答计数器当前值	0

12.2 实验程序

实验内容：

(1) 设置 RTC 控制寄存器 CTLEN[1]为 1，使能 RTC。

(2) 设置 RTC 当前值。

(3) 读取 RTC 年、月、日、时、分、秒并显示。

实验程序：

```
#include "exynos_4412.h"
#include "uart.h"
void mydelay_ms(int time)
{
    int i, j;
    while(time--)
    {
        for (i = 0; i < 5; i++)
        for (j = 0; j < 514; j++);
    }
}

void RTC_init()
{
    RTCCON = 0x1;  // Enables RTC control

    RTC.BCDSEC = 0x11;
```

```
    RTC.BCDMIN = 0x11;
    RTC.BCDHOUR = 0x11;
    RTC.BCDDAY = 0x11;
    RTC.BCDWEEK = 0x11;
    RTC.BCDMON = 0x11;
    RTC.BCDYEAR = 0x11;

    RTCCON = 0x0;  // Disables RTC control

}

int main(void)
{
    GPX2.CON = 0x1 << 28;
    uart_init();

    RTC_init();

    printf("\n****** RTC ******* \n");

    while(1)
    {
        //Turn on
        GPX2.DAT = GPX2.DAT | 0x1 << 7;
        mydelay_ms(500);

        printf("year 20%x : month %x : date %x :day %x ", RTC.BCDYEAR,\
                                                    RTC.BCDMON,\
                                                    RTC.BCDDAY,\
                                                    RTC.BCDWEEK );

        printf("hour %x : min %x : sec %x\n",RTC.BCDHOUR, RTC.BCDMIN, RTC.BCDSEC);
        //Turn off
        GPX2.DAT = GPX2.DAT & ~(0x1 << 7);
        mydelay_ms(500);
    }
    return 0;
}
```

12.3 习题

1. Exynos4412 RTC 具有哪些特点？
2. Exynos4412 RTC 控制寄存器(RTCCON)各位的定义是什么？如何使用？
3. Exynos4412 RTC 时钟寄存器有几个？它们以什么格式表示？
4. 熟悉示例程序，学会修改时间。
5. 熟悉示例程序，学会读取时间。
6. 如何在超级终端上按一定格式显示读取的时间?
7. RTC 滴答时钟发生器有什么用途？如何使用？

第 13 章

Exynos4412 I^2C 总线控制

嵌入式控制系统中，带有 I^2C 总线接口的电路使用越来越多，采用 I^2C 总线接口的器件连接线和引脚数目少、成本低。与单片机连接简单，结构紧凑，在总线上增加器件不影响系统的正常工作，系统的可修改性和可扩展性好。即使工作时钟不同的器件也可以直接连接到总线上，使用起来非常方便，但软件程序稍复杂，速度受系统主频和连接器件多少的影响。

本章介绍 I^2C 总线的工作原理、Exynos4412 的 I^2C 接口以及 I^2C 软件编程。

13.1 I^2C 总线的工作原理

本节介绍 I^2C 总线的工作原理，包括其主要特点、基本结构、信息传送、读/写操作时序。

1. I^2C 总线的主要特点

I^2C 总线是由 Philips 公司开发的一种简单、双向二线制同步串行总线。它只需要两根线即可在连接于总线上的器件之间传送信息。这种总线的主要特点如下。

(1) 总线只有两根线，即串行时钟线(SCL，也称 SCLK)和串行数据线(SDA)，这在设计中大大减少了硬件接口。

(2) 每个连接到总线上的器件都有一个用于识别的器件地址，器件地址由芯片内部硬件电路和外部地址引脚同时决定，避免了片选线的连接方法，并建立了简单的主从关系，每个器件既可作为发送器，又可作为接收器。

(3) 同步时钟允许器件采用不同的波特率进行通信。

(4) 同步时钟可作为停止或重新启动串行口发送的握手信号。

(5) 串行数据传输位速率在标准模式下可达 100kbps，在快速模式下可达 400kbps，在高速模式下可达 3.4Mbps。

2. I²C 总线的基本结构

I^2C 总线是由串行数据线(SDA)和串行时钟线(SCL)构成的串行总线，可以发送和接收数据。采用 I^2C 总线标准的器件均并联在总线上，每个器件内部都有 I^2C 接口电路，用于实现与 I^2C 总线的连接，其结构如图 13-1 所示。

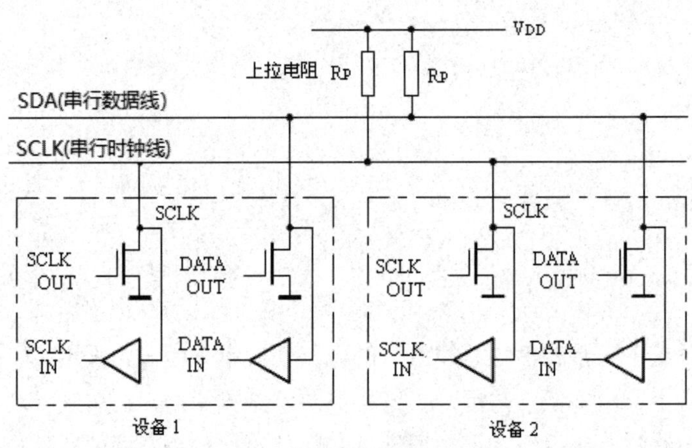

图 13-1　I^2C 总线的结构

每个器件都有唯一的地址，任意两个器件之间都可以进行信息传送。当某个器件向总线上发送信息时，它就是发送器(也叫主控制器)；而当其从总线上接收信息时，它被称为接收器(又叫从控制器)。在信息的传送过程中，主控制器发送的信号分为器件地址码、器件单元地址和数据 3 部分，其中，器件地址码用来选择从控制器，确定操作的类型(是发送信息还是接收信息)；器件单元地址用于选择器件内部的单元；数据是在各器件之间传递的信息。处理过程就像打电话一样，只有拨通号码才能进行信息交流。各控制电路虽然挂在同一条总线上，却彼此独立，互不相关。

3. I²C 总线的信息传送

I^2C 总线没有进行信息传送时，串行数据线(SDA)和串行时钟线(SCL)都为高电平。当主控制器向某个器件传送信息时，首先应向总线传送开始信号。开始信号和结束信号的规定如下。

(1) 开始信号 SCL 为高电平时，SDA 由高电平向低电平跳变，开始传送数据。

(2) 结束信号 SCL 为高电平时，SDA 由低电平向高电平跳变，结束传送数据。

开始信号和结束信号之间传送的是信息，信息的字节没有限制，但是每字节必须为 8 位，高位在前，低位在后。SDA 上每一位信息状态的改变只能发生在时钟线 SCL 为低电平期间，因为 SCL 为高电平期间，SDA 状态的改变已经被用来表示开始信号和结束信号。每字节后面必须接收一个应答信号 ACK，ACK 是从控制器在接收到 8 位数据后向主控制器发出的特定的低电平脉冲，用以表示已收到数据。主控制器接收到应答信号 ACK 后，可以根据实际情况判断是否继续传递信号。如果未收到 ACK，可判断是从控制器出现了故障，具体情况如

图 13-2 所示。

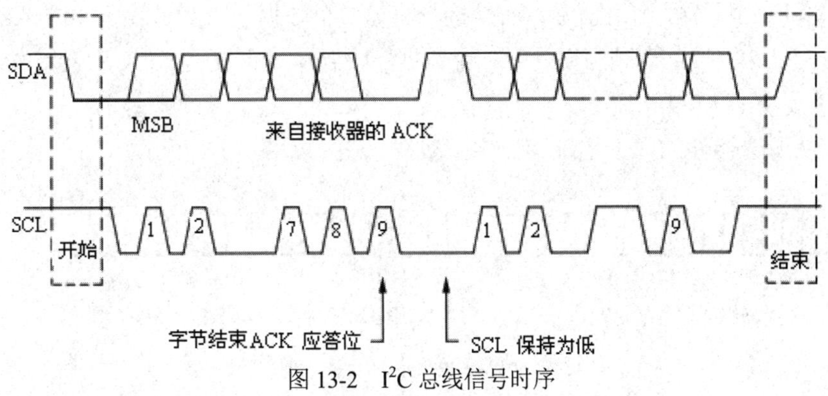

图 13-2　I²C 总线信号时序

采用 I²C 总线接口的器件的软件程序稍复杂，对时序要求严格，编写应用程序时应参照图 13-2 所示的信号时序来进行。

主控制器每次传送的信息的第一字节必须是器件地址码，第二字节为器件单元地址，用于实现选择所操作器件的内部单元，从第三字节(写数据)或第四字节(读数据)开始为传送的数据。其中，器件地址码的格式如表 13-1 所示。

表 13-1　器件地址码的格式

D7	D6	D5	D4	D3	D2	D1	D0
A	A	A	A	B	B	B	R/W

其中，AAAA(D7~D4)是器件的类型，有固定的定义，EEPROM 为 1010；BBB(D3~D1)为片选或片内页面地址；R/W(D0)是读/写控制，D0=1 表示从总线读信息，D0=0 表示向总线写信息。

4. I²C 总线的读/写操作时序

(1) 指定单元写信号。

图 13-3 所示的是以 EEPROM 为例，向总线写一字节数据的过程。

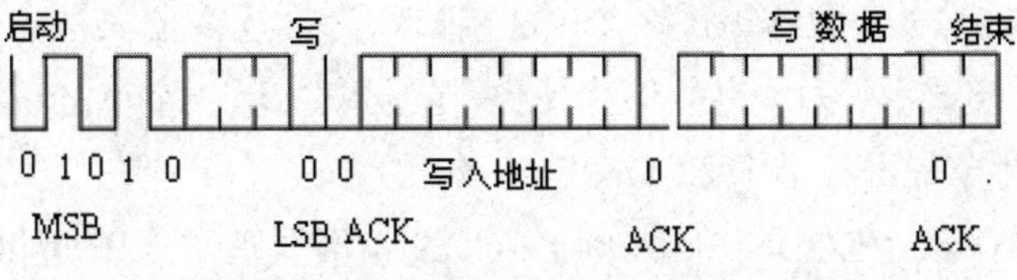

图 13-3　I²C 总线指定单元写信号时序

在图 13-3 中，只给出写一字节 SDA 的时序，当 SCL 为高，SDA 从高到低跳变时，启动 I²C。I²C 向总线写第一字节数据，1010 是器件的类型，表示 EEPROM，LSB=0 是写命令，接到 ACK 应答后，再发一字节数据，该字节数据是 EEPROM 内的单元地址，然后收到 ACK 后就可以向 SDA 线上串行写入一字节数据，再收到 ACK，直接发高电平结束本次操作。

从某地址开始连续写多字节的过程和图 13-3 类似，写完第一个数据后，等从设备发送 ACK，主设备收到后不发结束信号，而是接着写第二个数据，收到从设备发送 ACK 后再写第三个数据，以此类推，直到写完最后一个数据，收到从设备发送 ACK 后直接发结束信号。

(2) 指定单元读信号。

该操作从所选器件的内部地址读一字节数据，格式如图 13-4 所示。

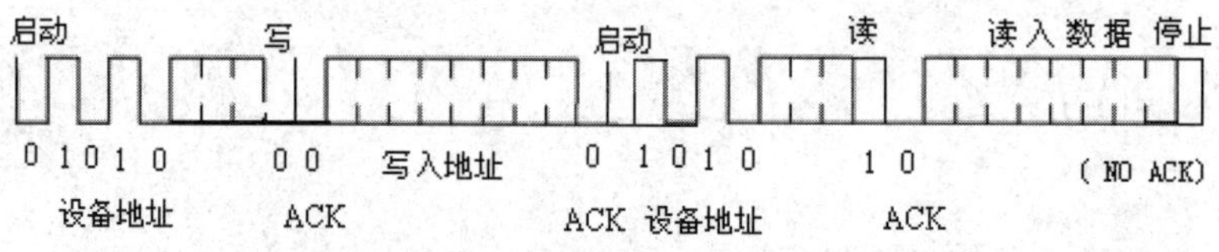

图 13-4　I²C 总线指定单元读信号时序

在图 13-4 中，当 SCL 为高，SDA 从高到低跳变时，启动 I²C。I²C 向总线写第一字节数据，1010 是器件的类型，表示 EEPROM，LSB=0 是写命令，接到 ACK 应答后，再发一字节数据，该字节数据是 EEPROM 内的单元地址；接到 ACK 后，因为要从写命令转换为读命令，所以 I²C 要重新启动一次(控制/状态寄存器 I²CSTAT[5]=1)，并发一个读命令，接到 ACK 后就可以从总线上读数据了。I²C 读数据要比 I²C 写数据多一个重新启动过程。

从某地址开始连续读多字节的过程如图 13-4 所示。在图 13-4 中，读完第一个数据后，主设备发送 ACK，从设备收到后将第二个数据放到总线上，主设备接着读第二个数据，主设备读完第二个数据后再发送 ACK，从设备收到后将第三个数据放到总线上，以此类推，直到读完最后一个数据，主设备不发 ACK，而是直接发结束信号。

13.2　Exynos4412 I²C 接口简介

Exynos4412 处理器提供符合 I²C 协议的设备连接双向数据线 I²CSDA 和 I²CSCL。在 I²CSCL 高电平期间，I²CSDA 的下降沿启动，上升沿停止。Exynos4412 处理器可以支持主发送、主接收、从发送和从接收 4 种工作模式。在主发送模式下，需要用到表 13-2~表 13-5 所示的寄存器。Exynos4412 处理器提供 8 个 I²C 接口，为描述简便只按一个处理。

在 I²C 总线的读模式下，为了产生停止条件，在读取最后一字节之后不允许产生 ACK 信号。这通过设置 I²C 控制寄存器 I ²CCON[7]=0 来实现。

如果 I²C 控制寄存器 I²CCON[5]=0，则 I²CCON[4]不能正常工作，因此务必将 I²CCON[5]设置为 1，即使不使用 I²C 中断。

我们下面的实验是 Exynos4412 通过 I²C 与 MPU6050 通信来控制三轴陀螺仪。如图 13-5 所示，UPU6050 的 SDA 和 SCL 引脚与 Exynos4412 的 I²C 控制器 5 的 SDA 和 SCL 引脚相接。

UPU6050 是 9 轴运动处理传感器，此处对它不做详细研究，我们只对它和 Exynos4412 的 I²C 通信做说明。

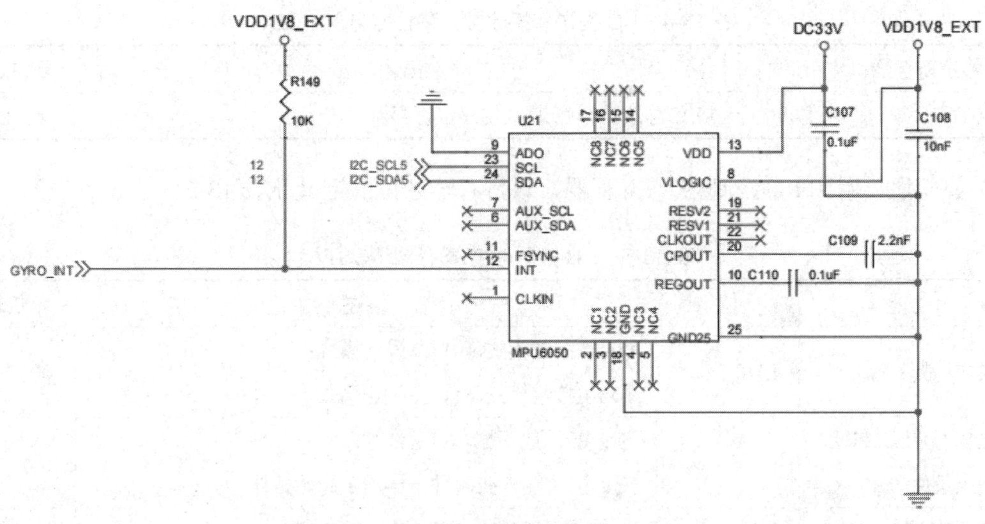

图 13-5　MPU6050 与 I²C 相接

13.3 Exynos4412 I²C 控制寄存器

Exynos4412 I²C 控制寄存器用来对 I²C 总线使能、时钟选择、中断使能、清除中断标记等，具体见表 13-2 所示。此外我们还要用到 I²C 地址寄存器，该寄存器各位的定义见表 13-3。

表 13-2　I²C 控制寄存器(I²CCON)

功能	位	描述	复位值
ACK 使能	[7]	0=禁止产生 ACK 信号，1=允许产生 ACK 信号	0
Tx 时钟选择	[6]	=0，I²CCLK=PCLK/16；=1，I²CCLK=PCLK/512	0
Tx/Rx 中断使能	[5]	=0，禁止 Tx/Rx 中断；=1，允许 Tx/Rx 中断	0
清除中断标记	[4]	不能对该位写 1，系统自动写 1 时，I²CSCL 被拉低，I²C 传输停止。写 0，清除中断标记，重新恢复中断响应； 读出结果是 1，正在执行中断程序，不能进行写操作； 读出结果是 0，没有中断发生	0
发送时钟	[3:0]	发送时钟分频值：Tx_CLOCK=I²CCLK/(I²CCON[3:0]+1)	不定

表 13-3　I²C 地址寄存器(I²CADD)

地址寄存器	位	描述	复位值
I²CADD	[7:0]	I²C 7 位从器件地址	0x00

我们还要用到 I²C 发送和接收数据移位寄存器，该寄存器各位的定义见表 13-4。

表 13-4　I^2C 发送和接收数据移位寄存器(I^2CDS)

移位寄存器	位	描述	复位值
I^2CDS	[7:0]	I^2C 总线发送/接收数据移位寄存器	0x00

我们还要用到 I^2C 控制/状态寄存器，该寄存器各位的定义见表 13-5。

表 13-5　I^2C 控制/状态寄存器(I^2CSTAT)

功能	位	描述	复位值
模式选择	[7:6]	00=从接收模式，01=从发送模式； 10=主接收模式，11=主发送模式	00
忙信号状态/起始/停止条件	[5]	读：0=总线不忙，1=总线忙； 写：0=产生停止条件，1=产生起始条件	0
串行数据输入使能	[4]	0=禁止发送/接收；1=使能发送/接收	0
仲裁状态位	[3]	0=总线仲裁成功；1=总线仲裁失败	0
从地址状态标志	[2]	0=如果检测到起始或停止条件，则清 0； 1=如果接收到的器件地址与保存在 I^2CADD 中的相符，则置 1	0
0 地址状态标志	[1]	0=如果检测到起始或停止条件，则清 0； 1=如果接收到的从器件地址为 0，则置 1	0
应答位状态标志	[0]	0=最后收到的位是 ACK；1=最后收到的位是 1(ACK 没收到)	0

I^2C 控制/状态寄存器(I^2CSTAT)的高 4 位配合 I^2C 控制寄存器(I^2CCON)对 I^2C 总线的工作过程进行控制。I^2CSTAT 的低 4 位是 I^2C 的状态标志，实际中使用较少。

13.4 使用 Exynos4412 I^2C 总线进行读/写的方法

使用 Exynos4412 I^2C 总线进行读/写的具体介绍如下。

(1) 开始条件(START_C)：当 SCL 为高电平时，SDA 由高转为低。

(2) 停止条件(STOP_C)：当 SCL 为高电平时，SDA 由低转为高。

(3) 确认信号(ACK)：在作为接收方应答时，每收到 1 字节后便将 SDA 电平拉低。

(4) 数据传送(R/M)：总线启动或应答后，SCL 高电平期间串行传送数据；低电平期间准备数据，并允许 SDA 线上发生电平变换。总线以字节(8 位)为单位传送数据，且高有效位(MSB)在前。

13.5 I²C 实验程序

实验程序如下。

```
#include "exynos_4412.h"
#include "uart.h"
/*MPU6050 内部地址*/

#defineSMPLRT_DIV       0x19    //陀螺仪采样率，典型值：0x07(125Hz)
#defineCONFIG           0x1A    //低通滤波频率，典型值：0x06(5Hz)
#defineGYRO_CONFIG      0x1B    /*陀螺仪自检及测量范围，典型值：0x18(不自检，2000deg/s)*/
#defineACCEL_CONFIG     0x1C    /*加速计自检、测量范围及高通滤波频率，典型值：0x01(不自检，
                                 2GB，5Hz)*/
#defineACCEL_XOUT_H     0x3B
#defineACCEL_XOUT_L     0x3C
#defineACCEL_YOUT_H     0x3D
#defineACCEL_YOUT_L     0x3E
#defineACCEL_ZOUT_H     0x3F
#defineACCEL_ZOUT_L     0x40
#defineTEMP_OUT_H       0x41
#defineTEMP_OUT_L       0x42
#defineGYRO_XOUT_H      0x43
#defineGYRO_XOUT_L      0x44
#defineGYRO_YOUT_H      0x45
#defineGYRO_YOUT_L      0x46
#defineGYRO_ZOUT_H      0x47
#defineGYRO_ZOUT_L      0x48
#definePWR_MGMT_1       0x6B    //电源管理，典型值：0x00(正常启用)
#defineWHO_AM_I         0x75    //I2C 地址寄存器(默认数值 0x68，只读)
#defineSlaveAddress     0xD0    //I2C 写入时的地址字节数据，+1 为读取

/*Irq_rutine */
void do_irq() {

}
void mydelay_ms(int time)
{
    int i, j;
    while(time--)
    {
        for (i = 0; i < 5; i++)
```

```
            for (j = 0; j < 514; j++);
    }
}
/*
    iic write a byte program body
    slave_addr, addr, data
    @return      None */

void iic_write (unsigned char slave_addr, unsigned char addr, unsigned char data)
{
    I2C5.I2CDS = slave_addr;
    I2C5.I2CCON = 1<<7 | 1<<6 | 1<<5;/*ENABLE ACK BIT, PRESCALER:512, ,ENABLE RX/TX */
    I2C5.I2CSTAT = 0x3 << 6 | 1<<5 | 1<<4;/*Master Trans mode ,START ,ENABLE RX/TX ,*/
    while(!(I2C5.I2CCON & (1<<4)));
    I2C5.I2CDS = addr;
    I2C5.I2CCON &= ~(1<<4);      //Clear pending bit to resume.
    while(!(I2C5.I2CCON & (1<<4)));
    I2C5.I2CDS = data;           // Data
    I2C5.I2CCON &= ~(1<<4);      //Clear pending bit to resume.
    while(!(I2C5.I2CCON & (1<<4)));
    I2C5.I2CSTAT = 0xD0;         //stop
    I2C5.I2CCON &= ~(1<<4);
    mydelay_ms(10);
}

/*
iic read a byte program body
slave_addr, addr, &data
@return      None
*/
void iic_read(unsigned char slave_addr, unsigned char addr, unsigned char *data)
{
    I2C5.I2CDS = slave_addr;

    I2C5.I2CCON = 1<<7 | 1<<6 | 1<<5; //ENABLE ACK BIT, PRESCALER:512, ,ENABLE RX/TX
    I2C5.I2CSTAT = 0x3 << 6 | 1<<5 | 1<<4; //Master Trans mode ,START ,ENABLE RX/TX
    while(!(I2C5.I2CCON & (1<<4)));

    I2C5.I2CDS = addr;
    I2C5.I2CCON &= ~(1<<4);  //Clear pending bit to resume.
    while(!(I2C5.I2CCON & (1<<4)));
    I2C5.I2CSTAT = 0xD0; //stop
```

```
    I2C5.I2CDS = slave_addr | 0x01;// Read
    I2C5.I2CCON = 1<<7 | 1<<6 | 1<<5;//ENABLE ACK BIT, PRESCALER:512, ,ENABLE RX/TX

    I2C5.I2CSTAT = 2<<6 | 1<<5 | 1<<4;//Master receive mode ,START ,ENABLE RX/TX
    while(!(I2C5.I2CCON & (1<<4)));

    I2C5.I2CCON &= ~((1<<7) | (1<<4));// Resume the operation   & no ack
    while(!(I2C5.I2CCON & (1<<4)));

    I2C5.I2CSTAT = 0x90;
    I2C5.I2CCON &= ~(1<<4);      //clean interrupt pending bit

    *data = I2C5.I2CDS;
    mydelay_ms(10);
}


void MPU6050_Init ()
{
    iic_write(SlaveAddress, PWR_MGMT_1, 0x00);
    iic_write(SlaveAddress, SMPLRT_DIV, 0x07);
    iic_write(SlaveAddress, CONFIG, 0x06);
    iic_write(SlaveAddress, GYRO_CONFIG, 0x18);
    iic_write(SlaveAddress, ACCEL_CONFIG, 0x01);
}
int get_data(unsigned char addr)
{
    char data_h, data_l;
    iic_read(SlaveAddress, addr, &data_h);
    iic_read(SlaveAddress, addr+1, &data_l);
    return (data_h<<8)|data_l;
}

int main(void)
{
    int data;

    unsigned char zvalue;

    GPX2.CON = 0x1 << 28;

    GPB.CON = (GPB.CON & ~(0xF<<12)) | 0x3<<12; // GPBCON[3], I2C_5_SCL
```

```
    GPB.CON = (GPB.CON & ~(0xF<<8)) | 0x3<<8;  // GPBCON[2], I2C_5_SDA

    mydelay_ms(100);
    uart_init();

/*--------------------------------------------------------------------
    I2C5.I2CSTAT = 0xD0;
    I2C5.I2CCON &= ~(1<<4);        /*clean interrupt pending bit
--------------------------------------------------------------------*/


    mydelay_ms(100);
    MPU6050_Init();
    mydelay_ms(100);

    printf("\n********** I2C test!! ***********\n");

    while(1)
    {
        //Turn on
        GPX2.DAT |= 0x1 << 7;

        data = get_data(GYRO_ZOUT_H);
        printf(" GYRO --> Z <---:Hex: %0x", data);
        printf("\n");

        mydelay_ms(20);
        //Turn off
        GPX2.DAT &= ~(0x1 << 7);
        mydelay_ms(500);
    }
    return 0;
}
```

13.6 习题

1. 简述 I^2C 总线的原理及适用场合。
2. 简述 I^2C 总线的读/写操作格式。
3. 给出 I^2C 控制寄存器的名称和各位的定义。
4. 熟悉 I^2C 实验程序，会利用 I^2C 总线传输数据。

第 14 章

串行外设接口(SPI)介绍

串行外设接口(Serial Peripheral Interface，SPI)总线系统是一种同步串行外设接口，它可以使 MCU 与各种外设以串行方式进行通信。外设可以是 Flash RAM、网络控制器、LCD 显示驱动器、A/D 转换器和 MCU 等。

SPI 总线系统可以直接与各个厂家生产的多种标准外围器件直接接口，该接口一般使用 4 条线：串行时钟线(SCLK)、主机输入/从机输出数据线(MISO)、主机输出/从机输入数据线(MOSI)和低电平有效的从机选择线 SS。有的 SPI 芯片带有中断信号线(INT)，有的 SPI 芯片没有主机输出/从机输入数据线。

SPI 总线相比 I^2C 总线效率要高，因为它是双工的，但比 I^2C 要多使用两根数据线。

本章介绍 SPI 的原理、接口控制寄存器的配置和使用、SPI 串行外设接口编程。

14.1 SPI 及操作

本节介绍 SPI(串行外设接口)的原理及特性，包括 SPI 定义、SPI 工作方式、SPI 的内部硬件结构、SPI 优缺点等。

14.1.1 SPI 的原理

SPI 是 Motorola(摩托罗拉)首先在其 MC68HCXX 系列处理器上定义的。SPI 主要应用在 EEPROM、Flash、实时时钟、AD 转换器，以及数字信号处理器和数字信号解码器之间。

SPI 在 CPU 和外围低速器件之间进行同步串行数据传输，在主器件的移位脉冲下，数据按位传输，高位在前，低位在后，为全双工通信，数据传输速度总体来说比 I^2C 总线要快，速度可达到数 Mbps。

SPI 是以主从方式工作的，这种模式通常有一个主器件和一个或多个从器件。接口包括以下 4 种信号。

(1) MOSI：主器件数据输出，从器件数据输入。

(2) MISO：主器件数据输入，从器件数据输出。

(3) SCLK：时钟信号，由主器件产生。

(4) $\overline{SS}$：从器件使能信号，由主器件控制。

在点对点通信中，SPI 不需要进行寻址操作，且为全双工通信，简单高效。

在多个从器件的系统中，每个从器件都需要独立的使能信号。由于 SPI 比 I^2C 总线多两根信号线，因此硬件上比 I^2C 系统要稍微复杂一些。

SPI 的内部硬件实际上是两个简单的移位寄存器，传输的数据为 8 位，在主器件产生的从器件使能信号和移位脉冲下，按位传输，高位在前，低位在后。如图 14-1 所示，在 SCLK 的下降沿，数据发生改变，同时一位数据被存入移位寄存器。SPI 的内部硬件接口如图 14-2 所示。

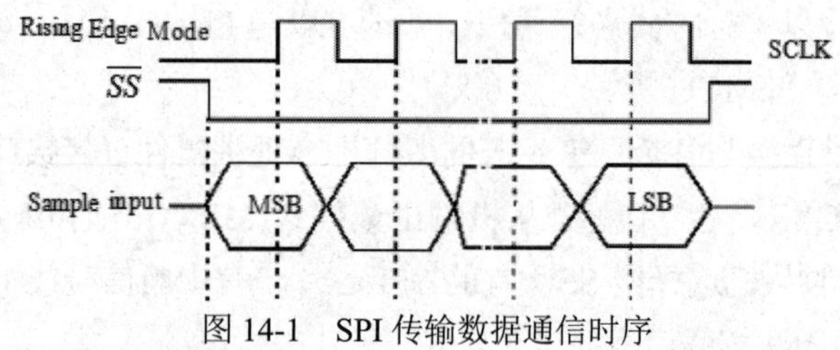

图 14-1　SPI 传输数据通信时序

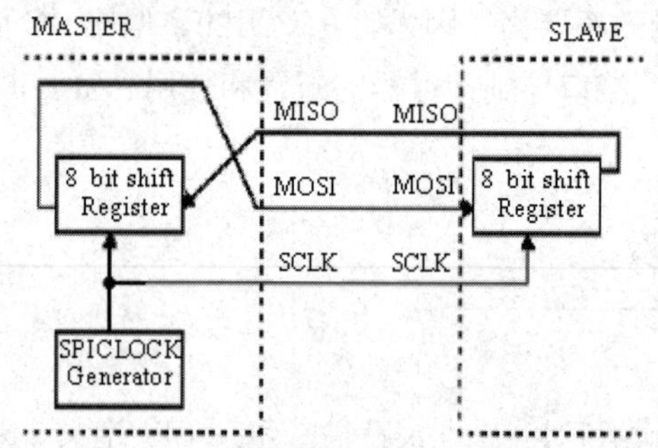

图 14-2　SPI 的内部硬件接口

SPI 也有其缺点：没有指定的流控制；没有应答机制来确认是否接收到数据。

Exynos4412 包含 3 个串行外设接口 SPn(n=0~2)接口，每个 SPI 都有两个分别用于发送和接收数据的 8 位移位寄存器，在主设备的一个移位脉冲的驱动下，1 位数据被同步发送(串行移出)和接收(串行移入)。8 位串行数据的速率由相关控制寄存器的内容决定。如果只想发送，接收到的是一些虚拟的数据；另外，如果只想接收，发送的数据也可以是一些虚拟的 1。

Exynos4412 SPI0 接口的结构框图如图 14-3 所示。

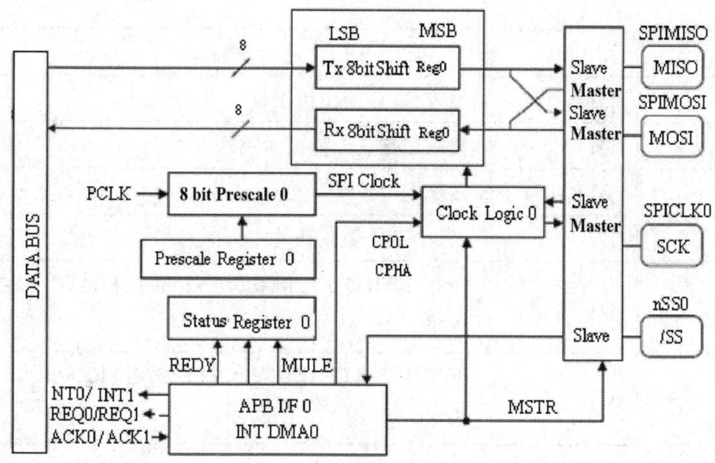

图 14-3　SPI0 接口的结构框图

14.1.2　SPI 的特性

SPI 具有如下特性。

(1) 与 SPI 接口协议 v2.11 兼容。

(2) 8 位/16 位/32 位用于发送的移位寄存器。

(3) 8 位/16 位/32 位用于接收的移位寄存器。

(4) 查询、中断和 DMA 传送模式。

14.2 SPI 寄存器

本节介绍 SPI 的几个控制寄存器的配置与使用，包括 SPI 状态寄存器、SPI 时钟分频寄存器、SPI 传输配置寄存器等的结构和使用。

14.2.1　SPI 状态寄存器

SPI 状态寄存器 SPI_STATUSn(n=0~2)如表 14-1 所示。

表 14-1　SPI 状态寄存器 SPI_STATUSn(n=0~2)

名称	位	描述	复位值
TX_DONG	[25]	主模式下发送状态 0=其他情况；1=发送准备	0
RX_FIFO_LVL	[23:15]	接收 FIFO 数据个数	0
TX_FIFO_LVL	[14:6]	发送 FIFO 数据个数	不确定

(续表)

名称	位	描述	复位值
RX_OVERRUN	[5]	接收 FIFO 溢出错误	0
RX_UNDERRUN	[4]	接收数据缺失错误	0
TX_OVERRUN	[3]	发送溢出错误	0
TX_UNDERRUN	[2]	发送 FIFO 数据缺失	0
RX_FIFO_RDY	[1]	0=接收 FIFO 大于触发水平；1=接收 FIFO 小于触发水平	0
TX_FIFO_rdy	[0]	0=发送 FIFO 大于触发水平；1=发送 FIFO 小于触发水平	不确定

14.2.2 SPI 时钟分频寄存器

SPI 时钟分频寄存器 CLK_DIV_PERILn(n=0~2)如表 14-2、表 14-3、表 14-4 所示。CLK_DIV_ PERILn(n=0~2)用来设置外围模块的输入时钟的分频值，以配合合适的数据传输速度。

表 14-2 SPI 时钟分频寄存器 CLK_DIV_PERIL0

名称	位	描述	复位值
SPI0_PRE_RATIO	[15:8]	SPI0 时钟分频因子，SCLK-SPI0=DOUTSPI0/(SPI0_PRE_RATIO+1)	0
SPI0_RATIO	[3:0]	SPI0 时钟分频因子，DOUTSPI0=MOUTSPI0/(SPI0_RATIO+1)	0

表 14-3 SPI 时钟分频寄存器 CLK_DIV_PERIL1

名称	位	描述	复位值
SPI1_PRE_RATIO	[31:24]	SPI1 时钟分频因子，SCLK-SPI1DOUTSPI1(SPI1_PRE_RATIO+1)	0
SPI11RATIO	[16:19]	SPI1 时钟分频因子，DOUTSPI1=MOUTSPI1/(SPI1ATIO+1)	0

表 14-4 SPI 时钟分频寄存器 CLK_DIV_PERIL2

名称	位	描述	复位值
SPI2_PRE_RATIO	[15:8]	SPI2 时钟分频因子，SCLK_SPI2=DOUTSPI0/(SPI2_PRE_RATIO+1)	0
SPI2_RATIO	[3:0]	SPI0 时钟分频因子，DOUTSPI2=MOUTSPI2(SPI2_RATIO+1)	0

14.2.3　SPI 传输配置寄存器

SPI 传输配置寄存器 CH_CFGn(n=0~2)是对 SPI 进行使能和传输配置，如接收使能、发送使能、主从关系确定，以及相位、极性、软件复位等，具体如表 14-5 所示。

表 14-5　SPI 传输配置寄存器 CH_CFGn(n=0~2)

名称	位	描述	复位值
HIGH_SPEED_EN	[6]	从机模式下 TX 时间控制位：0=禁止；1=使能	0
SW_RST	[5]	软件复位	0
SLAVE	[4]	主从模式选择位： 0=主机模式； 1=从机模式	0
CPOL	[3]	极性选择： 0=高；1=低	0
CPHA	[2]	相位选择： 0=方式 A；1=方式 B	0
PX_CH_ON	[1]	接收(RX)通道使能： 0=禁止；1=使能	0
TX_CH_ON	[0]	发送通道使能： 0=禁止；1=使能	0

14.2.4　SPI 发送数据寄存器

SPI 发送数据寄存器 SPI_TX_DATAn(n=0~2)如表 14-6 所示。

表 14-6　SPI 发送数据寄存器 SPI_TX_DATAn(n=0~2)

含义	位	描述	复位值
SPI 发送数据寄存器	[31:0]	发送数据寄存器中存放的是 SPI 待发送的数据	0x00

14.2.5　SPI 接收数据寄存器

SPI 接收数据寄存器 SPI_RX_DATAn(n=0~2)如表 14-7 所示。

表 14-7 SPI 接收数据寄存器 SPI_RX_DATAn(n=0~2)

含义	位	描述	复位值
SPI 接收数据寄存器	[31:0]	接收数据寄存器中存放的是 SPI 接收的数据	0x00

14.2.6 SPI 操作

通过 SPI，Exynos4412 可以与外设同时发送/接收 8 位数据。串行时钟线与两条数据线同步，用于移位和数据采样。如果 SPI 是主设备，那么数据传输速率由主设备寄存器的相关位控制。可以通过修改频率来调整波特率寄存器的值。如果 SPI 是从设备，则其他主设备提供时钟，向 SPIDATAn 寄存器中写入字节数据，SPI 发送/接收操作就同时启动。某些情况下，在向 SPIDATAn 寄存器中写入字节数据之前要激活 nSS 引脚。

14.2.7 SPI 的传输格式

Exynos4412 支持 4 种不同的数据传输格式，图 14-4 所示的是具体的波形图。

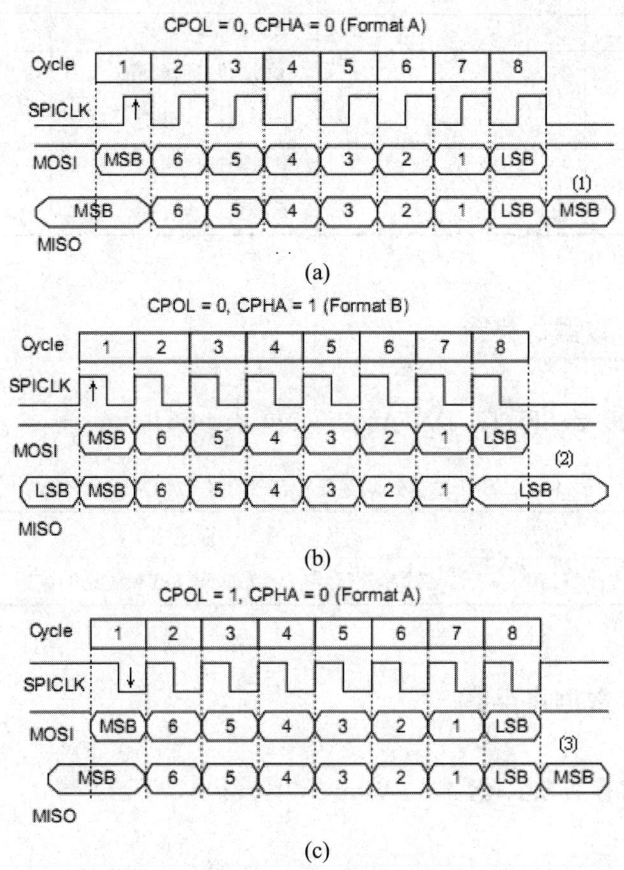

图 14-4 SPI 数据传输格式

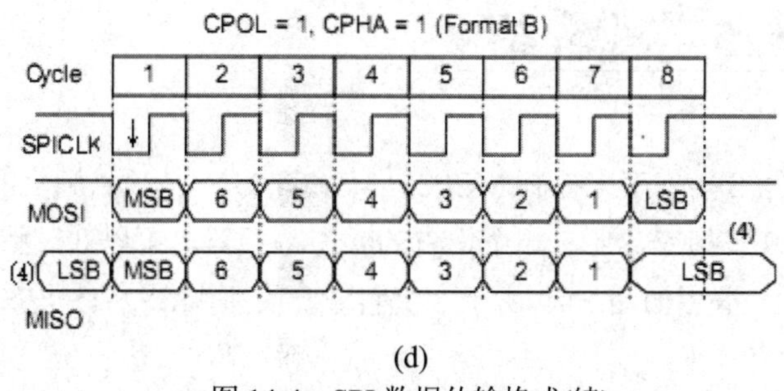

(d)

图 14-4　SPI 数据传输格式(续)

其中，CPOL(Clock Polarity)表示时钟的极性，即使用高电平还是低电平传输数据。CPOL=0，表示 SCK 的静止状态为低电平(高电平传输数据)；CPOL=1，则表示 SCK 静止状态为高电平(低电平传输数据)。CPHA(Clock Phase)表示时钟的相位，CPHA=0(Format A)表示在串行时钟的第一个跳变沿(上升沿或下降沿)数据被采集；CPHA=1(Format B)表示在串行时钟的第二个跳变沿(上升沿或下降沿)数据被采集。

在图 14-4 中，(a)与(b)极性相同，但相序差一个相位；(a)与(c)相序相同，都是格式 A，但极性相反；(b)与(d)相序相同，都是格式 B，但极性相反。

总之，在分析不同的数据传输格式时，如果 SCK 的静止状态为低电平，数据高电平传输(图 14-4 中 MSB 从采样到稳定)，CPOL=0，如图 14-4(a)和图 14-4 (b)所示；如果 SCK 的静止状态为高电平，数据低电平传输，CPOL=1，如图 14-4 (c)和图 14-4(d)所示。

如果数据采样时刻在第 1 个脉冲的上升沿或下降沿，则在第 2 个脉冲的下降沿或上升沿输出，如图 14-4(a)和图 14-4(c)所示；如果数据采样时刻在第 2 个脉冲的上升沿或下降沿，则在第 1 个脉冲的下降沿或上升沿输出，如图 14-4(b)和图 14-4(d)所示。

SPI 用于串行通信，串行通信程序对时序有较严格的要求，要根据数据传输的特点，在 SPI 控制寄存器中进行正确的设置，以保证数据正确传输。

图 14-4 中，注(1)是刚收到的字符 MSB；注(2)是前一个字符的 LSB；注(3)是刚收到的字符 MSB；注(4)是前一个字符的 LSB。

14.2.8　SPI 通信模式

SPI 通信模式有如下 3 种。

(1) DMA 模式：该模式不能用于从设备 Format B 形式。

(2) 查询模式：如果接收用的设备采用 Format B 形式，DATA_READ 信号应该比 SPICLK 延迟一个相位。

(3) 中断模式：如果接收用的设备采用 Format B 形式，DATA_READ 信号应该比 SPICLK 延迟一个相位。

14.3 MCP2515 芯片介绍

本实验是通过编写 SPI 程序来控制 MCP2515，MCP2515 是一款独立的局域网 CAN 总线控制器。它本身带有 9 条指令，还有一个内置的状态寄存器，可以通过状态寄存器获取该芯片当前状态。MCP2515 框图如图 14-5 所示。我们主要关注 MCP2515 与 SPI 的接口及 SPI 驱动编程。

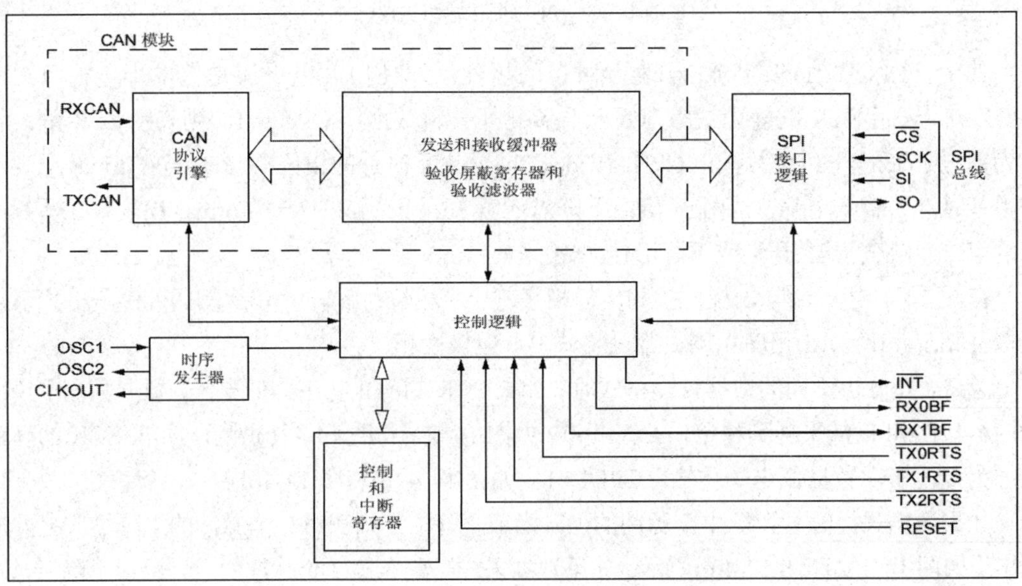

图 14-5　MCP2515 框图

14.4 硬件实验电路

Exynos4412 配备 3 个 SPI 控制器，每个 SPI 总线控制器都包括两个 8 位、16 位、32 位移位寄存器，分别用于传输和发送数据。

本实验使用 SPI2。在 Exynos4412 中 SPI2 使用 GPC1_1 作为 SPI_2_CLK、GPC1_2 作为 SPI_2_nSS、GPC1_3 作为 SPI_2_MISO、GPC1_4 作为 SPI_2_MOSI。

实验的主要目的：

(1) 设置 SPI 时钟源。

(2) 设置 SPI 数据传输格式和使能通道。

(3) 设置 SPI 工作模式。

(4) 设置 GPC1 相关引脚 SPI 工作模式。

本实验硬件连接如图 14-6 所示。MCP2515 芯片指令集见表 14-8。

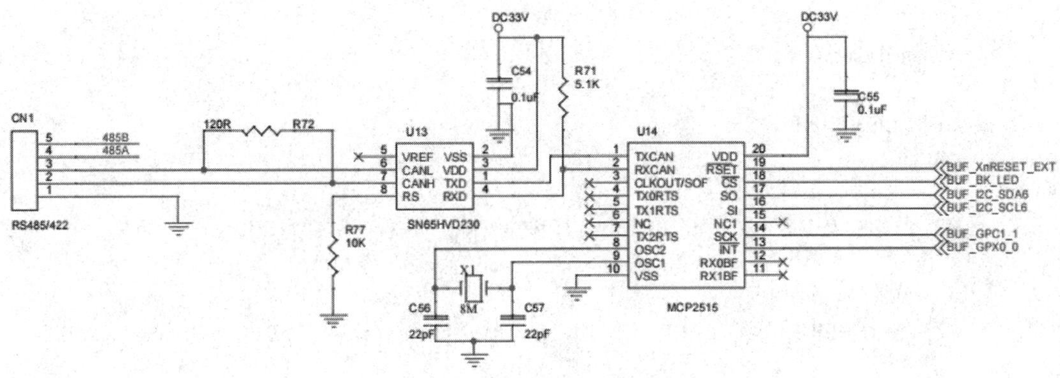

图 14-6　SPI2 实验电路

表 14-8　MCP2515 芯片指令集

指令名称	格式	说明
复位	11000000	将内部基础器置为缺省状态
读	00000011	从指定地址寄存器读取数据
读 RX 缓冲器	10010mn0	读取接收缓冲器时，在“n,m”指示的 4 个地址中放一个地址
写	00000010	将数据写入指定地址
装载 TX 缓冲区	01000abc	装载 TX 缓冲区时，在“a,b,c,”所提示的 6 个地址中放一个地址指针
RTS	10000abc	指示控制器开始发送缓冲区报文，发送序列 10000abc，请求发送
读状态	10100000	读取发送/接收功能状态
R 状态	10110000	快速查询命令

14.5 SPI2 实验程序

实验程序如下。

```
#include "exynos_4412.h"
#include "uart.h"
#include "mcp2515.h"
void mydelay_ms(int time)
{
    int i, j;
    while(time--)
    {
        for (i = 0; i < 5; i++)
        for (j = 0; j < 514; j++);
    }
}
int main(void)
```

```
{
    unsigned char data = 0;

    GPX2.CON = 0x1 << 28;
    uart_init();

    GPC1.CON = (GPC1.CON & ~0xffff0) | 0x55550;      //设置 IO 引脚为 SPI 模式

    /*spi clock config*/
    CLK_SRC_PERIL1 = (CLK_SRC_PERIL1 & ~(0xF<<24)) | 6<<24;   // 0x6: 0110 = SCLKMPLL_
                                                                  USER_T 800Mhz
    CLK_DIV_PERIL2 = 19 <<8 | 3;//SPI_CLK = 800/(19+1)/(3+1)

    soft_reset();                                     //软复位 SPI 控制器
    SPI2.CH_CFG &= ~( (0x1 << 4) | (0x1 << 3) | (0x1 << 2) | 0x3);   //master mode, CPOL = 0,
                                                           CPHA = 0 (Format A)
    SPI2.MODE_CFG &= ~((0x3 << 17) | (0x3 << 29));   //BUS_WIDTH=8bit,CH_WIDTH=8bit
    SPI2.CS_REG &= ~(0x1 << 1);                       //手动选择芯片
    delay(10);                                        //延时

    printf("\n***************** SPI test!! ******************\n");
    while(1)
    {
        reset_2515();                                 //复位
        mydelay_ms(10);
        printf("spi send '0x80' to 2515......\n");
        write_byte_2515(0x0f, 0x80);                  //CANCTRL 寄存器进入配置模式
        mydelay_ms(10);
        data = read_byte_2515(0x0f);
        printf("spi receive a byte : 0x%0x\n", data);
        mydelay_ms(1000);
    }

    return 0;
}
```

14.6 习题

1. 什么是 SPI？它和 I^2C 接口有什么相同点和不同点？
2. SPI 有哪些特性？
3. 简述 SPI 操作和编程的步骤。
4. Exynos4412 SPI 支持的数据传输格式有几种？各有什么特点？

第 15 章

ADC驱动程序开发

用过 8088 汇编语言编程的读者都知道，在系统的 BIOS 中驻留许多类似工具的软件，这些软件都给用户留有接口，用户设置了初始条件就可以调用和使用这些软件，这些软件我们叫“系统调用”。这些系统调用是系统事先设计好的，我们只能使用不能修改。在 Linux 中也有类似的“系统调用”，但和 8088 系统不同，此“系统调用”是用户根据需要自己设计的。然后经和 Linux 内核一起编译后放在系统中，这些软件我们叫作“系统驱动程序”。驱动程序的编写、编译和安装有一套固定方法，本章通过 ADC 驱动程序开发来介绍这些做法。

15.1 硬件原理

本章内容可参考第 8 章 Exynos4412 的 A/D 转换控制，硬件原理如图 15-1 所示。电位器 VR1 接 A/D 转换控制第 AIN3 接口，通过移动 VR1 动臂，就可在 AIN3 口收到变化的模拟电压，通过 A/D 转换控制就可将该模拟电压转换为数字。

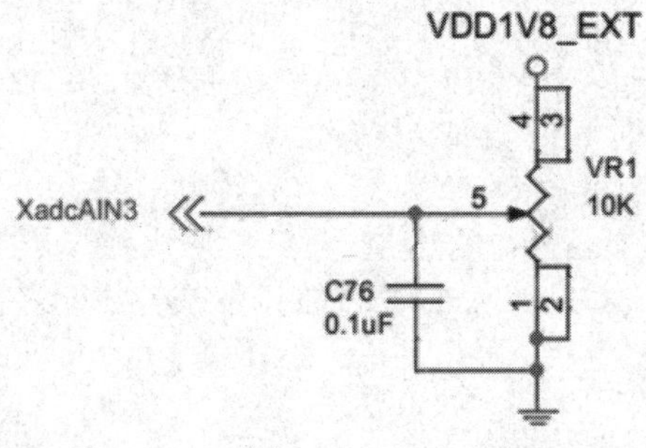

图 15-1　A/D 转换原理图

15.2 ADC 驱动程序

ADC 驱动程序包括一般驱动所需要做的必要工作，如动态申请内存、注册中断服务函数、设定虚拟地址指针、设定主次设备名、定义 cdev 结构等。程序代码如下。

```
#include <linux/kernel.h>
#include <linux/module.h>
#include <linux/platform_device.h>
#include <linux/fs.h>
#include <linux/cdev.h>
#include <linux/of.h>
#include <linux/sched.h>
#include <linux/interrupt.h>

#include <asm/io.h>
#include <asm/uaccess.h>

#define FS4412_ADCCON        0x00   //ADC 控制寄存器
#define FS4412_ADCDAT        0x0C   //ADC 数据寄存器
#define FS4412_ADCCLRINT     0x18   //设置 ADC 精度为 12bit
#define FS4412_ADCMUX        0x1C   //ADC 分频倍率

MODULE_LICENSE("GPL");     // GPL(General Public License，GNU 通用公共许可协议)

struct resource *mem_res;          //驱动中动态内存申请
struct resource *irq_res;          /*这是 Linux 内核中用于描述系统中断资源使用情况的结构，然后用
                                     platform_get_irq() 函数会返回一个 start，即可用的中断号。之后
                                     便可使用 request_irq() 来注册中断服务函数*/
void __iomem *adc_base;            //虚拟地址指针
unsigned int adc_major = 500;      //主设备名
unsigned int adc_minor = 0;        //次设备名
struct cdev cdev;                  /*每一个字符设备都有一个 cdev 结构，里面包括 cdev 组织结构、
                                     名字和父目录等信息*/
int flags = 0;                     //中断标志
wait_queue_head_t readq;           //Linux 内核等待队列
static int fs4412_adc_open(struct inode *inode, struct file *file)     //打开 ADC 文件
{
      return 0;
}

/*应用程序关闭设备文件，调用此函数*/
```

```
static int fs4412_adc_release(struct inode *inode, struct file *file){
    return 0;
}


/*应用程序读设备文件，调用此函数
 1. 向 adc 设备发送要读取的命令，ADCCON 1<<0 | 1<<14 | 0X1<<16 | 0XFF<<6
 2. 读取不到数据就休眠
            wait_event_interruptible();
 3. 等待被唤醒读数据
            havedata = 0;
*/
static ssize_t fs4412_adc_read(struct file *file, char *buf, size_t count, loff_t *loff)
{
    int data = 0;

    if (count != 4)
    return -EINVAL;

    writel(3, adc_base + FS4412_ADCMUX);
    writel(1<<0 | 1<<14 | 0xff<<6 | 0x1<<16, adc_base + FS4412_ADCCON);
    //printk("adccon = %x\n", readl(adc_base + FS4412_ADCCON));
    wait_event_interruptible(readq, flags == 1);

    data = readl(adc_base + FS4412_ADCDAT) & 0xfff;

    //printk("data = %x\n", data);

    if (copy_to_user(buf, &data, sizeof(data)))//内核传送数据给用户程序
        return -EFAULT;

    flags = 0;

    return count;
}


irqreturn_t adc_interrupt(int irqno, void *devid)
{
    flags = 1;
    writel(0, adc_base + FS4412_ADCCLRINT);
    wake_up_interruptible(&readq);
```

```
        return IRQ_HANDLED;
}

/*驱动程序操作框架*/
struct file_operations fs4412_dt_adc_fops = {
        .owner = THIS_MODULE,
        .open = fs4412_adc_open,
        .release = fs4412_adc_release,
        .read = fs4412_adc_read,

};

/*
1. 读取中断号，注册中断处理函数
2. 读取寄存器的地址，使用 ioremap
3. 字符设备的操作
*/
int fs4412_dt_probe(struct platform_device *pdev)
{
        int ret;
        dev_t devno = MKDEV(adc_major, adc_minor);

        printk("match OK\n");

        init_waitqueue_head(&readq);

        mem_res = platform_get_resource(pdev, IORESOURCE_MEM, 0);
        irq_res = platform_get_resource(pdev, IORESOURCE_IRQ, 0);
        if (mem_res == NULL || irq_res == NULL) {
                printk("No resource !\n");
                return -ENODEV;
        }

        printk("mem = %x: irq = %d\n", mem_res->start, irq_res->start);


        adc_base = ioremap(mem_res->start, mem_res->end - mem_res->start);
        if (adc_base == NULL) {
                printk("failed to ioremap address reg\n");
                return -EINVAL;
        };

        ret = request_irq(irq_res->start, adc_interrupt, IRQF_DISABLED, "adc", NULL);
```

```
    if (ret < 0) {
        printk("failed request irq: irqno = %d\n", irq_res->start);
        goto err1;
    }

    printk("major = %d, minor = %d, devno = %x\n", adc_major, adc_minor, devno);
    ret = register_chrdev_region(devno, 1, "fs4412-adc");
    if (ret < 0) {
        printk("failed register char device region\n");
        goto err2;
    }

    cdev_init(&cdev, &fs4412_dt_adc_fops);
    cdev.owner = THIS_MODULE;
    ret = cdev_add(&cdev, devno, 1);
    if (ret < 0) {
        printk("failed add device\n");
        goto err3;
    }

    return 0;

    err3:
        unregister_chrdev_region(devno, 1);
    err2:
        free_irq(irq_res->start, NULL);
    err1:
        iounmap(adc_base);
        return ret;
}

int fs4412_dt_remove(struct platform_device *pdev)
{
    dev_t devno = MKDEV(adc_major, adc_minor);
    printk("remove OK\n");
    cdev_del(&cdev);
    unregister_chrdev_region(devno, 1);
    free_irq(irq_res->start, NULL);
    iounmap(adc_base);
    return 0;
}

static const struct of_device_id fs4412_dt_of_matches[] = {
```

```
        { .compatible = "fs4412,adc"},
        { /* nothing to be done! */},
};

MODULE_DEVICE_TABLE(of, fs4412_dt_of_matches);

struct platform_driver fs4412_dt_driver = {
        .driver = {
                .name = "fs4412-dt",
                .owner = THIS_MODULE,
                .of_match_table = of_match_ptr(fs4412_dt_of_matches),
        },
        .probe = fs4412_dt_probe,
        .remove = fs4412_dt_remove,
};

module_platform_driver(fs4412_dt_driver);
```

15.3 ADC make 文件

ADC make 文件负责查找驱动程序位置、编译驱动程序，清除中间文件，最后生成可执行文件 fs4412_adc.o。程序代码如下。

```
ifeq ($(KERNELRELEASE),)

KERNELDIR ?= /home/linux/linux-3.14-fs4412/     /*具体路径由驱动程序位置决定*/
#KERNELDIR ?= /lib/modules/$(shell uname -r)/build
PWD := $(shell pwd)                             //定义 PWD 为 pwd

modules:
    $(MAKE) -C $(KERNELDIR) M=$(PWD)      /* C 表示进入$(KERNELDIR)执行 MAKE，C 不是
        MAKE 选项，M 是内核根目录下 MAKE 保持的 1 个变量*/
    cp *.ko /source/rootfs                      //复制可执行模块到公用文件夹

modules_install:
$(MAKE) -C $(KERNELDIR) M=$(PWD) modules_install /*安装驱动程序到系统目录下*/


clean:  /*清除中间文件*/
    rm -rf *.o *~ core .depend .*.cmd *.ko *.mod.c .tmp_versions Module* modules*
```

```
.PHONY: modules modules_install clean  //...

else
	obj-m := fs4412_adc.o  //生成可执行文件 fs4412_adc.o
endif
```

15.4 ADC 测试程序

ADC 测试程序执行 MAKE 编译和安装好的二进制文件，查看执行结果是否正确。测试程序相当于用户主程序，执行测试程序相当于系统调用。程序代码如下。

```
#include <stdio.h>
#include <stdlib.h>
#include <unistd.h>
#include <fcntl.h>

int main(int argc, const char *argv[])
{
	int fd;
	int data;

	fd = open("/dev/adc", O_RDWR);                    //打开设备文件，并使用读功能
	if (fd < 0) {
		perror("open");
	exit(1);
	}

	while(1) {
		read(fd, &data, sizeof(data));              //读取数据给 DATA
		printf("Vol: %0.2fV\n", 1.8 * data / 4096);   //格式化 DATA
		usleep(100000);                             //延时 100 秒
	}


	return 0;
}
```

15.5 习题

1. 简述字符设备读写函数。
2. 熟悉驱动程序操作框架。
3. 如何打开设备文件并使用读功能？
4. 如何读 ADC 文件，并赋值给变量 DATA？
5. 熟悉 ADC make 文件，简述程序中命令的含义。

第 16 章

LED驱动程序设计

Linux 支持的设备驱动可分为 3 类，即字符设备、块设备和网络设备。其中，字符设备的处理是以字节为单位来进行的，我们这里仅讨论字符设备驱动。

本章通过一个简单的 Linux LED 驱动程序，介绍字符驱动程序的设计。

16.1 Linux 设备分类

Linux 通过文件形式对设备进行访问，使用与文件 I/O 相同的函数来完成打开、读写、I/O 控制等操作。驱动程序主要就是设计这些系统调用函数。

Linux 把设备文件放在/dev 目录下，设备命名一般是“设备文件名+数字或字母”，如/DEV/hda1 等。

每个设备文件都有一个主设备号和一个次设备号，主设备号主要是标识该设备使用的驱动程序；次设备号用来标识使用同一驱动程序的不同硬件设备。创建指定类型的设备文件可以使用命令：mknod，同时为其分配主次设备号。注意，生成设备文件要以 root 目录注册，具体做法如下：

mknod 设备名 设备类型 主设备名 次设备名。

设备操作宏 MAJOR(ddev)和 MINOR(dev)可以获得主次设备号。宏 MKDEV(ma,mi)的功能是根据主设备号和次设备号来得到相应 dev。dev 是 kdev_t 结构，它主要功能是保存设备号。

16.2 Linux 设备驱动程序结构

1. 设备驱动程序的共性

所有的设备驱动程序都有一些共性，都要完成以下任务。

(1) 向系统申请主次设备号。

(2) 实现设备初始化和卸载功能。

(3) 设计设备文件操作，如定义 file_operations 结构。

(4) 设计设备文件操作调用，如读、写等操作。

(5) 实现中断服务函数，用 requset_irq 向内核注册。

(6) 将驱动程序编译到内核或编译成模块，用 ismod 命令加载。

(7) 生成设备节点文件。

2. 常用的动态方法

我们常用动态方法对设备驱动程序完成以下操作。

(1) 加载：在系统启动时用 ismod 命令把驱动程序(.o 文件)加到内核。

(2) 卸载：不需要时用 rmmod 来卸载内核模块。

(3) 设备初始化：向系统添加一个驱动程序，相当于添加一个主设备号，可以调用 register_chrdev();实现。

(4) 注销一个驱动程序：可以调用 unregister();实现。

(5) 打开文件：用 open();实现。

(6) 关闭文件：用 close();实现。

(7) 读文件：用 read();实现。

(8) 写文件：用 write();实现。

3. 内核模块的加载和卸载

内核模块和一般应用程序主要的区别是，内核模块没有主程序 main()。

(1) 内核模块加载：用 init_moddule(void);实现。

(2) 内核模块卸载：用(void)cleanup();实现。

4. 内核空间和用户空间数据互换

(1) 从内核空间读数据到用户空间：用 copy_to_user 实现，具体代码如下。

```
Unsegned long copy_to_user(void_user *to,const    viod *from,unsegned long n);
```

其中，*to 是用户空间指针，*from 是内核空间指针，n 表示复制数据的字节数。如成功，则返回 0；不成功，则返回没有成功的字节数。

(2) 用户空间数据传送给内核空间：用 copy_from_user 实现，具体代码如下。

```
Unsegned long copy_from_user(void *to,const void_user *from,unsegned long n)
```

其中，*to 是内核空间指针，*from 是用户空间指针，n 表示复制数据的字节数。如成功，则返回 0；不成功，则返回没有成功的字节数。

16.3 Linux LED 驱动程序

嵌入式 LED 驱动程序主要包括以下内容。

(1) 编写设备驱动程序，将 LED 部件控制过程编入驱动程序文件操作框架中。

(2) 将驱动程序文件操作框架结构体注册进内核，并与 LED 驱动程序申请的主设备号关联。

(3) 编译 LED 驱动程序。

(4) 根据主设备号，在/dev/目录下创建 LED 驱动程序对应的设备文件。

(5) 编写和编译 LED 驱动测试程序，测试 LED 驱动。

16.4 Linux LED 驱动程序有关函数

1. 虚拟地址映射

内核对硬件的访问一般采用虚拟地址，此时可以通过 ioremap 来获取。取消虚拟地址，采用 iounmap。

- 获取虚拟地址

```
void *ioremap(unsigned long phys_addr,unsigned long size );
```

- 取消虚拟地址

```
void *iounmap(* addr );    //addr 是映射后得到的虚拟地址
```

2. 获取设备号

驱动程序为了获取自己的设备号，可以向内核申请，函数代码如下：

```
Int register_chrdev_region(dev_t first ,unsigned int count,char * name);
```

其中，first 表示要分配的起始设备号，次设备号通常为 0。分配成功返回 0，出错返回一个负数。

释放原先申请的设备号，函数代码如下。

```
void unregister_chrdev_region(dev_t first,unsigned int count);
```

其中，first 是第一个设备号，count 是申请的设备数量。

3. 将设备驱动程序注册进内核

内核中每个字符设备都对应一个 cdev 结构的变量，定义如下：

```
struct cdev (struct kobject kobj;                /*每个 cdev 都是一个 kobject，存储 cdev 文件的组织结构以及
                                                   名字和父目录等信息*/
         Struct module *owner;                   //指向驱动的模块
         Const struct file_operations *ops;      //这个字符文件的操作方法
         Struct list_head list;                  //字符设备文件 inode.i_devices 链表头
         Dev_t dev;                              //起始设备号
         Unsigned int count;                     //设备范围号大小};
```

4. 字符驱动设备结构体初始化

函数代码如下：

```
void cdev_init(struct cdev *cdev ,const struct file_operations *fops);
```

cdev 为驱动中定义的 struct cdev 结构体，fops 为 file_operations 结构体，即这个字符文件的操作方法。

5. 添加一个字符设备到系统中

函数代码如下：

```
int cdev_add(struct cdev *p,dev_t dev,unsigned count);
```

p 为通过 cdev_init 初始化的 struct cdev 结构体指针；count 是设备编号数量，常取 1。

6. 从系统删除一个字符设备

函数代码如下：

```
void cdev_del(struct cdev *p);
```

16.5 Linux LED 驱动程序设计

LED 驱动电路设计目的：LED2~LED5 分别与 GPX2_7、GPX1_0、GPF3_4、GPF3_5 相连，通过这些管脚的高低来控制 LED 的亮灭。相应管脚输出高电平时，与之相连的 LED 亮。

相应管脚输出低电平时，与之相连的 LED 灭。

16.5.1　LED 驱动电路

LED 驱动电路硬件具体如图 16-1 所示。

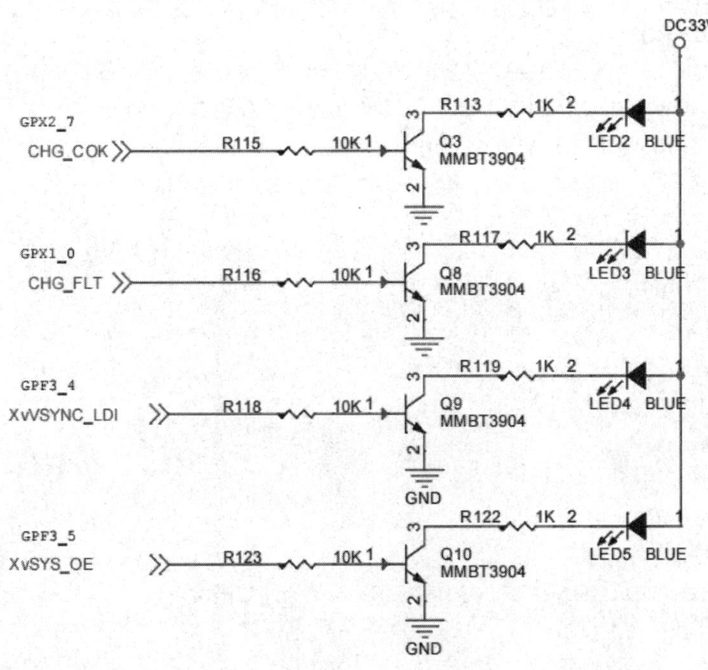

图 16-1　实验电路

16.5.2　LED 驱动程序

驱动程序源代码包括 fs4412_led.c 和 fs4412_led.h。其中驱动程序的文件操作函数框架为：

```
struct file_operations fs4412_led_fops = {
    .owner = THIS_MODULE,
    .open = fs4412_led_open,
    .release = fs4412_led_release,
    .unlocked_ioctl = fs4412_led_unlocked_ioctl,
};
```

驱动程序的安装和卸载分别如下：

```
module_init(fs4412_led_init);
module_exit(fs4412_led_exit);
fs4412_led_init                    /*将编写好的 fs4412_led_fops 注册进内核并与驱动程序设备号关联*/
```

```
int fs4412_led_ioremap(void)      /*将物理地址映射成虚拟地址函数*/
fs4412_led_iounremap /(void)      //释放虚拟空间函数


/*驱动程序 fs4412_led.h */

#ifndef fs4412_LED_HH
#define fs4412_LED_HH
#define LED_MAGIC 'L'           //MAGIC 意思是魔数，一个特殊标识，让设备之间有区分度。
#define LED_ON _IOW(LED_MAGIC, 0, int)   // 参数 1:魔数，参数 2：序列号
#define LED_OFF   _IOW(LED_MAGIC, 1, int)
#endif

/*  驱动程序  fs4412_led.c     */

#include <linux/kernel.h>
#include <linux/module.h>
#include <linux/fs.h>
#include <linux/cdev.h>
#include <asm/io.h>
#include <asm/uaccess.h>
#include "fs4412_led.h"
MODULE_LICENSE("Dual BSD/GPL");   //BSD/GPL 是两个开源协议
#define LED_MA 500      //主设备号
#define LED_MI 0        //次设备号
#define LED_NUM 1       //设备名字

/*定义使用的 6 个寄存器地址*/

#define FS4412_GPF3CON     0x114001E0
#define FS4412_GPF3DAT     0x114001E4

#define FS4412_GPX1CON     0x11000C20
#define FS4412_GPX1DAT     0x11000C24

#define FS4412_GPX2CON     0x11000C40
#define FS4412_GPX2DAT     0x11000C44

/* 6 个寄存器虚拟地址指针*/

static unsigned int *gpf3con;
static unsigned int *gpf3dat;
```

```
static unsigned int *gpx1con;
static unsigned int *gpx1dat;

static unsigned int *gpx2con;
static unsigned int *gpx2dat;

struct cdev cdev;//字符设备驱动结构体

void fs4412_led_on(int nr)//LED 开灯控制
{
    switch(nr) {
        case 1:
            writel(readl(gpx2dat) | 1 << 7, gpx2dat);
            break;
        case 2:
            writel(readl(gpx1dat) | 1 << 0, gpx1dat);
            break;
        case 3:
            writel(readl(gpf3dat) | 1 << 4, gpf3dat);
            break;
        case 4:
            writel(readl(gpf3dat) | 1 << 5, gpf3dat);
            break;
    }
}

void fs4412_led_off(int nr)//LED 关灯控制
    switch(nr) {
    {
        case 1:
            writel(readl(gpx2dat) & ~(1 << 7), gpx2dat);
            break;
        case 2:
            writel(readl(gpx1dat) & ~(1 << 0), gpx1dat);
            break;
        case 3:
            writel(readl(gpf3dat) & ~(1 << 4), gpf3dat);
            break;
        case 4:
            writel(readl(gpf3dat) & ~(1 << 5), gpf3dat);
            break;
    }
}
```

```
/*应用程序打开设备文件，调用该函数*/
static int fs4412_led_open(struct inode *inode, struct file *file)
{
    return 0;
}


/*应用程序关闭设备文件，调用该函数*/
static int fs4412_led_release(struct inode *inode, struct file *file)
{
    return 0;
}

/*应用程序控制设备文件，调用该函数*/
static long fs4412_led_unlocked_ioctl(struct file *file, unsigned int cmd, unsigned long arg)
{
    int nr;

    if(copy_from_user((void *)&nr, (void *)arg, sizeof(nr)))
        return -EFAULT;

    if (nr < 1 || nr > 4)
        return -EINVAL;

    switch (cmd) {
        case LED_ON:
            fs4412_led_on(nr);
            break;
        case LED_OFF:
            fs4412_led_off(nr);
            break;
        default:
            printk("Invalid argument");
            return -EINVAL;
    }

    return 0;
}

/*将物理地址映射成虚拟地址函数*/
int fs4412_led_ioremap(void)
```

```
{
    int ret;
    gpf3con = ioremap(FS4412_GPF3CON, 4);
    if (gpf3con == NULL) {
        printk("ioremap gpf3con\n");
        ret = -ENOMEM;
        return ret;
    }

    gpf3dat = ioremap(FS4412_GPF3DAT, 4);
    if (gpf3dat == NULL) {
        printk("ioremap gpx2dat\n");
        ret = -ENOMEM;
        return ret;
    }
    gpx1con = ioremap(FS4412_GPX1CON, 4);
    if (gpx1con == NULL) {
        printk("ioremap gpx2con\n");
        ret = -ENOMEM;
        return ret;
    }
    gpx1dat = ioremap(FS4412_GPX1DAT, 4);
    if (gpx1dat == NULL) {
        printk("ioremap gpx2dat\n");
        ret = -ENOMEM;
        return ret;
    }
    gpx2con = ioremap(FS4412_GPX2CON, 4);
    if (gpx2con == NULL) {
        printk("ioremap gpx2con\n");
        ret = -ENOMEM;
        return ret;
    }
    gpx2dat = ioremap(FS4412_GPX2DAT, 4);
    if (gpx2dat == NULL) {
        printk("ioremap gpx2dat\n");
        ret = -ENOMEM;
        return ret;
    }

    return 0;
}
```

```
/*虚拟地址释放函数*/
void fs4412_led_iounmap(void)
{
    iounmap(gpf3con);
    iounmap(gpf3dat);
    iounmap(gpx1con);
    iounmap(gpx1dat);
    iounmap(gpx2con);
    iounmap(gpx2dat);
}
/*LED 端口初始化*/
void fs4412_led_io_init(void)
{

    writel((readl(gpf3con) & ~(0xff << 16)) | (0x11 << 16), gpf3con);
    writel(readl(gpx2dat) & ~(0x3<<4), gpf3dat);

    writel((readl(gpx1con) & ~(0xf << 0)) | (0x1 << 0), gpx1con);
    writel(readl(gpx1dat) & ~(0x1<<0), gpx1dat);

    writel((readl(gpx2con) & ~(0xf << 28)) | (0x1 << 28), gpx2con);
    writel(readl(gpx2dat) & ~(0x1<<7), gpx2dat);
}

/*驱动程序操作函数*/
struct file_operations fs4412_led_fops = {
    .owner = THIS_MODULE,
    .open = fs4412_led_open,
    .release = fs4412_led_release,
    .unlocked_ioctl = fs4412_led_unlocked_ioctl,
};

/*驱动程序安装函数*/
static int fs4412_led_init(void)
{
    dev_t devno = MKDEV(LED_MA, LED_MI);
    int ret;
    ret = register_chrdev_region(devno, LED_NUM, "newled");
    if (ret < 0) {
        printk("register_chrdev_region\n");
        return ret;
    }
    cdev_init(&cdev, &fs4412_led_fops);
```

```
    cdev.owner = THIS_MODULE;
    ret = cdev_add(&cdev, devno, LED_NUM);
    if (ret < 0) {
        printk("cdev_add\n");
        goto err1;
    }
    ret = fs4412_led_ioremap();
    if (ret < 0)
        goto err2;
    fs4412_led_io_init();
    printk("Led init\n");
    return 0;
err2:
    cdev_del(&cdev);
err1:
    unregister_chrdev_region(devno, LED_NUM);
    return ret;
}
/*驱动程序卸载程序*/
static void fs4412_led_exit(void)
{
    dev_t devno = MKDEV(LED_MA, LED_MI);
    fs4412_led_iounmap();
    cdev_del(&cdev);
    unregister_chrdev_region(devno, LED_NUM);
    printk("Led exit\n");
}
module_init(fs4412_led_init);
module_exit(fs4412_led_exit);
/* makefile */
ifeq ($(KERNELRELEASE),)      /*KERNELRELEASE 是在内核源码的顶层 Makefile 中定义的一个变量，在第一次读取执行此 Makefile 时，KERNELRELEASE 没有被定义，所以 make 将读取执行 else 之后的内容 */
KERNELDIR ?= /home/linux/linux-3.14-fs4412/   /* 具体路径要由内核源代码位置确定*/
#KERNELDIR ?= /lib/modules/$(shell uname -r)/build
PWD := $(shell pwd)
modules:
$(MAKE) -C $(KERNELDIR) M=$(PWD)   /* C 表示进入 $(KERNELDIR) 目录执行 make，C 不是 make 选项，M 是内核根目录下保持的一个变量*/
modules_install:
    $(MAKE) -C $(KERNELDIR) M=$(PWD) modules_install
/* modules_install 把编译好的模块安装在系统目录下*/
clean:
```

```
    rm -rf *.o *~ core .depend .*.cmd *.ko *.mod.c .tmp_versions Module* modules*
.PHONY: modules modules_install clean
else
    obj-m := fs4412_led.o  /*obj-m 表示把文件 fs4412_led.o 作为模块进行编译，不会编译到内核，但是会生成一个独立的 fs4412_led.ko 文件*/
endif
```

在驱动源代码下执行 make 命令，编译生成驱动文件 fs4412_led.ko，如图 16-2 所示。

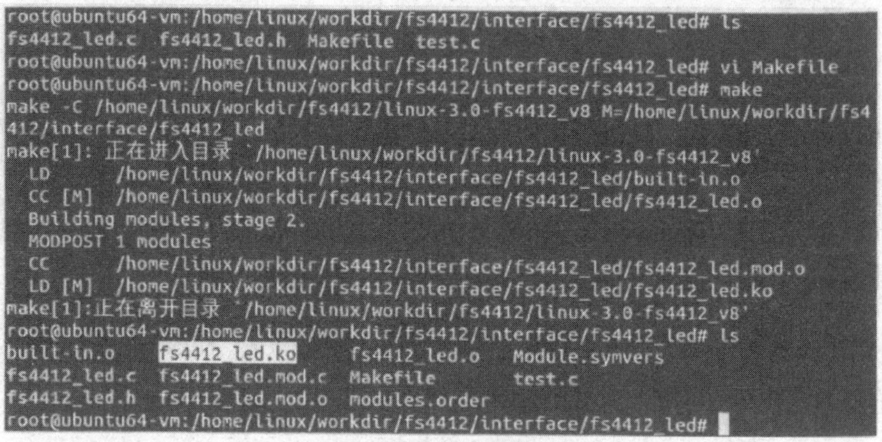

```
root@ubuntu64-vm:/home/linux/workdir/fs4412/interface/fs4412_led# ls
fs4412_led.c  fs4412_led.h  Makefile  test.c
root@ubuntu64-vm:/home/linux/workdir/fs4412/interface/fs4412_led# vi Makefile
root@ubuntu64-vm:/home/linux/workdir/fs4412/interface/fs4412_led# make
make -C /home/linux/workdir/fs4412/linux-3.0-fs4412_v8 M=/home/linux/workdir/fs4
412/interface/fs4412_led
make[1]: 正在进入目录 `/home/linux/workdir/fs4412/linux-3.0-fs4412_v8'
  LD      /home/linux/workdir/fs4412/interface/fs4412_led/built-in.o
  CC [M]  /home/linux/workdir/fs4412/interface/fs4412_led/fs4412_led.o
  Building modules, stage 2.
  MODPOST 1 modules
  CC      /home/linux/workdir/fs4412/interface/fs4412_led/fs4412_led.mod.o
  LD [M]  /home/linux/workdir/fs4412/interface/fs4412_led/fs4412_led.ko
make[1]:正在离开目录 `/home/linux/workdir/fs4412/linux-3.0-fs4412_v8'
root@ubuntu64-vm:/home/linux/workdir/fs4412/interface/fs4412_led# ls
built-in.o    fs4412_led.ko      fs4412_led.o   Module.symvers
fs4412_led.c  fs4412_led.mod.c   Makefile       test.c
fs4412_led.h  fs4412_led.mod.o   modules.order
root@ubuntu64-vm:/home/linux/workdir/fs4412/interface/fs4412_led#
```

图 16-2　编译生成驱动文件

```
/*    驱动程序测试 test.c     * /

#include <stdio.h>
#include <fcntl.h>
#include <unistd.h>
#include <stdlib.h>
#include <sys/ioctl.h>
#include "fs4412_led.h"
int main(int argc, char **argv)
{
    int fd;
    int i = 1;
    fd = open("/dev/led", O_RDWR);
    if (fd < 0)
{
      perror("open");
      exit(1);
      }
while(1)
    {
      ioctl(fd, LED_ON, &i);
```

```
usleep(500000);
        ioctl(fd, LED_OFF, &i);   //通过地址传送变量 i 的值
        usleep(500000);
        if(++i == 5)
          i = 1;   }
      return 0;
}
```

由于测试程序运行在 4412 开发板上，因此编译必须用 arm-none-linux-gnueabi-gcc 编译器。编译命令：arm-none-linux-gnueabi-gcc -o test test.c，生成可以在 fs4412 目标板上运行的程序 test.o。

16.5.3　LED 驱动程序测试

将编译好的驱动文件 fs4412_led.ko 和测试应用程序 test.c 复制到 fs4412 开发板上，在串口调试终端可以看到存在的文件，如图 16-3 所示。

```
dev       lib       mnt       root      sys       tmp       var
[root@farsight ]# ls
[   49.760000] nfs: server 192.168.100.192 not responding, still trying
[   82.840000] nfs: server 192.168.100.192 OK
bin            fs4412_led.ko  mnt            sbin           tmp
dev            lib            proc           sys            usr
etc            linuxrc        root           test           var
[root@farsight ]# ls
bin            fs4412_led.ko  mnt            sbin           tmp
dev            lib            proc           sys            usr
etc            linuxrc        root           test           var
[root@farsight ]#
```

图 16-3　查看存在的文件

使用命令 insmod fs4412_led.ko 安装驱动程序，并使用 mknod/dev/led c 500 0 创建和驱动程序关联的设备文件。c 代表字符设备，500 是主设备号，0 是次设备号，mknod 命令用于创建和驱动程序关联的设备文件。

最后运行 test 测试程序查看运行结果，如图 16-4 所示。

```
[    1.995000]      device=eth0, hwaddr=00:0a:2d:a6:55:a2, ipaddr=192.168.
100.191, mask=255.255.255.0, gw=255.255.255.255
[    1.995000]      host=192.168.100.191, domain=, nis-domain=(none)
[    1.995000]      bootserver=255.255.255.255, rootserver=192.168.100.192
, rootpath=
[    1.995000] clk: Not disabling unused clocks
[    2.045000] VFS: Mounted root (nfs filesystem) on device 0:10.
[    2.050000] devtmpfs: mounted
[    2.055000] Freeing unused kernel memory: 228K (c0530000 - c0569000)
[    2.065000] hub 1-3:1.0: USB hub found
[    2.065000] hub 1-3:1.0: 3 ports detected
[root@farsight ]# insmod fs4412_led.ko
[   10.165000] Led init
[root@farsight ]# ./test
open: No such file or directory
[root@farsight ]# mknod /dev/led c 500 0
[root@farsight ]# ./test
```

图 16-4　运行程序

在图 16-4 中，使用命令 insmod fs4412_led.ko 安装驱动程序后，./test 是执行该驱动程序命令，但系统提示没找到 file 或路径，使用 mknod/dev/led c 500 0 创建和驱动程序关联的设备文件后，程序正常执行。可在开发板上看到运行结果。

使用 mknod/dev/led c 500 0 创建和驱动程序关联的设备文件是运行驱动程序的必需步骤。

其中，主设备号 500 是我们设计驱动程序时指定的，次设备号一般为 0，mknod 命令的含义前面已介绍，此处不再重复。

16.6 习题

1. Linux 支持的设备驱动可分为哪几类，其中字符设备的处理是以什么为单位来进行的？
2. Linux 通过什么形式对设备进行访问，使用哪些函数来完成打开、读写、I/O 控制等操作？
3. Linux 把设备文件放在什么目录下，设备命名规律是什么？
4. 设备操作宏 MAJOR(ddev)和 MINOR(dev)可以获得主次设备号，其主要功能是什么？
5. 设备驱动程序都有哪些共性，都要完成什么任务？
6. 读懂 Linux LED 驱动程序，熟悉一些函数的使用。

第 17 章

PWM驱动程序开发设计

Linux PWM 驱动程序主要完成以下工作。

(1) 编写设备驱动程序，将PWM底层控制工作编入Linux PWM驱动程序文件操作框架中。

(2) 将 PWM 驱动程序文件框架结构体(struct jile_operation)注册进内核，并与驱动程序主设备号相关联。

(3) 编译设备驱动程序。

(4) 在/dev/目录下，创建设备文件。

(5) 编写和编译测试程序，安装 PWM 驱动程序，通过应用程序测试 PWM 驱动程序。

17.1 硬件连接

本例硬件连接如图 17-1 所示。选择 GPD0_0 第二功能，即做 PWM 输出，通过一个晶体管放大电路驱动扬声器。通过编程改变 PWM 输出频率，使扬声器播出我们设计的音乐。

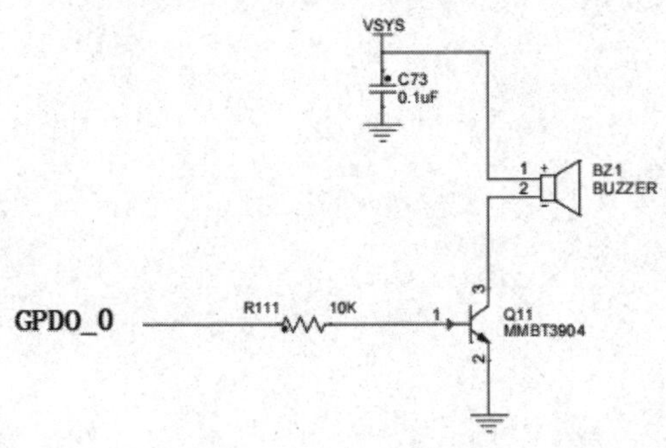

图 17-1 PWM 实验电路

17.2 驱动程序源代码和头文件

本节介绍驱动程序源代码文件 fs4412_pwm.c 和头文件 fs4412_pwm.h。配合 PWM Makejile 文件和测试程序 pwm_music，完成 pwm 驱动程序的构建、编译与运行。

```
/*   驱动程序源代码文件 fs4412_pwm.c  和头文件 fs4412_pwm.h    */
/*   驱动程序源代码文件 fs4412_pwm.c    */
#include <linux/kernel.h>
#include <linux/module.h>
#include <linux/fs.h>
#include <linux/cdev.h>
#include <linux/slab.h>
#include <asm/io.h>
#include <asm/uaccess.h>
#include "fs4412_pwm.h"

MODULE_LICENSE("GPL");
// PWM 物理地址和偏移量
#define TCFG00x00       //预分频
#define TCFG10x04       //分频配置
#define TCON 0x08
#define TCNTB1 0x0C
#define TCMPB1 0x10

#define GPDCON          0x114000A0
#define TIMER_BASE      0x139D0000

static int pwm_major = 501;
static int pwm_minor = 0;
static int number_of_device = 1;

struct fs4412_pwm
{
      unsigned int *gpdcon;
      void __iomem *timer_base;
      struct cdev cdev;
};

static struct fs4412_pwm *pwm;

static int fs4412_pwm_open(struct inode *inode, struct file *file)    //打开设备文件
```

```
    {
        writel((readl(pwm->gpdcon) & ~0xf) | 0x2, pwm->gpdcon);
        writel(readl(pwm->timer_base + TCFG0) | 0xff, pwm->timer_base + TCFG0);
        writel((readl(pwm->timer_base + TCFG1) & ~0xf) | 0x2, pwm->timer_base + TCFG1);
        writel(300, pwm->timer_base + TCNTB1);                    //预置数 300
        writel(150, pwm->timer_base + TCMPB1);                    //分频 150
        writel((readl(pwm->timer_base + TCON) & ~0x1f) | 0x2, pwm->timer_base + TCON);
        /*writel((readl(pwm->timer_base + TCON) & ~(0xf << 8)) | (0x9 << 8), pwm->timer_base + TCON);更
新，启动，重载*/
        return 0;
    }

    static int fs4412_pwm_rlease(struct inode *inode, struct file *file)
    {
        writel(readl(pwm->timer_base + TCON) & ~0xf, pwm->timer_base + TCON);
        return 0;
    }
    /* 应用程序控制函数*/
    static long fs4412_pwm_ioctl(struct file *file, unsigned int cmd, unsigned long arg)
    {
        int data;

        if (_IOC_TYPE(cmd) != 'K')
            return -ENOTTY;

        if (_IOC_NR(cmd) > 3)
            return -ENOTTY;

        if (_IOC_DIR(cmd) == _IOC_WRITE)
            if (copy_from_user(&data, (void *)arg, sizeof(data)))
                return -EFAULT;

        switch(cmd)
        {
        case PWM_ON:
            writel((readl(pwm->timer_base + TCON) & ~0x1f) | 0x9, pwm->timer_base + TCON);
            break;
        case PWM_OFF:
            writel(readl(pwm->timer_base + TCON) & ~0x1f, pwm->timer_base + TCON);
            break;
        case SET_PRE:
            writel(readl(pwm->timer_base + TCON) & ~0x1f, pwm->timer_base + TCON);
            writel((readl(pwm->timer_base + TCFG0) & ~0xff) | (data & 0xff), pwm->timer_base + TCFG0);
```

```
            writel((readl(pwm->timer_base + TCON) & ~0x1f) | 0x9, pwm->timer_base + TCON);
            break;
        case SET_CNT:
            writel(data, pwm->timer_base + TCNTB1);
            writel(data >> 1, pwm->timer_base + TCMPB1);
            break;
        }

        return 0;
}
/*驱动程序设备文件操作函数*/
static struct file_operations fs4412_pwm_fops = {
        .owner = THIS_MODULE,
        .open = fs4412_pwm_open,
        .release = fs4412_pwm_rlease,
        .unlocked_ioctl = fs4412_pwm_ioctl,
};

static int __init fs4412_pwm_init(void)
{
        int ret;
        dev_t devno = MKDEV(pwm_major, pwm_minor);

        ret = register_chrdev_region(devno, number_of_device, "pwm");
        if (ret < 0) {
            printk("faipwm : register_chrdev_region\n");
            return ret;
        }

        pwm = kmalloc(sizeof(*pwm), GFP_KERNEL);
        if (pwm == NULL) {
            ret = -ENOMEM;
            printk("faipwm: kmalloc\n");
            goto err1;
        }
        memset(pwm, 0, sizeof(*pwm));

        cdev_init(&pwm->cdev, &fs4412_pwm_fops);
        pwm->cdev.owner = THIS_MODULE;
        ret = cdev_add(&pwm->cdev, devno, number_of_device);
        if (ret < 0) {
            printk("faipwm: cdev_add\n");
            goto err2;
```

```
    }

    pwm->gpdcon = ioremap(GPDCON, 4);
    if (pwm->gpdcon == NULL) {
        ret = -ENOMEM;
        printk("faipwm: ioremap gpdcon\n");
        goto err3;
    }

    pwm->timer_base = ioremap(TIMER_BASE, 0x20);
    if (pwm->timer_base == NULL) {
        ret = -ENOMEM;
        printk("failed: ioremap timer_base\n");
        goto err4;
    }


    return 0;
err4:
    iounmap(pwm->gpdcon);
err3:
    cdev_del(&pwm->cdev);
err2:
    kfree(pwm);
err1:
    unregister_chrdev_region(devno, number_of_device);
    return ret;
}

static void __exit fs4412_pwm_exit(void)
{
    dev_t devno = MKDEV(pwm_major, pwm_minor);
    iounmap(pwm->timer_base);
    iounmap(pwm->gpdcon);
    cdev_del(&pwm->cdev);
    kfree(pwm);
    unregister_chrdev_region(devno, number_of_device);
}
//PWM 加载和卸载函数
module_init(fs4412_pwm_init);
module_exit(fs4412_pwm_exit);

/*  驱动程序头文件 fs4412_pwm.h  */
```

```
#ifndef __FS4412_PWM_HHHH
#define __FS4412_PWM_HHHH
//PWM 四种状态
#define PWM_ON        _IO('K', 0)
#define PWM_OFF _IO('K', 1)
#define SET_PRE _IOW('K', 2, int)
#define SET_CNT _IOW('K', 3, int)

#endif

//PWM Makejile 文件
ifeq ($(KERNELRELEASE),)   /* KERNELRELEASE是在内核源代码的顶层Makefile中定义的一个变量，在第一次读取执行此Makefile时，KERNELRELEASE没有被定义，所以make将读取执行else之后的内容 */
KERNELDIR ?= /home/linux/linux-3.14-fs4412/       /*具体路径要由内核源代码位置确定*/
PWD := $(shell pwd)
modules:
    $(MAKE) -C $(KERNELDIR) M=$(PWD) modules
$(MAKE) -C $(KERNELDIR) M=$(PWD)
 /*  C 表示进入 $(KERNELDIR) 目录执行 make，C 不是 make 选项，M 是内核根目录下保持的一个变量 */
    cp *.ko /source/rootfs
modules_install:
    $(MAKE) -C $(KERNELDIR) M=$(PWD) modules_install
/* modules_install 把编译好的模块安装在系统目录下*/
clean:
    rm -rf *.o *~ core .depend .*.cmd *.ko *.mod.c .tmp_versions Module* module* test
.PHONY: modules modules_install clean
else
    obj-m := fs4412_pwm.o
endif
```

执行 make 编译命令，生成驱动程序 fs4412_pwm.ko 并加载，如图 17-2 所示。

```
linux@ubuntu64-vm:~/workdir/fs4412/interface/fs4412_pwm$ ls
fs4412_pwm.c  fs4412_pwm.h  Makefile  pwm_music.c  pwm_music.h
linux@ubuntu64-vm:~/workdir/fs4412/interface/fs4412_pwm$ make
make -C /home/linux/workdir/fs4412/linux-3.0-fs4412_v8 M=/home/linux/workdir/fs4412/interface/fs4412_pwm modules
make[1]: 正在进入目录 `/home/linux/workdir/fs4412/linux-3.0-fs4412_v8'
  CC [M]  /home/linux/workdir/fs4412/interface/fs4412_pwm/fs4412_pwm.o
  Building modules, stage 2.
  MODPOST 1 modules
  CC      /home/linux/workdir/fs4412/interface/fs4412_pwm/fs4412_pwm.mod.o
  LD [M]  /home/linux/workdir/fs4412/interface/fs4412_pwm/fs4412_pwm.ko
make[1]:正在离开目录 `/home/linux/workdir/fs4412/linux-3.0-fs4412_v8'
cp *.ko /source/rootfs
linux@ubuntu64-vm:~/workdir/fs4412/interface/fs4412_pwm$ ls
fs4412_pwm.c   fs4412_pwm.mod.c  Makefile        pwm_music.c
fs4412_pwm.h   fs4412_pwm.mod.o  modules.order   pwm_music.h
fs4412_pwm.ko  fs4412_pwm.o      Module.symvers
```

图 17-2　生成驱动程序并加载

```
// main.c : test demo driver
#include <stdio.h>
#include <stdlib.h>
#include <unistd.h>
#include <fcntl.h>
#include <string.h>
#include <sys/types.h>
#include <sys/stat.h>
#include <sys/ioctl.h>
#include "pwm_music.h"

#include "fs4412_pwm.h"

int main()
{
    int i = 0;
    int n = 2;
    int dev_fd;
    int div;
    int pre = 255;
    dev_fd = open("/dev/pwm",O_RDWR | O_NONBLOCK);        //打开设备文件
    if ( dev_fd == -1 ) {
        perror("open");
        exit(1);
    }
    ioctl(dev_fd,PWM_ON);                                  //控制 PWM 底层设备
    ioctl(dev_fd,SET_PRE,&pre);

    for(i = 0;i<sizeof(MotherLoveMeOnceAgain)/sizeof(Note);i++ )
    {
        div = (PCLK/256/4)/(MotherLoveMeOnceAgain[i].pitch);
        ioctl(dev_fd, SET_CNT, &div);                      //输出固定旋律
        usleep(MotherLoveMeOnceAgain[i].dimation * 50);
    }

    for(i = 0;i<sizeof(DaeJangGeum)/sizeof(Note);i++ )
    {
        div = (PCLK/256/4)/(DaeJangGeum[i].pitch);
        ioctl(dev_fd, SET_CNT, &div);
        usleep(DaeJangGeum[i].dimation * 50);
    }

    for(i = 0;i<sizeof(FishBoat)/sizeof(Note);i++ )
```

```
        {
            div = (PCLK/256/4)/(FishBoat[i].pitch);
            ioctl(dev_fd, SET_CNT, &div);
            usleep(FishBoat[i].dimation * 50);
        }
        return 0;
}
/* pwm_music.h */
#ifndef __PWM_MUSIC_H
#define __PWM_MUSIC_H

#define BIG_D

#define PCLK 0x4200000

typedef struct
{
        int pitch;
        int dimation;
}Note;
// 1          2          3          4          5          6     7
// C          D          E          F          G          A     B
//261.6256    293.6648   329.6276   349.2282   391.9954   440   493.8833

//C 大调
#ifdef BIG_C
#define DO 262
#define RE 294
#define MI 330
#define FA 349
#define SOL 392
#define LA   440
#define SI   494
#define TIME 6000
#endif

 //D 大调
#ifdef BIG_D
#define DO 293
#define RE 330
#define MI 370
#define FA 349
#define SOL 440
```

```
#define LA    494
#define SI    554
#define TIME 6000
#endif

Note MotherLoveMeOnceAgain[]={
    //6.                    //_5            //3          //5
    {LA,TIME+TIME/2}, {SOL,TIME/2},{MI,TIME},{SOL,TIME},

    //1^            //6_            //_5            //6-
    {DO*2,TIME},{LA,TIME/2},{SOL,TIME/2} ,{LA,2*TIME},
    // 3        //5_            //_6            //5
    {MI,TIME},{SOL,TIME/2},{LA,TIME/2},{SOL,TIME},
    // 3        //1_            //_6,
    {MI,TIME},{DO,TIME/2},{LA/2,TIME/2},
    //5_            //_3            //2-            //2.
    {SOL,TIME/2},{MI,TIME/2},{RE,TIME*2},{RE,TIME+TIME/2},
    //_3            //5            //5_            //_6
    {MI,TIME/2},{SOL,TIME},{SOL,TIME/2},{LA,TIME/2},
    // 3        //2            //1-            //5.
    {MI,TIME},{RE,TIME},{DO,TIME*2},{SOL,TIME+TIME/2},
    //_3            //2_            //_1            //6,_
    {MI,TIME/2},{RE,TIME/2},{DO,TIME/2},{LA/2,TIME/2},
    //_1            //5,--
    {DO,TIME/2},{SOL/2,TIME*3}

};


Note DaeJangGeum[]={
    // 2          3          3          3.                    _2          1
    {RE,TIME}, {MI,TIME},{MI,TIME},{MI,TIME+TIME/2},{RE,TIME/2},{DO,TIME},
    //6,          1          2          1--          2          3          3
    {LA/2,TIME},{DO,TIME},{RE,TIME},{DO,TIME*3},{RE,TIME},{MI,TIME},{MI,TIME},
    //3.          _5          3          3          2          3
    {MI,TIME+TIME/2},{SOL,TIME/2},{MI,TIME},{MI,TIME},{RE,TIME},{MI,TIME},
    //3--          5          6          6          6.                    _5
    {MI,TIME*3},{SOL,TIME},{LA,TIME},{LA,TIME},{LA,TIME+TIME/2},{SOL,TIME/2},
    // 3          3          5          6          5---          2          3
    {MI,TIME},{MI,TIME},{SOL,TIME},{LA,TIME},{SOL,TIME*3},{RE,TIME},{MI,TIME},
    // 3          2.                    _3          3          2          3
    {MI,TIME},{RE,TIME+TIME/2},{MI,TIME/2},{MI,TIME},{RE,TIME},{MI,TIME},
    //6,          1_          _6,          6,-
```

```
    {LA/2,TIME},{DO,TIME/2},{LA/2,TIME/2},{LA/2,TIME*2},
    //2_           _2           2_          _1          6,
    {RE,TIME/2},{RE,TIME/2},{RE,TIME/2},{DO,TIME/2},{LA/2,TIME},
    //2_           _2           2_          _1          6,
    {RE,TIME/2},{RE,TIME/2},{RE,TIME/2},{DO,TIME/2},{LA/2,TIME},
    // 2          3          1          2.                 _3          5
    {RE,TIME},{MI,TIME},{DO,TIME},{RE,TIME+TIME/2},{MI,TIME/2},{SOL,TIME},
    //6_           _6           6_          _5          3
    {LA,TIME/2},{LA,TIME/2},{LA,TIME/2},{SOL,TIME/2},{MI,TIME},
    //2_           _2           2_          _1          6,
    {RE,TIME/2},{RE,TIME/2},{RE,TIME/2},{DO,TIME/2},{LA/2,TIME},
    //6,           5,.                      _6,         6,--
    {LA/2,TIME},{SOL/2,TIME+TIME/2},{LA/2,TIME/2},{LA/2,TIME*3},
    //2_           _2           2_          _1          6,
    {RE,TIME/2},{RE,TIME/2},{RE,TIME/2},{DO,TIME/2},{LA/2,TIME},
    //2_           _2           2_          _1          6,
    {RE,TIME/2},{RE,TIME/2},{RE,TIME/2},{DO,TIME/2},{LA/2,TIME},
    // 2          3          1          2.                 _3          5
    {RE,TIME},{MI,TIME},{DO,TIME},{RE,TIME+TIME/2},{MI,TIME/2},{SOL,TIME},
    //6_           _6           6_          _5          3
    {LA,TIME/2},{LA,TIME/2},{LA,TIME/2},{SOL,TIME/2},{MI,TIME},
    //2_           _2           2_          _1          6,
    {RE,TIME/2},{RE,TIME/2},{RE,TIME/2},{DO,TIME/2},{LA/2,TIME},
    //6,           5,.                      _6,         6,--
    {LA/2,TIME},{SOL/2,TIME+TIME/2},{LA/2,TIME/2},{LA/2,TIME*3}

};
Note FishBoat[]={ //3.      _5           6._                   =1^          6_
    {MI,TIME+TIME/2},{SOL,TIME/2},{LA,TIME/2+TIME/4},{DO*2,TIME/4},{LA,TIME/2},
    //_5          3 -.        2          1.               _3          2._
    {SOL,TIME/2},{MI,TIME*3},{RE,TIME},{DO,TIME+TIME/2},{MI,TIME/2},{RE,TIME/2+TIME/4},
    //=3          2_          _1          2--         3.                _5
    {MI,TIME/4},{RE,TIME/2},{DO,TIME/2},{RE,TIME*4},{MI,TIME+TIME/2},{SOL,TIME/2},
    // 2       1       6._                    =1^           6_          _5
    {RE,TIME},{DO,TIME},{LA,TIME/2+TIME/4},{DO*2,TIME/4},{LA,TIME/2},{SOL,TIME/2},
    //6-        5,.                _6,           1._                   =3
    {LA,TIME*2},{SOL/2,TIME+TIME/2},{LA/2,TIME/2},{DO,TIME/2+TIME/4},{MI,TIME/4},
    //2_          _1          5,--
    {RE,TIME/2},{DO,TIME/2},{SOL/2,TIME*4},
    //3.          _5          6._                   =1^          6_
    {MI,TIME+TIME/2},{SOL,TIME/2},{LA,TIME/2+TIME/4},{DO*2,TIME/4},{LA,TIME/2},
    //_5          3-.        5_          _6          1^_                   _6
    {SOL,TIME/2},{MI,TIME*3},{SOL,TIME/2},{LA,TIME/2},{DO*2,TIME+TIME/2},{LA,TIME/2},
```

```
    //5._                =6          5_              _3              2--
    {SOL,TIME/2+TIME/4},{LA,TIME/4},{SOL,TIME/2},{MI,TIME/2},{RE,TIME*4},
    //3.            _5          2._                 =3          2_          _1
    {MI,TIME+TIME/2},{SOL,TIME/2},{RE,TIME/2+TIME/4},{MI,TIME/4},{RE,TIME/2},{DO,TIME/2},
    //6._               =1^         6_          _5          6-          1.
    {LA,TIME/2+TIME/4},{DO*2,TIME/4},{LA,TIME/2},{SOL,TIME/2},{LA,TIME*2},{DO,TIME+TIME/2},
    //_2        3_          _5          2_          _3          1--
    {RE,TIME/2},{MI,TIME/2},{SOL,TIME/2},{RE,TIME/2},{MI,TIME/2},{DO,TIME*4}
};
#endif
```

编译 pwm_music.c，代码如下：

```
arm-none-linux-gnueabi-gcc -o pwm_music pwm_music.c
```

生成 pwm_music 可执行文件。

17.3 PWM 测试

将生成的驱动程序 fs4412_pwm.ko 和测试程序 pwm_music 复制到 FS4412 目录中，创建设备文件，运行测试程序 pwm_music，查看运行结果，如图 17-3 所示。

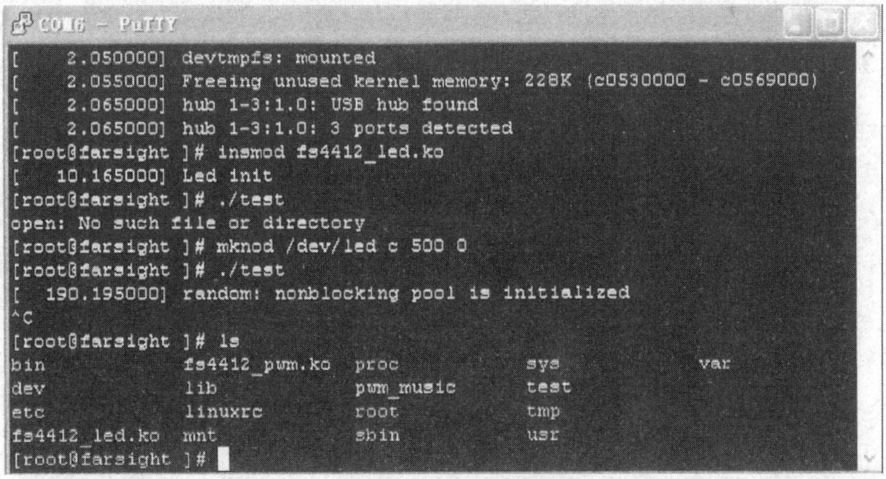

```
COM6 - PuTTY
[    2.050000] devtmpfs: mounted
[    2.055000] Freeing unused kernel memory: 228K (c0530000 - c0569000)
[    2.065000] hub 1-3:1.0: USB hub found
[    2.065000] hub 1-3:1.0: 3 ports detected
[root@farsight ]# insmod fs4412_led.ko
[   10.165000] Led init
[root@farsight ]# ./test
open: No such file or directory
[root@farsight ]# mknod /dev/led c 500 0
[root@farsight ]# ./test
[  190.195000] random: nonblocking pool is initialized
^C
[root@farsight ]# ls
bin            fs4412_pwm.ko  proc           sys            var
dev            lib            pwm_music      test
etc            linuxrc        root           tmp
fs4412_led.ko  mnt            sbin           usr
[root@farsight ]#
```

图 17-3　程序运行结果

对应代码如下：

```
ismod fs4412_pwm.ko
mknod/dev/pwm c 501 0
./pwm_music
```

在图 17-3 中，和 LED 驱动程序一样，使用命令 insmod fs4412_pwm.ko 安装驱动程序后，./test 是执行该驱动程序命令，但系统提示没找到 file 或路径，使用 mknod/dev/pwm c 501 0 创建和驱动程序关联的设备文件后，程序正常执行。

使用 mknod/dev/led c 501 0 创建和驱动程序关联的设备文件是运行驱动程序的必需步骤。

其中，主设备号 501 是我们设计驱动程序时指定的，次设备号一般为 0，mknod 命令的含义前面已介绍，此处不再重复。

17.4 习题

1. Linux PWM 驱动程序主要完成什么工作？
2. 简述编写 Linux PWM 驱动程序的步骤。
3. 设计一个 PWM 实验电路，驱动一个 LED。
4. 执行 make 编译命令，生成驱动程序 FS4412_PWM.KO 并加载。
5. 运行测试程序 pwm_music，查看运行结果。

第 18 章

多线程程序设计

Linux 操作系统是多任务系统，多任务是指在同一时间内可以运行多个应用程序，每个应用程序通常可称为一个任务。多任务是操作系统的最基本特征，通过多任务的实现，将原来在嵌入式程序设计的串行逻辑过程(包含一个主循环，通常是一个 while(1)的死循环)，变成多个并行的逻辑过程(多个循环同时运行，通过操作系统来调度运行哪个循环)。

本节通过实例介绍多线程的设计方法，并进一步介绍线程同步的方法——互斥锁和信号量。

18.1 任务、进程和线程

本节介绍任务的概念、进程具有的特性、进程的使用和线程的优缺点等。

18.1.1 任务

任务是一个逻辑概念，指由一个软件完成的一个目标，或是一系列软件共同达到一个目的的操作。一个任务可以包括一个或多个完成独立功能的子任务。这个完成独立功能子任务的操作，我们称为进程或线程。例如我们要冲一杯咖啡，可以包括烧水和研磨咖啡豆两个独立的工作过程。我们可以把烧水和研磨咖啡豆两个独立的工作过程称为两个线程，或两个进程。因此，线程和进程分得不是很清楚，一般把轻量级的进程也称线程。

在编程时，我们把具有独立功能的程序在某个数据集上的一次动态执行过程称为进程，它是系统进行资源分配和调度的最小单位。每个进程都有自己独立的数据段、代码段和堆栈。进程具有并发性、动态性、交互性、异步性和独立性等主要特性。

(1) 并发性：如上面煮咖啡的例子，烧水和研磨咖啡豆可同时进行。

(2) 动态性：如前面的煮咖啡例子，烧水和研磨咖啡豆状态是变化的。

(3) 交互性：指在进程中两个进程要互相交流，例如考虑烧水和研磨咖啡豆进度，这就要增加处理机制。

(4) 异步性：指烧水和研磨咖啡豆每个进程都是独立进行，以不可知进度向前执行。

(5) 独立性：指各个进程的地址空间是相互独立的，只有采用特定的通信机制，才可以实现不同进程间通信。

线程是进程内一条独立的运行路线，是处理器调度的最小单元，所以轻量级的进程也可以看成是一个线程。

多进程是 Linux 内核本身所支持的。而多线程则需要相应的动态库进行支持。对于进程而言，数据之间都是相互隔离的。而多线程则不同，不同的线程除堆栈空间外所有的数据都是共享的。

使用进程和线程都可以实现多任务功能，为什么操作系统有了进程还要创造线程的概念和方法呢？多线程和进程相比，是一种非常“节俭”的多任务操作方式。在操作系统中启动一个新的进程，必须为它分配独立的地址空间，建立许多数据表来维护它的代码段、堆栈段和数据段，这是一种“浪费”式多任务工作方式。而运行一个进程中的多个线程，它们之间使用相同的地址空间，共享大部分数据。启动一个线程所花费的空间远远小于启动一个进程所花费的空间。而且，线程间互相切换所需时间也要小于进程之间互相切换所需时间。据统计，一个进程的开销大约是一个线程开销的 30 倍。

多线程的另一个好处是线程之间方便的通信机制。对不同的进程来说，各有独立的数据空间。要进行数据传递，只能通过进程间通信的方式进行。由于线程之间共享数据空间，因此一个线程的数据可以为其他线程所用。

18.1.2　多线程编程常用函数

1. 多线程创建编程相关函数

多线程创建编程常用的 3 个基本函数包括：创建线程函数、等待线程的结束函数和终止线程函数。在调用它们前，均要包括 pthread.h 头文件。

(1) 创建线程函数 pthread_create。

```
int pthread_create(pthread_t * tid,const pthread_attr_*attr,void *(*func )(void * ),void *arg);
```

第一个参数为指向线程标识符的指针；第二个参数用来设置线程属性，如果为空指针，表示生成默认属性的线程；第三个参数是线程运行函数的起始地址；最后一个参数是运行函数的参数。当创建线程成功时，函数返回 0，若不为 0 则说明创建线程失败。

(2) 等待线程的结束函数 pthread_ join。

```
int pthread_join(pthread_t tid,void * * status);
```

第一个参数为被等待线程的标识符；第二个参数为一个用户定义的指针，它可以用来存储被等待线程的返回值。这个函数是一个线程阻塞的函数，调用它的函数将一直等待到被等待的线程结束为止，当函数返回时，被等待线程的资源被收回。

一个线程的结束有两种途径：一种是函数结束了，调用它的线程也就结束了；另一种是通过终止线程函数 pthread_exit 来实现。

(3) 终止线程函数 pthread_exit。

```
void pthread_exit(void * value_ptr);
```

线程的终止可以是调用了 pthread_exit 或者调用该线程的例程结束。也就是说，一个线程可以隐式地退出，也可以显式地调用 pthread_exit 函数来退出。pthread_exit 函数唯一的参数 value_ptr 是函数的返回代码，只要 pthread_join 中的第二个参数 value_ptr 不是 NULL，这个值将被传递给 value_ptr。

2. 互斥锁编程相关函数

利用多线程进行程序设计的一个主要优点，是可以方便地进行同一进程不同线程之间的资源共享。为了防止多个线程在使用同一资源时发生冲突，一个常用的工具就是互斥锁，互斥锁保证一个资源在某一时刻只能被一个线程使用。互斥锁的变量类型是 pthread_mutex_t，与之相关的常用函数如下：

```
int pthread_mutex_init( pthread_mutex_t * mutex,pthread_mutexattr_t* attr);
int pthread_mutex_destroy(pthread_mutex_t* mutex);
int pthread_mutex_lock(pthread_mutex_t* mutex );
int pthread_mutex_unlock(pthread_mutex_t* mutex );
```

初始化锁用 pthread_mutex_init，也可以用 pthread_mutex_t mutex = PTHREAD_MU-TEX_INITIALIZER(普通锁，最常见)；销毁锁用 pthread_mutex_destroy。一旦互斥锁被锁住了(pthread_mutex_lock)，另一个地方再调用 pthread_mutex_lock，就会被阻塞住，直到有 pthread_mutex_unlock 来解锁，以此来保证多线程使用同一资源的有序性。函数调用成功，则返回 0。

3. 信号量相关函数

Linux 多线程同步的另外一种常用方法是信号量。信号量和互斥锁的主要区别在于，互斥锁只允许一个线程访问被保护的资源，而信号量允许多个线程同时访问被保护的资源。在 Linux 中，信号量 API 有两组：一组是多进程编程中的 System V IPC 信号量；另外一组是 POSIX 信号量。信号量的变量类型是 sem_t*，是个非负整数，信号量相关的常用函数有以下 4 个：

```
int sem_init( sem_t * sem, int pshared, unsigned int value);
```

sem_init 函数用于初始化一个信号量。pshared 用于制定信号量的类型，如果其值为 0，则表示这个信号量是当前进程的局部信号量，否则信号量就可以在多个进程之间共享。value 用于设置信号量的初始值。

```
int sem_destroy(sem_t * sem);
```

sem_destroy 用于销毁信号量，以释放其占用的内核资源。如果销毁一个正在等待的信号量，则将导致不可预期的后果。

```
int sem_wait(sem_t * sem);
```

sem_wait 以原子操作的方式将信号量值减 1，如果信号量的值为 0，则 sem_wait 将被阻塞，直到该信号量值为非 0 值。

```
int sem_post(sem_t * sem);
```

sem_post 以原子操作的方式将信号量的值加 1，当信号量的值大于 0 时，其他正在调用 sem_wait 等待信号量的线程将被唤醒。

这些函数的第一个参数 sem 指向被操作的信号量，这些函数成功时返回 0，失败则返回-1。

18.1.3 多线程编程实例

1. 简单的多线程程序实例

通过主线程创建一个子线程，并等待子线程执行返回。代码如下：

```
/* threadtest. c */
#include < stdio. h >
#include < stdlib. h >
#include < pthread. h >
void thread(void)     //线程的运行函数
{
    int i;
    for(i=0;i<3;i + +)
    {
        sleep(1);  //延迟 1 秒，线程处于挂起状态，等待 1 秒延迟的结束
        printf( " This is a pthread. \n" );
    }
}
int main (int argc,char * * argv)
{
    pthread_t id;
```

```
    int i,ret;
    ret =pthread_create(&id,NULL, (void*)thread,NULL); //创建线程
    if(ret! =0){
        printf( " Create pthread error!\n");
        exit(0);
    }
    for(i=0;i<3;i + +)
    {
        printf( "This is the main process. \n");
        sleep(1);
    }
    pthread_join(id,NULL);    //等待线程执行结束
    retum(0);
}
```

创建程序文件 threadtest.c 源文件，通过编译命令

```
gcc -o threadtest threadtest. C -pthread
```

生成 threadtest 可执行文件，运行并查看结果，如图 18-1 所示。

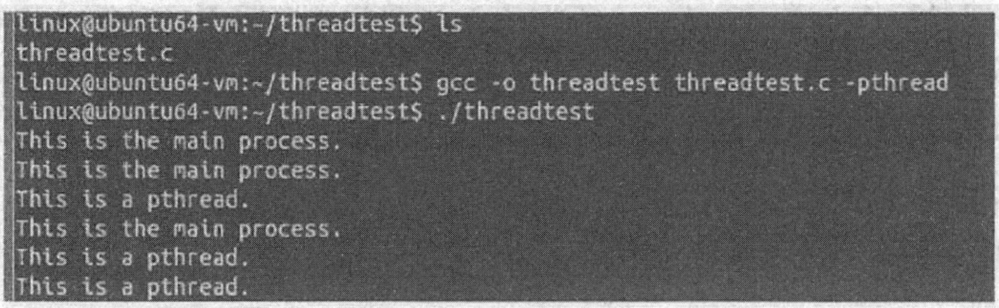

```
linux@ubuntu64-vm:~/threadtest$ ls
threadtest.c
linux@ubuntu64-vm:~/threadtest$ gcc -o threadtest threadtest.c -pthread
linux@ubuntu64-vm:~/threadtest$ ./threadtest
This is the main process.
This is the main process.
This is a pthread.
This is the main process.
This is a pthread.
This is a pthread.
```

图 18-1　运行结果

2. 互斥锁编程实例

对于一个变量资源 value，正在运行的两个线程采用互斥锁来共享使用，每个线程运行时，value 加 1，直到 value 的值为 10。程序源代码文件 threadmux.c 如下：

```
/* threadmux.c*/

#include <pthread. h >

#include < stdio. h >

#include <sys/time. h >

#include <string. h >
```

```
#define MAX 10

pthread_t thread[2];

pthread_mutex_t mut;互斥锁变量

int value =0， i;                              //value 为需要保护的变量资源

void *thread1()                                //线程 1 的运行函数
{
    printf(" I'm thread 1\n");
    for (i=0;i < MAX; i + +)
    {
        printf( " thread1：  value = %d\n"， value);
        pthread_mutex_lock(&mut);              //使用互斥锁，开始使用 value 变量
        value + +;
        pthread_mutex_unlock(&mut);            //互斥锁解锁
        sleep(2);
    }
    pthread_exit(NULL);
}
void *thread2()                                //线程 2 的运行函数
{
    printf( " I'm thread 2\n" );
    for (i=0;i < MAX; i + +)
    {
        printf(" thread2：value =%d\n"， value);
        pthread_mutex_lock(&mut);              //使用互斥锁，开始使用 value 变量
        value + +;
        pthread_mutex_unlock(&mut);            //互斥锁解锁
        sleep(3);
    }
    pthread_exit(NULL);
}
void thread_create ( void)
{
    int temp;
    memset ( &thread,0,sizeof( thread));
    /*创建线程*/
    if((temp = pthread_create( &thread[0] ,NULL,thread1,NULL))!= 0)
    printf( " thread 1 create error!\n" );
    if((temp=pthread_create( &thread[ 1],NULL,thread2,NULL))! = 0)
```

```
        printf( " thread 2 create error! \n" );
    }
    void thread_wait(void)
    {
        /*等待线程结束*/
        if(thread[0] ! =0) {
            pthread_join(thread[0],NULL);          //等待线程 1 执行结束
            printf("end of thread 1\n");
        }
        if( thread[1]!=0) {
            pthread_join(thread[1],NULL);          //等待线程 2 执行结束
            printf( " end of thread 2\n" );
        }
    }
    int main (int argc,char * * argv)
    {
        /*用默认属性初始化互斥锁*/
        pthread_mutex_init(&mut,NULL);
        thread_create();                           //创建线程
        thread_wait();                             //等待线程运行结束
        return 0;
    }
```

通过编译命令

```
gcc -o threadmux threadmux. c -pthread
```

生成 threadmux 可执行文件，运行并查看结果，如图 18-2 所示。

```
linux@ubuntu64-vm:~/threadtest/threadmux$ ls
threadmux.c
linux@ubuntu64-vm:~/threadtest/threadmux$ gcc -o threadmux threadmux.c -pthread
linux@ubuntu64-vm:~/threadtest/threadmux$ ./threadmux
I'm thread 2
thread2 : value = 0
I'm thread 1
thread1 : value = 1
thread1 : value = 2
thread2 : value = 3
thread1 : value = 4
thread2 : value = 5
thread1 : value = 6
thread1 : value = 7
thread2 : value = 8
thread1 : value = 9
thread2 : value = 10
end of thread 1
end of thread 2
```

图 18-2　运行结果

3. 信号量程序实例

创建两个线程，使用信号量进行同步，信号量初始化为 0，第一个线程使用 sem_wait 函数阻塞等待信号量，第二个线程每运行一次使用 sem_post 函数将信号量加 1，唤醒第一线程运行。程序源代码文件 semtest.c 如下：

```
/* semtest.c */
#include < stdio. h >
#include < stdlib. h >
#include <semaphore. h >
#include <pthread. h >
void * thread1(void *arg)                           //线程 1 运行函数
{
    sem_t * sems=(sem_t *)arg;                      //线程参数，传进来的是信号量变量
    static int cnt=5;
    while(cnt - -)
    {
        sem_wait(sems);                             //等待信号量
        printf(" thread1:I get the sems. \n" );
    }
}

void * thread2(void * arg)                          //线程 2 运行函数
{
    sem_t * sems=(sem_t*)arg;                       //线程参数，传进来的是信号量变量
    static int cnt =5;
    while(cnt - -)
    {
        printf( " thread2:I send the sems\n" );
        sem_post(sems);                             //将信号量加 1
        sleep(1);
    }
}
int main (int argc,char * * argv)
{
    sem_t sems;
    pthread_t t1,t2;
    / *  创建线程同步信号量，初始值为 0 * /
    if(sem_init(&sems,0,0)<0)
    printf("sem_init error" );
    pthread_create(&t1,NULL,thread,&sems);          //创建线程 1

    pthread_create(&t2,NULL,thread2,&sems);         //创建线程 2
```

```
        pthread_join(t1,NULL);                              //等待线程 1 执行结束
        pthread_join(t2,NULL);                              //等待线程 2 执行结束
        sem_destroy(&sems);                                 //销毁信号量变量
        return 0;
    }
```

采用编译命令

```
gcc -o semtest semtest.c -pthread
```

进行编译，生成 semtest，运行并查看运行结果，如图 18-3 所示。

```
linux@ubuntu64-vm:~/threadtest/threadsem$ ls
semtest.c
linux@ubuntu64-vm:~/threadtest/threadsem$ gcc -o semtest semtest.c -pthread
linux@ubuntu64-vm:~/threadtest/threadsem$ ./semtest
thread2: I send the sems
thread1: I get the sems.
thread2: I send the sems
thread1: I get the sems.
thread2: I send the sems
thread1: I get the sems.
thread2: I send the sems
thread1: I get the sems.
thread2: I send the sems
thread1: I get the sems.
```

图 18-3　运行结果

18.2　Linux 进程间通信

在嵌入式应用中，一个系统通常可以由多个应用程序组成，每个应用程序通常是一个进程。多个应用程序在共同完成系统功能时，通常需要进行同步、消息传递和资源共享等协调工作。在操作系统中，这类功能称为进程间通信，Linux 有很多进程间通信手段。

18.2.1　进程间通信方法概述

进程间通信主要涉及信号、消息队列、共享内存三个概念。

信号(signal)是在软件层次上类似于微处理器中的中断机制，用于通知进程有某事件发生。信号是异步的，一个进程不必通过任何操作来等待信号的到达，事实上，进程也不知道信号到底什么时候到达。

消息队列(message queue)提供了一种从一个进程向另一个进程发送一个数据块的方法。

共享内存(shared memory)就是映射一段能被其他进程所访问的内存，这段共享内存由一个进程创建，但多个进程都可以访问。共享内存是最快的进程间通信方式，它往往与其他通信机制如信号量配合使用，来实现进程间的同步和通信。

18.2.2 进程间相关函数介绍

1. 信号相关函数

(1) 设置信号的处理函数 signal。

```
void * signal( int signum,void * handler);
```

第一个参数是将要处理的信号。第二个参数是一个指针，该指针指向以下类型的函数：

```
void func();
```

(2) 信号发送函数 kill。

```
int kill( pid_t pid,int signo)
```

kill 既可以向自身发送信号，也可以向其他进程发送信号。第一个参数为接收信号的进程 ID，第二个参数为发送的信号。

Linux 定义了 64 种信号，可以通过 kill -1 命令来查询这些信号，如图 18-4 所示。

常见的一些系统中的信号如下。

SIGHUP：从终端上发出的结束信号。

SIGINT：来自键盘的中断信号(Ctrl + C)。

SIGQUIT：来自键盘的退出信号(Ctrl + \)。

SIGKILL：信号结束接收信号的进程。

SIGTERM：kill 命令发出的信号。

SIGCHLD：标识子进程停止或结束的信号。

SIGSTOP：来自键盘(Ctrl + Z)或调试程序的停止执行信号。

```
linux@ubuntu64-vm:~$ kill -l
 1) SIGHUP       2) SIGINT       3) SIGQUIT      4) SIGILL       5) SIGTRAP
 6) SIGABRT      7) SIGBUS       8) SIGFPE       9) SIGKILL     10) SIGUSR1
11) SIGSEGV     12) SIGUSR2     13) SIGPIPE     14) SIGALRM     15) SIGTERM
16) SIGSTKFLT   17) SIGCHLD     18) SIGCONT     19) SIGSTOP     20) SIGTSTP
21) SIGTTIN     22) SIGTTOU     23) SIGURG      24) SIGXCPU     25) SIGXFSZ
26) SIGVTALRM   27) SIGPROF     28) SIGWINCH    29) SIGIO       30) SIGPWR
31) SIGSYS      34) SIGRTMIN    35) SIGRTMIN+1  36) SIGRTMIN+2  37) SIGRTMIN+3
38) SIGRTMIN+4  39) SIGRTMIN+5  40) SIGRTMIN+6  41) SIGRTMIN+7  42) SIGRTMIN+8
43) SIGRTMIN+9  44) SIGRTMIN+10 45) SIGRTMIN+11 46) SIGRTMIN+12 47) SIGRTMIN+13
48) SIGRTMIN+14 49) SIGRTMIN+15 50) SIGRTMAX-14 51) SIGRTMAX-13 52) SIGRTMAX-12
53) SIGRTMAX-11 54) SIGRTMAX-10 55) SIGRTMAX-9  56) SIGRTMAX-8  57) SIGRTMAX-7
58) SIGRTMAX-6  59) SIGRTMAX-5  60) SIGRTMAX-4  61) SIGRTMAX-3  62) SIGRTMAX-2
63) SIGRTMAX-1  64) SIGRTMAX
```

图 18-4 Linux 定义的信号

2. 消息队列相关常用函数

(1) 创建和访问一个消息队列的函数 msgget。

```
int msgget(key_t key. int msgflg);
```

key 是消息队列的名称。msgflg 是一个权限标志，表示消息队列的访问权限，它与文件的访问权限一样。msgflg 可以与 IPC_ CREAT 做或操作，当 key 所命名的消息队列不存在时，创建一个消息队列；如果 key 所命名的消息队列存在，IPC _ CREAT 标志会被忽略，而只返回一个标识符。返回值为 key 命名的消息队列的标识符(非零整数)，失败时返回-1。

(2) 用来控制消息队列的 msgctl 函数。

```
int msgctl(int msgid,int command,struct msgid_ds * buf);
```

msqid：由 msgget 函数返回的消息队列标识码。

command：将要采取的动作，它可以取以下 3 个值之一。

- IPC_STAT：把 msgid_ds 结构中的数据设置为消息队列的当前关联值，即用消息队列的当前关联值覆盖 msgid_ds 的值。
- IPC_SET：如果进程有足够的权限，就把消息队列的当前关联值设置为 msgid_ds 结构中给出的值。
- IPC_RMID：删除消息队列。

buf：是指向 msgid_ds 结构的指针，它指向消息队列模式和访问权限的结构。

返回值：成功时返回 0，失败时返回-1。

(3) 添加消息到消息队列的函数 msgsend。

```
int msgsend(int msgid, const void * msgp, size_t msgsz, int msgflg);
```

msgid：由 msgget 函数返回的消息队列标识码。

msgp：一个指针，指针指向准备发送的消息。

msgsz：msgp 指向的消息长度，这个长度不含保存消息类型的 long int(长整型)。

msgflg：控制着当前消息队列满或到达系统上限时将要发生的事情返回值，若成功，返回 0，若失败，返回-1。msgflg = IPC _ NOWAIT 表示队列满不等待，返回 EAGAIN 错误。消息结构在两方面受到制约：首先，它必须小于系统规定的上限值；其次，它必须以一个 long int 长整数开始，接收者函数将利用这个长整数确定消息的类型。

消息结构参考形式如下：

```
struct msgbuf {
    long mtype;
    char mtext[100];
}
```

如果调用成功，消息数据的一份副本将被放到消息队列中并返回 0，失败时返回-1。

(4) 从一个消息队列获取消息的函数 msgrcv。

```
int msgrcv(int msgid, void * msg_ptr, size_t msg_st, long int msgtype, int msgflg);
```

msgid：由 msgget 函数返回的消息队列标识码。

msgp：一个指针，指针指向准备接收的消息。

msgsz：msgp 指向的消息长度，这个长度不含保存消息类型的 long int(整型)。

msgtype：可以实现接收优先级的简单形式。它可以有以下 3 种情况。

- msgtype=0：返回队列第一条信息。
- msgtype>0：返回队列第一条类型等于 msgtype 的消息。
- msgtype<0：返回队列第一条类型小于或等于 msgtype 绝对值的消息，并且是满足条件的消息类型最小的消息。

msgflg：控制着队列中相应类型的消息，取值情况如下。

- msgflg=IPC_NOWAIT：队列没有可读消息，不等待，返回 ENOMSG 错误。
- magflg =MSG_ NOERROR：消息大小超过 msgsz 时被截断。
- msgtype>0 且 msgflg=MSG_EXCEPT：接收类型不等于 msgtype 的第一条消息。

返回值：若成功，返回实际放到接收缓冲区里去的字符个数，若失败，返回-1。

3. 共享内存相关函数

(1) 创建或获取共享内存的函数 shmget。

```
int shmget (key_t key, size_t size, int shmflg);
```

函数 shmget 创建一个新的共享内存，或者访问一个已经存在的共享内存。参数 key 是共享内存的关键字。size 指定了该共享内存的字节大小。参数 shmflg 的含义与消息队列函数 msgget 中参数 msgflg 的含义类似。

(2) 将共享内存映射到调用进程的地址空间函数 shmat。

```
void * shmat(int shmid, const void * shmaddr, int shmflg);
```

共享内存在获取标识号后，仍需调用函数 shmat 将标识号为 shmid 的共享内存段映射到进程地址空间后才可以访问。映射的地址由参数 shmaddr 和 shmflg 共同确定。

(3) 用来释放共享内存映射的函数 shmdt。

当进程不再需要共享内存时，可以使用函数 shmdt 释放共享内存映射。

```
int shmdt (const void * shmaddr);
```

函数 shmdt 释放进程在地址 shmaddr 处映射的共享内存，参数 shmaddr 必须为函数 shmget 的返回值。本函数调用成功时返回 0，否则返回-1。

(4) 对共享内存进行控制的函数 shmctl。

```
int shmctl(int shmid, int cmd, struct shmid_ds * buf);
```

msqid：共享内存标识符。

cmd：控制命令，它可以取 3 个值。

- IPC_STAT：得到共享内存的状态，把共享内存的 shmid_ds 结构复制到 buf 中。
- IPC_SET：改变共享内存的状态，把 buf 所指的 shmid_ds 结构中的 uid、gid、mode 复制到共享内存的 shmid_ ds 结构内。
- IPC_RMID：删除这片共享内存。

buf：共享内存管理结构体。

本函数调用成功时返回 0，否则返回-1。

系统建立进程间通信(如消息队列、共享内存时) 必须指定一个 id 值。通常情况下，该 id 值可以通过 ftok 函数来获取。

(5) ftok 函数。

```
key_t ftok( char * fname, int id)
```

其中，fname 是指定的文档名，id 是子序号。

18.2.3　进程间通信编程实例

1. 信号同步程序实例

如果收到 SIGINT 和 SIGUSR1 信号，则向终端输出收到的信号；如果收到 SIGQUT 信号，则结束程序退出。本例通过 kill 命令向进程发送信号，源代码文件 sigsimple.c 如下：

```
/* sigsimple.c */
#include < stdio. h >
#include < signal. h >
#include < unistd. h >
#include < stdlib. h >
 void my_func( int sign_no)
{
    if(sign_no == SIGINT)                    //收到 SIGINT 信号
    {
        printf( "sigsimple receive sig: SIGINT. \n");
    } else if(sign_no ==SIGUSR1)             //收到 SIGUSR1 信号
    {
        printf( " sigsimple receive sig: SIGUSRI. \n");
    }
```

```
    else if( sign_no == SIGQUIT)                  //收到 SIGQUIT 信号
    {
        printf( " sigsimple receive sig: SIGQUIT. \n");
        exit(0);
    }
}
int main( int argc, char * * argv)
{
    int pid=getpid();                             //获取进程 ID
    printf( " sigsimple pidis: %d\n",pid);        //获取进程的 pid
    signal(SIGINT, my_func);                      //设置 SIGINT 信号的处理函数
    signal(SIGQUIT, my_func);                     //设置 SIGQUIT 信号的处理函数
    signal(SIGUSR1, my_func);                     //设置 SIGUSR1 信号的处理函数
    while(1)
    {
        sleep(1);
    }
    exit(0);
}
```

使用编译命令

```
gcc -o sigsimple sigsimple.c
```

进行编译，生成 sigsimple 执行文件，使用命令 sigsimple 让 sigsimple 在终端后台运行，然后分别使用 kill 命令：

```
kill -s SIGINT 4062
kill -s SIGUSR1 4062
kill -s SIGQUIT 4062
```

给 sigsimple 应用程序所在的进程发信号，其中 4062 为应用程序运行时获得的进程 ID，运行结果如图 18-5 所示。

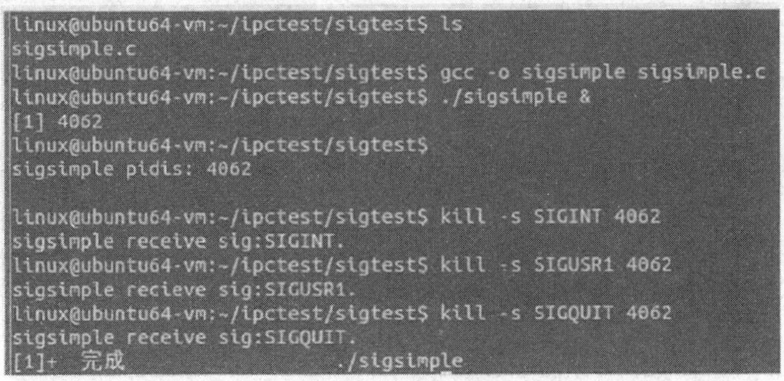

```
linux@ubuntu64-vm:~/ipctest/sigtest$ ls
sigsimple.c
linux@ubuntu64-vm:~/ipctest/sigtest$ gcc -o sigsimple sigsimple.c
linux@ubuntu64-vm:~/ipctest/sigtest$ ./sigsimple &
[1] 4062
linux@ubuntu64-vm:~/ipctest/sigtest$
sigsimple pidis: 4062

linux@ubuntu64-vm:~/ipctest/sigtest$ kill -s SIGINT 4062
sigsimple receive sig:SIGINT.
linux@ubuntu64-vm:~/ipctest/sigtest$ kill -s SIGUSR1 4062
sigsimple recieve sig:SIGUSR1.
linux@ubuntu64-vm:~/ipctest/sigtest$ kill -s SIGQUIT 4062
sigsimple receive sig:SIGQUIT.
[1]+  完成                    ./sigsimple
```

图 18-5　运行结果

2. 消息队列程序实例

创建两个应用程序 msgreceive 和 msgsend，分别运行，处于不同的进程，通过消息队列进行通信，msgreceive 将把从 msgsend 收到的消息显示出来，当收到消息“end”时，结束进程，退出应用程序。源代码文件 msgreceive.c 和 msgsend. c 如下：

```
/* msgreceive.c*/
#include <unistd. h >
#include <stdlib. h >
#include <stdio. h >
#include <string. h >
#include <errno. h >
#include <sys/msg. h >
struct msg_st                                          //消息队列使用的结构体
{
    long int msg_type;
    char message[ BUFSIZ];
};
int main()
{
    int msgid=-1;
    struct msg_st data;
    long int msgtype = 0;
    msgid =msgget((key_t)2233, 0666 I IPC_CREAT);    //创建消息队列
    if(msgid == -1)
    {
        printf( " message queue create error");
    }
    while(1)
    {  //接收消息队列中的数据
        if( msgrcv( msgid,(void * )&data,BUFSIZ,msgtype,0)= = -1)
        {
            printf( " message queue receive error" );
        }

        printf( " msgreceive receive message: % s\n",data. message);
        if( strncmp(data. message,"end",3)= = 0)
        break;
    }
    if(msgctl(msgid,IPC_RMID, 0)= = -1)                //删除消息队列
    {
        printf( " message queue destory error" );
    }
```

```
        return 0;
}
/* msgsend.c */
#include <unistd. h >
#include < stdlib. h >
#include <stdio. h >
#include <string. h >
#include <sys/msg. h >
#include <errno. h >
#define MAX_TEXT 512
struct msg_st       //消息队列使用的结构体
{
        long int msg_type;
        char message[ MAX_TEXT];
};
int main()
{
        int running =1;
        struct msg_st data;
        char buffer[ BUFSIZ];
        int msgid=-1;
        //创建消息队列，如已经存在，则打开该消息队列
        msgid=msgget((key_t)2233，0666 I IPC_CREAT);
        if(msgid = = -1)
        {
            printf( " message queue create error");
        }
        while(1)
        {
            printf(" msgsend enter message to send:");
            fgets(buffer, BUFSIZ, stdin);
            data. msg_type=1;
            strcpy(data. message, buffer);
            //向消息队列发送数据

            if(msgsnd(msgid, (void *)&data, MAX_TEXT, 0)= = -1)
            {
                printf(" message queue send error");
            }
            if( strncmp( buffer, "end" , 3) = = 0)
            break;
            sleep(1);
        }
```

```
    return 0;
}
```

使用编译命令

```
gcc -o msgreceive msgreceive.c
gcc -o msgsend msgsend. c
```

分别编译生成 msgreceive 和 msgsend 可执行文件，让 msgreceive 处于后台运行，通过 msgsend 输入字符串并发送消息，运行结果如图 18-6 所示。

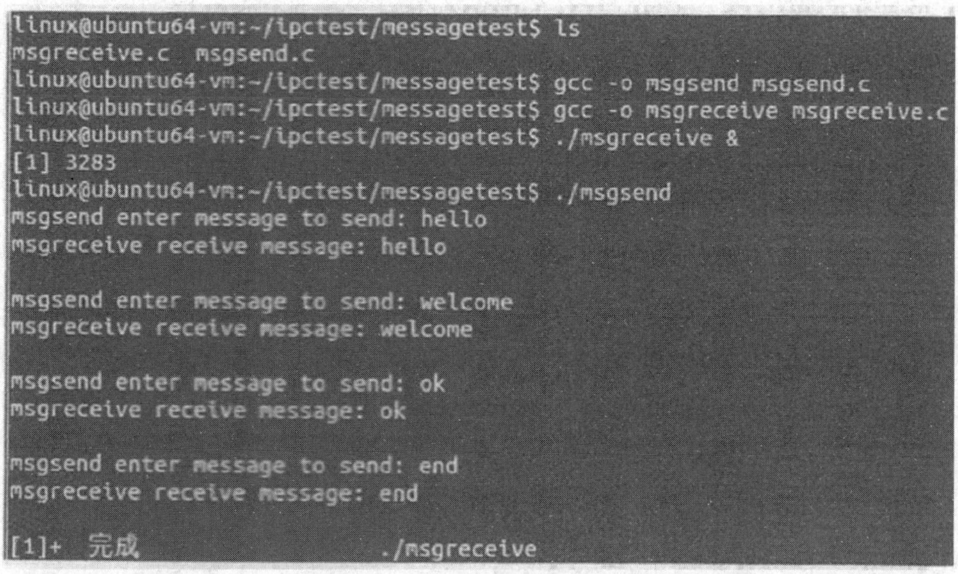

```
linux@ubuntu64-vm:~/ipctest/messagetest$ ls
msgreceive.c  msgsend.c
linux@ubuntu64-vm:~/ipctest/messagetest$ gcc -o msgsend msgsend.c
linux@ubuntu64-vm:~/ipctest/messagetest$ gcc -o msgreceive msgreceive.c
linux@ubuntu64-vm:~/ipctest/messagetest$ ./msgreceive &
[1] 3283
linux@ubuntu64-vm:~/ipctest/messagetest$ ./msgsend
msgsend enter message to send: hello
msgreceive receive message: hello

msgsend enter message to send: welcome
msgreceive receive message: welcome

msgsend enter message to send: ok
msgreceive receive message: ok

msgsend enter message to send: end
msgreceive receive message: end

[1]+  完成                    ./msgreceive
```

图 18-6　输入字符串并发送消息

3. 共享内存程序实例

使用共享内存来进行进程间的数据传递，应用程序 shmemwrite 所处的进程创建共享内容，并往共享内存中写入字符串“This is a test string”，应用程序 shmemread 所处的进程读出共享内存中存在的字符串，并删除共享内存。程序源代码文件 shmemwrite.c 和 shmem-read.c 如下：

```
/* shmemwrite.c */
#include < stdio. h >
#include <sys/ipc. h >
#include <sys/shm. h >
#include <sys/types. h >
#include < string. h >
int main()
{
    int shm_id;
    key_t key;
```

```
    char pathname[20];
    Void * mem;
    strcpy ( pathname, "/tmp"):
    key = ftok( pathname, 0x03);//获取共享内存的 id
    if(key = = -1)
    {
        printf( " ftok error! \n");
        return -1;
    }
    //创建共享内存
    shm_id = shmget ( key , 4096, IPC_CREATIIPC_EXCLI0600);
    if(shm_id = = -1)
    {
        printf( " shmget error! \n");
        return -1;
    }
    printf( " share memory id is: %d\n", shm_id);
    //共享内存映射到调用进程
    mem = (char * ) shmat( shm_id, (const void * )0, 0);//
    if(shm_id = = -1)
    {
        printf( " shmget error! \n" );
        return -1;
    }
    strcpy((char * )mem, "This is a test string. \n" );
    printf( "shmemwrite write to share memory: %s\n" , (char * )mem );
    //释放共享内存映射
    if(shmdt(mem)= = -1)
    {
        printf( " shmde error!\n" );
        return -1;
    }
    return 0;
}
/* shmemread.c */
#include <stdio. h >
#include <sys/ipc. h >
#include <sys/shm. h >
#include <sys/types. h >
#include < string. h >
int main()
{
    int shm_id;
```

```
        key_t key;
        char pathname[20];
        Void * mem;
        strcpy(pathname, "/tmp");
        key =ftok(pathname, 0x03);
        if(key = = -1)
        {
            printf(" ftok error! \n");
            return -1;
        }
        shm_id = shmget(key, 0, 0);                //获取已经创建的共享内存标识
        if(shm_id == -1)
        {
            printf( " shmget error! \n" );
            retun -1;
        }
        printf( " share memory id is: % d\n", shm_id);
        //共享内存映射到调用进程
        mem = (char *) shmat( shm_id, ( const void * )0, 0);
        if(shm_id = = -1)
        {
            printf( " shmget error!\n");
            return -1;
        }
        printf( " shmemread read from share memory:%s\n", (char*)mem );
        if(shmdt(mem)= = -1)                       //释放共享内存映射
        {
            printf( " shmdt error!\n" );
            return -1;
        }
        int ret=shmctl(shm_id, IPC_RMID, 0);     //删除共享内存
        if(ret = = -1)
        printf(" shmctl error!\n");
        return 0;
}
```

使用编译命令

```
gcc -o shmemwrite shmemwrite.c
gcc -o shmemread shmemread. c
```

分别编译生成 shmemwrite 和 shmemread 行，先执行 shmemwrite 命令创建共享内容，并向共享内存写入数据，再执行 shmemread 命令来读取共享内存中的数据，并最终删除共享内存，

运行结果如图 18-7 所示。

```
linux@ubuntu64-vm:~/ipctest/shmemtest$ ls
shmemread.c  shmemwrite.c
linux@ubuntu64-vm:~/ipctest/shmemtest$ gcc -o shmemread shmemread.c
linux@ubuntu64-vm:~/ipctest/shmemtest$ gcc -o shmemwrite shmemwrite.c
linux@ubuntu64-vm:~/ipctest/shmemtest$ ./shmemwrite
share memory id is: 229377
shmemwrite write to share memory: This is a test string.

linux@ubuntu64-vm:~/ipctest/shmemtest$ ./shmemread
share memory id is: 229377
shmemread read from share memory: This is a test string.
```

图 18-7　运行结果

18.3 Linux 进程管理

下面对 Linux 进程管理中常用的知识点进行了总结。

(1) Linux 系统为每一个进程都分配了一个标识其身份的 ID 号，对一个进程来说，这个 ID 也称 PID。在 Linux 中，所有的进程都必须由另一个进程创建，创建它的那个进程被称为父进程，该进程被称为 PPID。Linux 系统使用 PID 来确定进程，也要求用户在管理进程时提供 PID 号。

(2) 在 Linux 中只有进程的创建者和 root 用户才对进程进行操作，于是记录和保存一个进程的创建者和 root 用户的“有效 ID 号”是很必要的。这个 ID 号称为 EUID。

(3) PS 是常用的监视进程命令，这个命令给出了有关进程的所有信息。

PS aux 用于显示当前系统上运行的所有进程的信息，如图 18-8 所示。

```
$ ps aux | grep badpro
lewis    12974  0.0   0.0      10916   1616      pts/0  S    10:37
/bin/bash ./badpro
lewis    13027  0.0   0.0      5380    852       pts/2  R+   10:37
grep badpro
```

图 18-8　PS aux 执行情况

这里为了方便寻找，使用了管道命令 grep，上面的第二个字段 12974 就是进程号 PID。

(4) 使用 Kill 命令杀死某进程。

$ Kill 12974 杀死进程 12974，最后删除不需要的目录。

```
$ -r adir
```

18.4 习题

1. 什么是线程？什么是进程？什么是任务？
2. 简述进程的并发性、动态性、交互性、独立性。
3. 多线程创建函数是什么？
4. 进程间通信主要涉及哪三个概念？
5. PS、Kill 命令有什么作用？

第 19 章 Linux网络程序设计

OSI 协议参考模型是基于国际标准化组织(ISO)的建议发展起来的，它分为 7 个层次：应用层、表示层、会话层、传输层、网络层、数据链路层及物理层。这个 7 层的协议模型虽然规定得非常细致和完善，但在实际中却得不到广泛的应用，其重要的原因之一就在于它过于复杂。但它仍是此后很多协议模型的基础。与此相区别的 TCP/IP 模型，将 OSI 的 7 层协议模型简化为 4 层，从而更有利于实现和使用。TCP/IP 的协议参考模型和 OSI 协议参考模型的对应关系如图 19-1 所示。

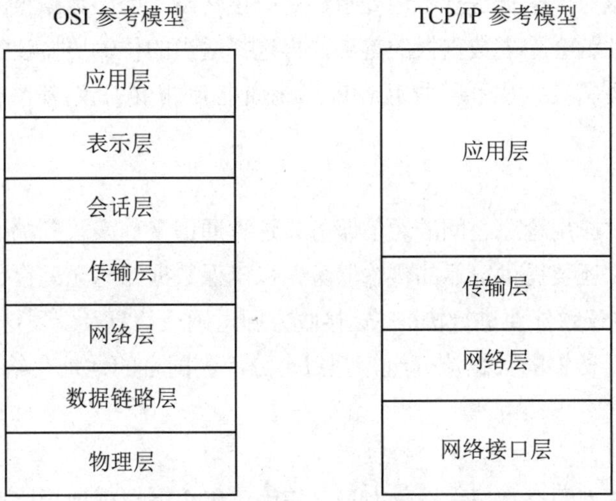

OSI 参考模型	TCP/IP 参考模型
应用层	应用层
表示层	
会话层	
传输层	传输层
网络层	网络层
数据链路层	网络接口层
物理层	

图 19-1　OSI 模型和 TCP/IP 模型对应关系

19.1 TCP/IP 的分层模型

TCP/IP 是由一组专业化协议组成的。这些协议包括 IP、TCP、UDP、ARP、ICMP 以及其他一些被称为子协议的协议。TCP/IP 的前身是由美国国防部在 20 世纪 60 年代末为其远景研究规划署网络(ARPANET)而开发的。由于低成本以及在多个不同平台通信的可靠性，TCP/IP 迅速发展并开始流行。它实际上是一个关于因特网的标准，并迅速成为局域网的首选协议。下面具体讲解各层在 TCP/IP 整体架构中的作用。

1. 网络接口层

网络接口层是 TCP/IP 协议软件的最底层，负责将二进制流转换为数据帧，并进行数据帧的发送和接收。数据帧是网络传输的基本单元。

2. 网络层

网络层负责在主机之间的通信中选择数据报的传输路径，即路由。当网络层接收到传输层的请求后，传输某个具有目的地址信息的分组。该层把分组封装在 IP 数据报中，填入数据报的首部，使用路由算法来确定是直接交付数据报，还是把它传递给路由器，然后把数据报交给适当的网络接口进行传输。网络层还要负责处理传入的数据报，检验其有效性，使用路由算法来决定应该对数据报进行本地处理还是应该转发。如果数据报的目的机处于本机所在的网络，该层软件就会除去数据报的首部，再选择适当的传输层协议来处理这个分组。最后，网络层还要根据需要发出和接收 ICMP(Internet 控制报文协议)差错和控制报文。

3. 传输层

传输层负责提供应用程序之间的通信服务。这种通信又称为端到端通信。传输层要系统地管理信息的流动，还要提供可靠的传输服务，以确保数据到达无差错、无乱序。为了达到这个目的，传输层协议软件要进行协商，让接收方回送确认信息及让发送方重发丢失的分组。传输层协议软件把要传输的数据流分组，把每个分组连同目的地址交给网络层发送。

4. 应用层

应用层是分层模型的最高层，在这个最高层中，用户调用应用程序通过互联网来访问可行的服务。与各个传输层协议交互的应用程序，负责接收和发送数据。每个应用程序选择适当的传输服务类型，把数据按照传输层的格式要求封装好向下层传输。

综上可知，TCP/IP 分层模型每一层负责不同的通信功能，整体联动合作，就可以完成互联网的大部分传输要求。TCP/IP 是目前 Internet 上最成功、使用最频繁的互联协议。

19.2 UDP (用户数据报协议)

1. 概述

UDP 是一种面向无连接的不可靠传输协议，不需要通过 3 次握手来建立一个连接。同时，一个 UDP 应用可同时作为应用的客户或服务器方。由于 UDP 并不需要建立一个明确的连接，因此建立 UDP 应用要比建立 TCP 应用简单得多。比 TCP 更为高效，也能更好地解决实时性的问题。如今，包括网络视频会议系统在内的众多的客户/服务器模式的网络应用都使用 UDP。

2. UDP 数据报头

UDP 数据报头如图 19-2 所示。

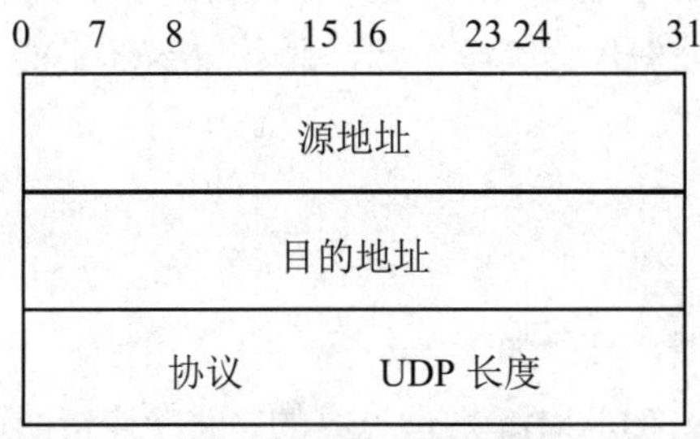

图 19-2 UDP 数据报头

源地址、目的地址：16 位长，标识出远端和本地的端口号。

数据报的长度是指包括报头和数据部分在内的总的字节数。因为报头的长度是固定的，所以该域主要用来计算可变长度的数据部分(又称为数据负载)。

3. 协议的选择

协议的选择应该考虑到数据可靠性、应用的实时性和网络的可靠性。

(1) 对数据可靠性要求高的应用，需选择 TCP 协议；而对数据的可靠性要求不那么高的应用，可选择 UDP 传送。

(2) TCP 协议中的多次握手、重传确认等手段可以保证数据传输的可靠性，但使用 TCP 协 议会有较大的时延，因此不适合对实时性要求较高的应用；而 UDP 协议则有很好的实时性。网络状况不是很好的情况下，需选用 TCP 协议(如在广域网等情况)；网络状况很好的情况下，选择 UDP 协议可以减少网络负荷。

19.3 套接字(socket)概述

在 Linux 中的网络编程是通过 socket 接口来进行的，了解 socket 的概念和学会 socket 编程非常重要。本节介绍 socket 的定义和编程。

19.3.1 套接字定义

套接字(socket)是一种特殊的 I/O 接口，它也是一种文件描述符。socket 是一种常用的进程之间通信机制，它不仅能实现本地机器上的进程之间的通信，而且通过网络能够在不同机器上的进程之间进行通信。每一个 socket 都用一个半相关描述{协议、本地地址、本地端口}来表示；一个完整的套接字则用一个相关描述{协议、本地地址、本地端口、远程地址、远程端口}来表示。socket 也有一个类似于打开文件的函数调用，该函数返回一个整型的 socket 描述符，随后的连接建立、数据传输等操作都是通过 socket 来实现的。

19.3.2 套接字类型

常见的 socket 有 3 种类型，具体如下。

(1) 流式套接字(SOCK_STREAM)：提供可靠的、面向连接的通信流；它使用 TCP 协议，从而保证了数据传输的可靠性和顺序性。

(2) 数据报套接字(SOCK_DGRAM)：定义了一种无可靠、面向无连接的服务，数据通过相互独立的报文进行传输，传输是无序的，并且不保证是可靠、无差错的。它使用数据报协议 UDP。

(3) 原始套接字(SOCK_RAW)：允许对底层协议如 IP 或 ICMP 进行直接访问，它功能强大，但使用较为不便，主要用于一些协议的开发。

19.3.3 地址及顺序处理

1. 地址结构相关处理

(1) 数据结构介绍。

下面首先介绍两个重要的数据类型：sockaddr 和 sockaddr_in。这两个数据类型都是用来保存 socket 信息的，如下所示：

```
struct sockaddr { unsigned short sa_fam ily;    /*地址簇*/
char sa_data[14]; /*14 字节的协议地址，包含该 socket 的 IP 地址和端口号。*/ };
struct sockaddr_in { short int sa_family; /*地址簇*/
```

```
unsigned short int sin_port; /*端口号*/
struct in_addr sin_addr; /*IP 地址*/
unsigned char sin_zero[8]; /*填充 0 以保持与 struct sockaddr 同样大小*/ };
```

这两个数据类型是等效的，可以相互替换，通常 sockaddr_in 数据类型使用更为方便。在建立 socketadd 或 sockaddr_in 后，就可以对该 socket 进行适当的操作了。

(2) 结构字段。

表 19-1 列出了该结构 sa_family 字段可选的常见值。

表 19-1　sa_family 字段值

结构定义头文件	#include<netinet.h>
sa_family 字段值	AF-INET：IPv4 协议
	AF-INET6：IPv6 协议
	AF_LOCAL：UNIX 域协议
	AF_LINK：链路地址协议
	AF_KEY：密钥套接字

sockaddr_in 其他字段的含义非常清楚，具体的设置涉及其他函数，在后面会有详细的讲解。

2. 函数格式

表 19-2 列出了这几个函数的语法格式。

表 19-2　htons 等函数语法格式

所需头文件	# include<netinet/in.h>
函数原型	Uint 16_t htons(uint16_t host 16 bit)
	Uint 32_t htons(uint32_t host 32bit)
	Uint 16_t htons(uint16_t net 16 bit)
	Uint 32_t htons(uint32_t host 32bit)
函数传入值	Host 16 bit：主机字节序的 16 bit 数据
	Host 32 bit：主机字节序的 32 bit 数据
	Net 16 bit：网络字节的 16bit 数据
	Net 32 bit：网络字节的 16bit 数据
函数返回值	成功：0
	失败：-1

表 19-2 中的 4 个函数用于 C/C++字节序转换。uint16_t htons(uint16_t host16bit) 把 16 位值从主机字节序转换到网络字节序，uint32_t htonl(uint32_t host32bit)把 32 位值从主机字节序转换到网络字节序，其他函数作用相似。

3. 地址格式转换

(1) 函数说明。

用户在表达地址时通常采用点分十进制表示的数值字符串(或者是以冒号分开的十进制IPv6 地址)，而在通常使用的 socket 编程中所使用的则是二进制值(例如，用 in_addr 结构和 in6_addr 结构分别表示 IPv4 和 IPv6 中的网络地址)，这就需要将这两个数值进行转换。

这里在 IPv4 中用到的函数有 inet_aton()、inet_addr()和 inet_ntoa()，而 IPv4 和 IPv6 兼容的函数有 inet_pton()和 inet_ntop()。由于 IPv6 是下一代互联网的标准协议，因此，本书讲解的函数都能够同时兼容 IPv4 和 IPv6，但在具体举例时仍以 IPv4 为例。inet_pton()函数是将点分十进制地址字符串转换为二进制地址(例如：将 IPv4 的地址字符串“192.168.1.123”转换为 4 字节的数据(从低字节起依次为 192、168、1、123)，而 inet_ntop()是 inet_pton()的反向操作，将二进制地址转换为点分十进制地址字符串。

(2) 函数格式。

表 19-3 列出了 inet_pton()函数的语法要点。

表 19-3　inet_pton()函数的语法要点

所需头文件	#include<arpa/inet.h>
函数原型	int inet_pton(int family,const char *strptr,void addrptr)
函数传入值	famile AF_INET：IPv4 协议
	AF_INET6：IPv6 协议
	strptr：要转换的值
	addrptr: 转换后的地址
函数返回值	成功：0，出错：-1

表 19-4 列出了 int_ntop()函数的语法要点。

表 19-4　int_ntop()函数的语法要点

所需头文件	#include<arpa/inet.h>
函数原型	int inet_ntop(int family, void *addrptr, char *strptr, size_t len)
函数传入值	family AF_INET：IPv4 协议
	AF_INET6：IPv6 协议
	addrptr：要转换的地址
	strptr：转换后的十进制地址字符串
	len：转换后值的大小
函数返回值	成功：0，出错：-1

4. 名称和地址的转换

(1) 函数说明。

Linux 中有一些函数可以实现主机名和地址的转换，如 gethostbyname()、gethostbyaddr()和 getaddrinfo()等，它们都可以实现 IPv4 和 IPv6 的地址和主机名之间的转换。

其中，gethostbyname()是将主机名转换为 IP 地址；gethostbyaddr()则是逆操作，是将 IP 地址转换为主机名；getaddrinfo()能实现自动识别 IPv4 地址和 IPv6 地址。gethostbyname()和 gethostbyaddr()都涉及一个 hostent 的结构体，如下所示：

```
struct hostent { char *h_name;        /*正式主机名*/
       char **h_aliases;              /*主机别名*/
       int h_addrtype;                /*地址类型*/
       int h_length;                  /*地址字节长度*/
       char **h_addr_list;            /*指向 IPv4 或 IPv6 的地址指针数组*/
}
```

调用 gethostbyname()函数或 gethostbyaddr()函数后，就能返回 hostent 结构体的相关信息。getaddrinfo()函数涉及一个 addrinfo 的结构体，如下所示：

```
struct addrinfo
{
       int ai_flags;                  /*AI_PASSIVE, AI_CANONNAME;*/
       int ai_family;                 /*地址簇*/
       int ai_socktype;               /*socket 类型*/
       int ai_protocol;               /*协议类型*/
       size_t ai_addrlen;             /*地址字节长度*/
       char *ai_canonname;            /*主机名*/
       struct sockaddr *ai_addr;      /*socket 结构体*/
       struct addrinfo *ai_next;      /*下一个指针链表*/
}
```

相对 hostent 结构体而言，addrinfo 结构体包含更多的信息。

(2) 函数格式。

表 19-5 列出了 gethostbyname()函数的语法要点。

表 19-5 gethostbyname 函数的语法要点

所需头文件	#include
函数原型	struct hostent *gethostbyname(const char *hostname)
函数传入值	hostname：主机名
函数返回值	成功：hostent 类型指针 出错：−1

调用该函数时可以先对 hostent 结构体中的 h_addrtype 和 h_length 进行设置，若为 IPv4，可设置为 AF_INET 和 4；若为 IPv6，可设置为 AF_INET6 和 6；若不设置，则默认为 IPv4 地址类型。

表 19-6 列出了 getaddrinfo()函数的语法要点。

表 19-6　getaddrinfo()函数的语法要点

所需头文件	#include <netdb.h>
函数原型	int getaddrinfo(const char *node, const char *service, const struct addrinfo *hints, struct addrinfo **result)
函数传入值	node：网络地址或者网络主机名
	service：服务名或十进制的端口号字符串
	hints：服务线索
	result：返回结果
函数返回值	成功：0，出错：-1

在调用之前，首先要对 hints 服务线索进行设置。它是一个 addrinfo 结构体，表 19-7 列举了该结构体常用的选项值。

表 19-7　addrinfo 结构体常用的选项值

addrinfo 结构体常用选项	选项取值
ai_flags	AI_PASSIVE：该套接口用作被动地打开
	AI_CANONNAME：通知 getaddrinfo 函数返回主机的名字
ai_family	AF_INET：IPv4 协议
	AF_INET6：IPv6 协议
	AF_UNSPEC：IPv4 或 IPv6 均可
ai_socktype	SOCK_STREAM：字节流套接字 socket(TCP)
	SOCK_DGRAM：数据报套接字 socket(UDP)
ai_protocol	IPPROTO_IP：IP 协议
	IPPROTO_IPV4：IPv4 协议
	IPPROTO_IPV6：IPv6 协议
	IPPROTO_UDP：UDP
	IPPROTO_TCP：TCP

注意：

- 通常服务器端在调用 getaddrinfo()之前，ai_flags 设置为 AI_PASSIVE，用于 bind()函数(该函数用于端口和地址的绑定)，主机名 nodename 通常会设置为 NULL。

- 客户端调用 getaddrinfo()时，ai_flags 一般不设置为 AI_PASSIVE，但是主机名 nodename 和服务名 servname(端口)则应该不为空。即使不设置 ai_flags 为 AI_PASSIVE，取出的地址也可以被绑定，很多程序中 ai_flags 直接设置为 0，即 3 个标志位都不设置，这种情况下只要 hostname 和 servname 设置无误，即可正确绑定。

19.4 套接字(socket)编程

1. 函数说明

socket 编程的基本函数有 socket()、bind()、listen()、accept()、send()、sendto()、recv()及 recvfrom()等，其中根据客户端还是服务器端，或者根据使用 TCP 还是 UDP，这些函数的调用流程都有所区别，这里先对每个函数进行说明，再给出各种情况下使用的流程图。

- socket()：该函数用于建立一个套接字，即一条通信路线的端点。在建立了 socket 之后，可对 sockaddr 或 sockaddr_in 结构进行初始化，以保存所建立的 socket 地址信息。
- bind()：该函数用于将 sockaddr 结构的地址信息与套接字进行绑定，它主要用于 TCP 的连接，而在 UDP 的连接中则无必要(但可以使用)。
- listen()：在服务器端程序成功建立套接字并与地址进行绑定之后，还需要准备在该套接字上接收新的连接请求。此时调用 listen()函数来创建一个等待队列，在其中存放未处理的客户端连接请求。
- accept()：服务器端程序调用 listen()函数创建等待队列之后，调用 accept()函数等待并接收客户端的连接请求。它通常从由 listen()所创建的等待队列中取出第一个未处理的连接请求。
- connect()：客户端通过一个未命名套接字(未使用 bind()函数)和服务器监听套接字之间建立连接的方法来连接到服务器。这个工作客户端通过使用 connect()函数来实现。
- send()和 recv()：这两个函数分别用于发送和接收数据，可以用在 TCP 中，也可以用在 UDP 中。当用在 UDP 时，可以在 connect()函数建立连接之后再使用。
- sendto()和 recvfrom()：这两个函数的作用与 send()和 recv()函数类似，可以用在 TCP 和 UDP 中。当用在 TCP 时，后面几个与地址有关的参数不起作用，函数作用等同于 send()和 recv()；当用在 UDP 时，可以用在之前没有使用 connect()的情况下，这两个函数可以自动寻找指定地址并进行连接。服务器端和客户端使用 UDP 协议的流程如图 19-3 所示。

TCP/IP 是目前 Internet 上最成功、使用最频繁的互联协议。虽然现在已有很多协议都适用于互联网，但 TCP/IP 的使用最广泛。

TCP/IP 安全、准确率高，但程序复杂，运行效率较低。UDP 快速且高效，在要求不高场合使用较多。在嵌入式系统中广泛采用 UDP 通信模式。

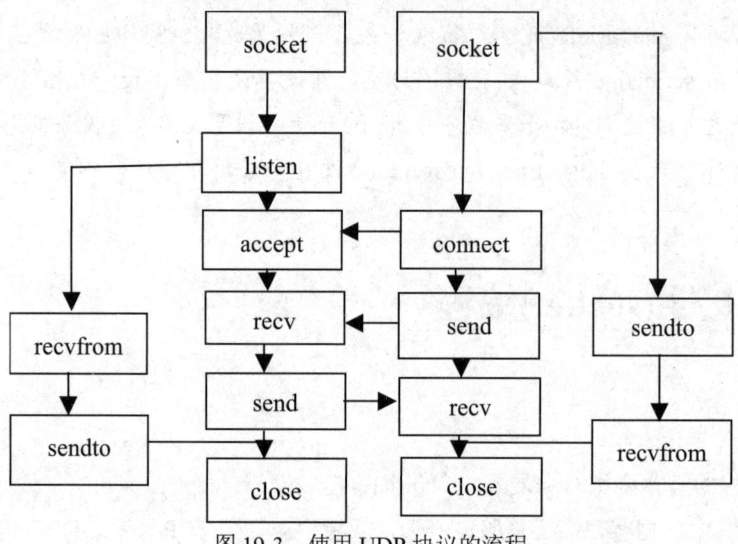

图 19-3　使用 UDP 协议的流程

2. 函数格式

表 19-8 列出了 socket()函数的语法要点。

表 19-8　socket()函数的语法要点

所需头文件	#include < sys/socket.h >	
函数原型	int socket(int family, int type, int protocol)	
函数传入值	family：协议簇	AF_INET：IPv4 协议
		AF_INET6：IPv6 协议
		AF_ROUTE：路由套接字(socket)
		AF_KEY：密钥套接字(socket)
	type：套接字类型	SOCK_STREAM：字节流套接字(socket)
		SOCK_DGRAM：数据报套接字(socket)
		SOCK_RAW：原始套接字(socket)
	protocol：0(原始套接字除外)	
函数返回值	成功：非负套接字描述符，出错：−1	

表 19-9 列出了 bind()函数的语法要点。

表 19-9　bind()函数的语法要点

所需头文件	#include < sys/socket.h >
函数原型	int bind(int sockfd, struct sockaddr *my_addr, int addrlen)
函数传入值	sockfd：套接字描述符
函数返回值	成功：0，出错：−1

端口号和地址在 my_addr 中给出了，若不指定地址，则内核随意分配一个临时端口给该应用程序。IP 地址可以直接指定(比如：inet_addr("192.168.1.112"))，或者使用宏 INADDR_ANY，允许绑定套接字与服务器的任一网络接口(比如：eth0、eth0:1、eth1 等)。

表 19-10 列出了 listen()函数的语法要点。

表 19-10　listen()函数的语法要点

所需头文件	#include < sys/socket.h >
函数原型	int listen(int sockfd, int backlog)
函数传入值	sockfd：套接字描述符
	backlog：请求队列中允许的最大请求数，大多数系统默认值为 5
函数返回值	成功：0，出错：−1

表 19-11 列出了 accept()函数的语法要点。

表 19-11　accept()函数的语法要点

所需头文件	#include < sys/socket.h >
函数原型	int accept(int sockfd, struct sockaddr *addr, socklen_t *addrlen)
函数传入值	sockfd：套接字描述符
	addr：客户端地址
	addrlen：地址长度
函数返回值	成功：0，出错：−1

表 19-12 列出了 connect()函数的语法要点。

表 19-12　connect ()函数的语法要点要点

所需头文件	#include < sys/socket.h >
函数原型	int connect(int sockfd, struct sockaddr *serv_addr, int addrlen)
函数传入值	sockfd：套接字描述符
	serv_addr：服务器端地址
	addrlen：地址长度
函数返回值	成功：0，出错：−1

表 19-13 列出了 send()函数的语法要点。

表 19-13　send()函数的语法要点

所需头文件	#include < sys/socket.h >
函数原型	int send(int sockfd, const void *msg, int len, int flags)

(续表)

函数传入值	sockfd：套接字描述符
	msg：指向要发送数据的指针
	len：数据长度
	flags：一般为 0
函数返回值	成功：实际发送的字节数，出错：-1

表 19-14 列出了 recv()函数的语法要点。

表 19-14　recv()函数的语法要点

所需头文件	#include < sys/socket.h >
函数原型	int recv(int sockfd, void *buf,int len, unsigned int flags)
函数传入值	sockfd：套接字描述符
	buf：存放接收数据的缓冲区
	len：数据长度
	flags：一般为 0
函数返回值	成功：实际接收到的字节数，出错：-1

表 19-15 列出了 sendto()函数的语法要点。

表 19-15　sendto()函数的语法要点

所需头文件	#include < sys/socket.h >
函数原型	int sendto(int sockfd, const void *msg,int len, unsigned int flags, const struct sockaddr *to, int tolen)
函数传入值	sockfd：套接字描述符
	msg：指向要发送数据的指针
	len：数据长度
	flags：一般为 0
	to：目的机的 IP 地址和端口号信息
	tolen：地址长度
函数返回值	成功：实际发送的字节数，出错：-1

表 19-16 列出了 recvfrom()函数的语法要点。

表 19-16　recvfrom()函数的语法要点

所需头文件	#include < sys/socket.h >
函数原型	int recvfrom(int sockfd,void *buf, int len, unsigned int flags, struct sockaddr *from, int *fromlen)
函数传入值	sockfd：套接字描述符
	buf：存放接收数据的缓冲区
	len：数据长度
	flags：一般为 0
	from：源主机的 IP 地址和端口号信息
	fromlenlen：地址长度
函数返回值	成功：实际接收到的字节数，出错：-1

19.5 Linux 系统 UDP 网络协议编程

本节通过在 UDP 服务器端接收客户端的连接请求，并接收客户端发来的信息，以熟悉 socket 网络编程的基本方法。

19.5.1 Ubuntu 系统运行 UDP 网络协议程序

执行命令：

```
$ cd ~/workdir/linux/application/12-network
$ mkdir udp
$ cd udp
```

运行结果如图 19-4 所示，创建 1 个 udp 目录，然后切换到该目录。

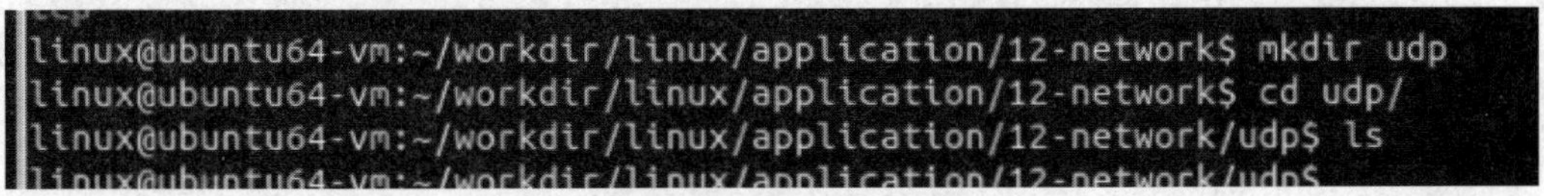

```
linux@ubuntu64-vm:~/workdir/linux/application/12-network$ mkdir udp
linux@ubuntu64-vm:~/workdir/linux/application/12-network$ cd udp/
linux@ubuntu64-vm:~/workdir/linux/application/12-network/udp$ ls
linux@ubuntu64-vm:~/workdir/linux/application/12-network/udp$
```

图 19-4　创建 udp 目录

将“华清远见 Cortex A9 资料/程序源码/linux/network/udp/client.c、server.c”复制到该目录下。

执行编译命令：

```
$ gcc client.c -o client
$ gcc server.c -o server
```

运行结果如图 19-5 所示。

```
client.c  server.c
linux@ubuntu64-vm:~/workdir/linux/application/12-network/udp$ gcc client.c -o client
linux@ubuntu64-vm:~/workdir/linux/application/12-network/udp$ gcc server.c -o server
linux@ubuntu64-vm:~/workdir/linux/application/12-network/udp$
```

图 19-5　执行编译命令

运行服务器程序：

```
$ ./server 192.168.100.192 8888   /*其中 IP 地址是 Ubuntu 系统实际的 IP 地址，另外打开一个终端，进入目录，运行客户端程序 */
$ ./client 192.168.100.192 8888
>hello //向服务器端发送消息，见图 19-6
Hello
```

```
client  client.c  server  server.c
linux@ubuntu64-vm:~/workdir/linux/application/12-network/udp$ ./client 192.168.100.192 8888
>hello
hello

>
```

图 19-6　向服务器端发送消息

服务器所在终端会显示：from 192.168.100.192:xxxxx hello，如图 19-7 所示。

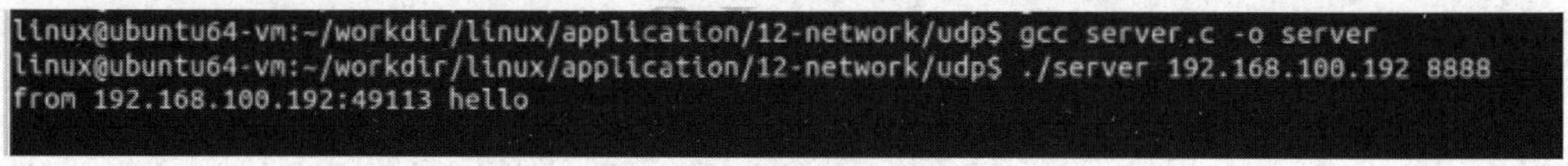

```
linux@ubuntu64-vm:~/workdir/linux/application/12-network/udp$ gcc server.c -o server
linux@ubuntu64-vm:~/workdir/linux/application/12-network/udp$ ./server 192.168.100.192 8888
from 192.168.100.192:49113 hello
```

图 19-7　服务器终端显示

19.5.2　Ubuntu 系统运行 UDP 网络协议代码

在 Ubuntu 系统中运行如下代码：

```
//client.c < stdio.h >
#include < stdlib.h >
#include<<unistd.h>
#include<sys/types.h>
#include <sys/socket.h>
#include<errno.h>
#include <string.h>
#include<arpa/inet.h>
#include<netinet/in>
```

```
#define N 64
int main(int argc, char *argv[])// ./server ip port
{
    int sockfd;
    struct sockaddr_in servaddr;
    char buf[N] = {0};
    socklen_t len;
    ssize_t n;
    if (argc < 3)
    {
        printf("usage:%s ip port\n", argv[0]);
        return 0;
    }
    if ((sockfd = socket(AF_INET, SOCK_DGRAM, 0)) == -1)
    {
        perror("socket");
        exit(-1);
    }
    memset(&myaddr, 0, sizeof(myaddr));
    myaddr.sin_family = AF_INET;
    myaddr.sin_port = htons(atoi(argv[2]));        //"6000"--6000 htons(6000);
    myaddr.sin_addr.s_addr = inet_addr(argv[1]);
    if (bind(sockfd, (struct sockaddr *)&myaddr, sizeof(myaddr)) == -1)
    {
        perror("bind");
        exit(-1);
    }

    while (1)
    {
        memset(buf, 0, sizeof(buf));
        n = recvfrom(sockfd, buf, N, 0, (struct sockaddr *)&peeraddr, &len); printf(
                                "from %s:%d %s\n", inet_ntoa(peeraddr.sin_addr);
        ntohs(peeraddr.sin_port), buf);
        sendto(sockfd, buf, n, 0, (struct sockaddr *)&peeraddr, sizeof(peeraddr));
    }
    close(sockfd);
    return 0;
}
```

19.6 习题

1. 简述 TCP/IP 的分层模型。
2. 简述 UDP 传输协议。
3. Linux 中的网络编程是通过 socket 接口来进行的，请简述套接字概念。
4. 简述 Ubuntu 系统运行 UDP 网络协议代码的过程。

第三部分

嵌入式开发的方法

第 20 章

嵌入式Linux程序开发

嵌入式 Linux 系统应用在特殊的场合，其内核经过小型化裁剪后能够固化在几百 K 字节的存储器中。嵌入式 Linux 系统程序设计和 PC 下不同，由于其要在开发板上运行，因此使用的编译器不能是 gcc，必须使用和开发板相适应的编译系统，本章对此做详细介绍。

20.1 嵌入式 Linux 开发环境的搭建

要在开发板上运行 Linux 操作系统，开发板上要烧录三个映像文件：BootLoader 映像文件(BootLoader)，Linux 内核映像文件(Kernel)和根文件系统映像文件(Root filesystem)。

Exynos4412 处理器有 4 种启动方式可供选择，分别是：NAND Flash；SD/MMC；eMMC 和 USB devic。具体采用什么方式启动，由芯片管脚 OM1~OM6 决定。华清远见将 OM1~OM6 改为 4 个拨码开关，拨码开关为 1000，由 SD 卡启动；拨码开关为 0110，由 eMMC 启动。

根据用户习惯常采用 SD 卡启动，此时要将启动程序 BootLoader 映像文件(BootLoader)固化到 SD 卡中。系统上电后，片内 ROM(称为 iROM)上厂家事先烧写的代码，把启动设备上特定位置处的程序读入片内内存(iRAM)，并执行它。这个程序被称为 BL1(Bootloader 1)，BL1 是由三星公司提供的。

BL1 又把启动设备上另一个特定位置处的程序读入片内内存，并执行它。这个程序被称为 BL2(Bootloader 2)，是我们编写的源码。

简单地说，就是先设置程序运行环境(比如关看门狗、关中断、关 MMU、设置栈、启动 PLL 等)；然后根据 OM 引脚确定启动设备(NAND Flash/SD 卡/其他)，把 BL1 从里面读出，存入 iRAM；最后启动 BL1。

有几个问题需要解决：在启动设备上哪个位置存放 BL1、BL2？把 BL1、BL2 读到 iRAM 哪个位置？BL1、BL2 大小是多少？

根据 Exynos 设计，BL1 位于 SD 卡偏移地址 512 字节处，iROM 从这个位置读入 8K 字节的数据，存在 iRAM 地址 0x02021400 位置处。所以，BL1 不能大于 8K 字节。

BL2 位于 SD 卡偏移地址(512+8K)字节处，BL1 从这个位置读入 16K 字节的数据，存在 iRAM 地址 0x02023400 处。BL2 不能大于(16K−4)字节，最后 4 字节用于存放校验码。

20.1.1 嵌入式 Linux 系统 BootLoader(Uboot)移植

1. 确定开发板信息

嵌入式的系统移植就是移植 BootLoader、Linux 内核、根文件系统。针对不同开发板所移植的 Linux 内核和根文件系统大体相同，但针对不同开发板，Uboot 移植根据平台架构不同而做出不同改动。换句话说，Uboot 移植与平台架构紧密相关，而 Linux 内核和根文件系统与平台架构联系不那么紧密。因开发板的不同，想要移植 Uboot 到开发板上，首先要对 Uboot 进行软件裁剪，选取合适的参考板，所以首先要确认开发板相关信息。

- SOC：Exynos4412
- Arch：ARM
- CPU：Cortex-A9，armv7(Uboot 源码中的名称)
- Vendor：Samsung 0.10
- board：fs4412(公司自定义)

2. 确定内存划分

主要看对应地址大小，如 iROM、iRAM、DDR 等，如图 20-1 所示。

基地址	地址范围	容量	描述
0x0000_0000	0x0001_0000	64 KB	iROM
0x0200_0000	0x0201_0000	64 KB	iROM (mirror of 0x0 to 0x10000)
0x0202_0000	0x0206_0000	256 KB	iRAM
0x0300_0000	0x0302_0000	128 KB	Data memory or general purpose of Samsung Reconfigurable Processor SRP.
0x0302_0000	0x0303_0000	64 KB	I-cache or general purpose of SRP.
0x0303_0000	0x0303_9000	36 KB	Configuration memory (write only) of SRP
0x0381_0000	0x0383_0000	–	AudioSS's SFR region
0x0400_0000	0x0500_0000	16 MB	Bank0 of Static Read Only Memory Controller (SMC) (16-bit only)
0x0500_0000	0x0600_0000	16 MB	Bank1 of SMC
0x0600_0000	0x0700_0000	16 MB	Bank2 of SMC
0x0700_0000	0x0800_0000	16 MB	Bank3 of SMC
0x0800_0000	0x0C00_0000	64 MB	Reserved
0x0C00_0000	0x0CD0_0000	–	Reserved
0x0CE0_0000	0x0D00_0000	–	SFR region of Nand Flash Controller (NFCON)
0x1000_0000	0x1400_0000	–	SFR region
0x4000_0000	0xA000_0000	1.5 GB	Memory of Dynamic Memory Controller (DMC)-0
0xA000_0000	0x0000_0000	1.5 GB	Memory of DMC-1

图 20-1　4412 内存划分

3. 交叉开发

因为如果在开发板上编译 Uboot 源码，由于开发板硬件(CPU 等)限制，可能导致编译时间过长，所以我们要安装交叉编译工具链，使 Uboot 源码在 PC 上编译，在开发板上执行。在 Ubuntu 上用 gcc 直接编译的是 x86 架构的，不能用到 ARM 开发板上。

(1) 获取交叉编译工具链源码。

有以下三种途径可以获得源码(推荐使用第二种或者第三种)。

- 网上下载源码，可下载 Linux ARM 交叉编译工具链源码。需要下载 binutils、gcc、glibc 以及相关的很多依赖文件，如感兴趣可参考 Linux ARM 交叉编译工具链制作介绍。
- BSP(板级支持包)购买开发板时由厂商提供。
- 从网上直接下载编译好的交叉编译工具链，网址为 https://launchpad.net/gcc-arm-embedded/+download。

(2) 安装交叉编译工具链。

① 解压。把下载好的交叉编译工具链放在 Ubuntu 下进行解压。

```
linux@ubuntu:~/yudw2018/packages$ tar -xvf toolchain-4.5.1-farsight.tar.bz2
```

② 配置环境变量。以下提供三种配置环境变量的方法(建议使用第三种)。

- 对当前终端生效

```
linux@ubuntu:~/yudw2018$ export PATH=$PATH:/home/linux/yudw2018/toolchain-4.5.1/bin/
```

- 对当前用户生效

在 home 目录下的.bashrc 文件中的最后一行添加 export PATH=$PATH:/home/linux/yudw2018/toolchain-4.5.1/bin/。

```
linux@ubuntu:~/yudw2018$ vi /home/linux/.bashrc
export PATH=$PATH:/home/linux/yudw2018/toolchain-4.5.1/bin/
```

- 对所有用户生效

在 /etc/bash.bashrc 文件中的最后一行添加 export PATH=$PATH:/home/linux/yudw2018/toolchain-4.5.1/bin/，或者在/etc/environment 文件中添加交叉编译工具链的绝对路径/home/linux/yudw2018/toolchain-4.5.1/bin/。

```
linux@ubuntu:~/yudw2018$ sudo vi /etc/environment
sudo password for linux:
PATH="/usr/local/sbin:/usr/local/bin:/usr/sbin:/usr/bin:/sbin:/bin:/usr/games:/home/linux/yudw2018/install/
toolchain-4.5.1/bin/"
```

③ 使设置的环境变量生效。

```
linux@ubuntu:~$ sudo reboot
```

4. 下载 Uboot 源码

根据开发板出厂年份下载相近年份的 Uboot 源码稳定版。注意：必须使用相匹配的交叉编译工具链，否则会编译报错。建议使用的是 u-boot-2013.01.tar 和 toolchain-4.5.1，放在 Ubuntu 下解压。

```
linux@ubuntu:~/yudw2018$ tar -xvf u-boot-2013.01.tar.bz2
```

5. 查看 Uboot 源码的目录结构

确认哪些目录是 Uboot 移植用到的，哪些是用不到的。

查看所有目录，确认哪些是和平台相关的文件：SOC、Arch、CPU、Vendor、board、参考板。在此开发板 Uboot 移植用到的目录为：arch/arm/cpu/armv7 board/samsung/origen boards.cfg include/configs/origen.h readme Makefile。

6. 配置

首先进入 Uboot 源码顶层目录下，执行 make distclean，比使用 make clean 命令清除更彻底，清除可能存在的中间文件。

```
linux@ubuntu:~/yudw2018$ cd u-boot-2013.01/ linux@ubuntu:~/yudw2018/u-boot-2013.01$ make distclean
```

然后查看进入顶层的 Makefile 文件，修改交叉编译工具链，修改后如下所示：

```
# set default to nothing for native builds
ifeq (arm,$(ARCH))
CROSS_COMPILE ?=arm-none-linux-gnueabi-
endif
```

查看 readme 代码：

```
  Selection of Processor Architecture and
For all supported boards there are ready-to-use default
configurations available; just type "make <board_name>_config".
Example: For a TQM823L module type:
cd u-boot
  make TQM823L_config
For the Cogent platform, you need to specify the CPU type as well;
  e.g. "make cogent_mpc8xx_config". And also configure the cogent
directory according to the instructions in cogent/README.
```

此段 readme 代码主要说明要执行 make <board_name>_config 命令。

然后执行 make fs4412_config，遇到问题再解决。

```
linux@ubuntu:~/yudw2018/u-boot-2013. 01$ make fs4412_config
```

7. 编译

执行 make 命令，报错 include/configs/，没有找到 fs4412.h 头文件。

```
linux@ubuntu:~/yudw2018/install/u-boot-2013.01$ make
Generating include/autoconf.mk
/home/linux/yudw2018/install/u-boot-2013.01/include/config.h:10:28: fatal error: configs/fs4412.h: No such file or directory
compilation terminated.
Generating include/autoconf.mk.dep
/home/linux/yudw2018/install/u-boot-2013.01/include/config.h:10:28: fatal error: configs/fs4412.h: No such file or directory
compilation terminated.
arm-none-linux-gnueabi-gcc -DDO_DEPS_ONLY \
-g  -Os    -fno-common -ffixed-r8 -msoft-float   -D__KERNEL__ -I/home/linux/yudw2018/install/u-boot-2013.01/include -fno-builtin -ffreestanding -nostdinc -isystem
/home/linux/yudw2018/install/gcc-4.6.4/bin/../lib/gcc/arm-arm1176jzfssf-linux-gnueabi/4.6.4/include -pipe
-DCONFIG_ARM -D__ARM__ -marm -mno-thumb-interwork -mabi=aapcs-linux -march=armv7-a -Wall
-Wstrict-prototypes -fno-stack-protector -Wno-format-nonliteral -Wno-format-security -fstack-usage    \
-o lib/asm-offsets.s lib/asm-offsets.c -c –S
In file included from /home/linux/yudw2018/install/u-boot-2013.01/include/common.h:37:0,
from lib/asm-offsets.c:18:
/home/linux/yudw2018/install/u-boot-2013.01/include/config.h:10:28: fatal error: configs/fs4412.h: No such file or directory
compilation terminated.
make: *** [lib/asm-offsets.s] Error
```

解决方法：复制 origen.h 并改名为 fs4412.h。

```
linux@ubuntu:~/yudw2018/install/u-boot-2013.01/include/configs$ cp origen.h fs4412.h
```

再次执行 make 命令，报错 board/samsung/fs4412，无此文件。

```
make: *** board/samsung/fs4412/: No such file or directory.   Stop.
```

解决方法：在 board/samsung/下补充 cp origen fs4412 -r。

```
linux@ubuntu:~/yudw2018/install/u-boot-2013.01/board/samsung$ cp origen fs4412 -r
```

并修改 fs4412 下的 origen.c 文件为 fs4412.h; 修改 fs4412/Makefile 里边的 origen 为 fs4412。

只需修改 fs4412.h 的名称和 Makefile 里面的内容(origen 为 fs4412)。

```
linux@ubuntu:~/yudw2018/install/u-boot-2013.01/board/samsung/fs4412$ mv origen.c fs4412.c
ifndef CONFIG_SPL_BUILD COBJS += fs4412.o
 Endif
```

再次执行 make 命令，在 u-boot-2013.01/下生成 u-boot.bin 文件，说明编译成功。

```
linux@ubuntu:~/yudw2018/install/u-boot-2013.01$ ls
api         config.mk   drivers    include       mkconfig   rules.mk          tools      u-boot.srec
arch        COPYING     dts        lib           nand_spl   snapshot.commit   u-boot
board       CREDITS     examples   MAINTAINERS   net        spl               u-boot.bin
boards.cfg  disk        fs         MAKEALL       post       System.map        u-boot.lds
common      doc         helper.mk  Makefile      README     test              u-boot.map
```

20.1.2 嵌入式 Linux 系统内核移植

将 linux-3.14.tar.xz 复制到/home/linux 下并解压。

```
$tar  xvf linux-3.14.tar.xz
$ cd  linux-3.14
```

修改内核顶层目录下的 Makefile。

```
$ vim Makefile
```

修改：

```
ARCH  ?= $(SUBARCH)
CROSS_COMPILE ?= $(CONFIG_CROSS_COMPILE:"%"=%)
```

为：

```
ARCH  ?= arm
CROSS_COMPILE ?= arm-none-linux-gnueabi-
```

导入默认配置，代码如下：

```
$ makeexynos_defconfig
```

配置内核，代码如下：

```
$ make menuconfig
System Type --->
S3C UART to use for low-levelmessages
```

该命令执行时会弹出一个菜单，我们可以对内核进行详细的配置。这里我们先查看一下，内核都提供了哪些功能。

1. 编译内核

通过下面的操作，我们能够在 arch/arm/boot 目录下生成一个 uImage 文件，这就是经过压缩的内核镜像。

```
$ make uImage
```

如果编译过程中提示缺少 mkimage 工具，需将编译的 Uboot 源码中的 tools/mkimage 复制到 Ubuntu 的/usr/bin 目录下。

```
$ cpu-boot-2013.01/tools/mkimage  /usr/bin
```

2. 修改设备树文件

生成设备树文件，以参考板 origen 的设备数文件为参考。

```
$ cparch/arm/boot/dts/exynos4412-origen.dtsarch/arm/boot/dts/exynos4412-fs4412.dts
```

添加新文件需修改 Makefile 才能编译。

```
$ vim arch/arm/boot/dts/Makefile
```

在 exynos4412-origen.dtb \下添加 exynos4412-fs4412.dtb \。

3. 编译设备树文件

```
$ make dtbs
```

复制内核和设备树文件到/tftpboot 目录下。

```
$ cp  arm/arm/boot/uImage   /tftpboot
$ cparch/arm/boot/dts/exynos4412-fs4412.dtb/tftpboot/
```

4. 修改 Uboot 启动参数

在系统倒计时按任意键结束启动，输入如下内容修改 Uboot 环境变量：

```
#setenv serverip192.168.100.191
#setenv ipaddr192.168.100.192
#setenv bootcmd tftp 41000000 uImage\;tftp 42000000 exynos4412-fs4412.dtb\;bootm 41000000 – 42000000
#setenv bootargs root=/dev/nfs nfsroot=192.168.100.192/source/rootfsrw
console=ttySAC2,115200init=/linuxrc ip=192.168.100.191# saveenv
```

注意：192.168.100.192 对应 Ubuntu 的 ip，192.168.100.191 对应开发板的 ip，这两个 ip 应该根据自己的实际情况适当修改。

重启开发板查看现象。

20.1.3 嵌入式 Linux 系统文件系统移植

根文件系统一直以来都是所有类 UNIX 操作系统的一个重要组成部分，也可以认为是嵌入式 Linux 系统区别于其他一些传统嵌入式操作系统的重要特征，它给 Linux 带来了许多强大和灵活的功能，同时也带来了一些复杂性。我们需要清楚地了解根文件系统的基本结构，以及细心地选择所需要的系统库、内核模块和应用程序等，并配置好各种初始化脚本文件，然后选择合适的文件系统类型，并把它放到实际的存储设备的合适位置。Linux 的根文件系统以树形结构组织，包含内核和系统管理所需要的各种文件和程序，一般来说，根目录“/”下的顶层目录都有一些比较固定的命名和用途。

1. 移植环境

```
u-boot.bin
```

目标机：FS4412 平台。

交叉编译器：arm-none-linux-gnueabi-gcc。

2. 移植步骤

(1) 源码下载。我们选择的版本是 busybox-1.22.1.tar。

(2) 解压源码：

```
$ tar xvf  busybox-1.22.1.tar
```

(3) 进入源码目录：

```
$ cd busybox-1.22.1
```

(4) 配置源码：

```
$ make menuconfig
Busybox Settings --->
Build Options --->
[*] Build BusyBox as a static binary (no shared libs)
[ ] Force NOMMU build
[ ] Build with Large File Support (for accessing files > 2 GB)
(arm-cortex_a8-linux-gnueabi-) Cross Compiler prefix
() Additional CFLAGS
```

(5) 编译：

```
$ make
```

(6) 安装。busybox 默认安装路径为源码目录下的_install。

```
$ make install
```

(7) 进入安装目录下：

```
$ cd _install
$ ls
bin    linuxrc    sbin    usr
```

(8) 创建其他需要的目录：

```
$ mkdir    dev etc    mnt proc var tmp sys root
```

(9) 添加库。在_install 目录下创建一个 lib 文件夹，将工具链中的库复制到 lib 目录下：

```
$ mkdir lib
$ cp
/home/linux/x-tools/arm-cortex_a8-linux-gnueabi/arm-cortex_a8-linux-gnueabi/lib/*    ./lib/
```

删除 lib 下的所有目录、.o 文件和.a 文件，对库进行瘦身以减小文件系统的大小：

```
$ rm *.o *.a
$ arm-cortex_a8-linux-gnueabi-strip    lib/*
```

(10) 添加系统启动文件。在 etc 下添加文件 inittab：

```
$ vim /etc/inittab
```

文件内容如下：

```
#this is run first except when booting in single-user mode.
:: sysinit:/etc/init.d/rcS
# /bin/sh invocations on selected ttys
# Start an "askfirst" shell on the console (whatever that may be)
::askfirst:-/bin/sh
# Stuff to do when restarting the init process
::restart:/sbin/init
# Stuff to do before rebooting
::ctrlaltdel:/sbin/reboot
```

在 etc 下添加文件 fstab：

```
$ vim /etc/fstab
```

文件内容如下：

```
#device     mount-point    type      options      dump      fsck order
proc        /proc          proc      defaults     0         0
tmpfs       /tmp           tmpfs     defaults     0         0
sysfs       /sys           sysfs     defaults     0         0
tmpfs       /dev           tmpfs     defaults     0         0
```

这里我们挂在文件系统的文件有三个，即 proc、sysfs 和 tmpfs。在内核中，proc 和 sysfs 默认都支持，而 tmpfs 是不支持的，我们需要添加 tmpfs 的支持。

修改内核配置：

```
$ make menuconfig
File systems --->
Pseudo filesystems --->
[*] Virtual memory file system support (former shm fs)
[*] Tmpfs POSIX Access Control Lists
```

重新编译内核：

```
$ make zImage
```

在 etc 下创建 init.d 目录，并在 init.d 下创建 rcS 文件：

```
$ mkdir /etc/init.d –p
$ vim /etc/init.d/rcS
```

rcs 文件内容如下：

```
#!/bin/sh
# This is the first script called by init process
/bin/mount –a
```

为 rcs 添加可执行权限：

```
$ chmod   +x init.d/rcS
```

在 etc 下添加 profile 文件：

```
$ vim /etc/profile
```

文件内容如下：

```
#!/bin/sh
export HOSTNAME=farsight
export USER=root
export HOME=root
#export PS1="\[\u@\h \W\]\$ "
export PS1="[$USER@$HOSTNAME \W]\# "
PATH=/bin:/sbin:/usr/bin:/usr/sbin
LD_LIBRARY_PATH=/lib:/usr/lib:$LD_LIBRARY_PATH
export PATH LD_LIBRARY_PATH
```

(11) 创建设备文件。根文件系统中有一个设备节点是必需的，在 dev 下创建 console 节点：

```
$ mknod dev/console c 5 1
```

为了方便读者使用，减少初学者移植困难，我们对移植源文件和移植后的源文件进行说明。移植用到的源文件如图 20-2 所示，移植后的文件如图 20-3 所示。

busybox-1.22.1.tar 文件系统移植源码	2014/11/26 13:26
linux-3.14.tar 内核移植源码	2014/11/26 13:29
gcc-4.6.4.tar 交叉编译工具链源码	2014/11/26 13:29
u-boot-2013.01.tar U-boot 源码	2014/11/26 13:27

图 20-2　系统移植源文件

linux-3.14-fs4412-V3.0.tar	2020/5/11 10:30
rootfs.tar	2014/11/26 13:29
u-boot-2013.01-fs4412.tar	2018/11/18 11:18

图 20-3　系统移植后的源文件

为了方便读者使用，减少初学者移植困难，华清远见公司将其他移植好的文件放在下载资料文件夹中，供读者需要时下载使用，如图 20-4 所示。

文件	日期	类型
exynos4412-fs4412.dtb	2020/5/11 10:11	DTB 文件
ramdisk	2014/11/26 13:29	光盘映像文件
u-boot-fs4412.bin	2018/6/24 14:08	BIN 文件
uImage	2018/6/24 13:30	文件

图 20-4　其他移植好的文件

文件夹中 Exynos4412-fs4412.dtb 叫作设备树文件，ARM-Linux 内核启动、运行过程中需要一些来自各芯片手册的编程依据，该文件专门记录这些依据。ramdisk.img 是编译 Android 生成的一个映像文件，最后和 kernel 一起打包生成 boot.img 镜像。uImage 是 Uboot 专用镜像文件。u-boot-fs4412.bin 是编译 Uboot 源码直接产生的，可以在三星的 Cortex-A9 Exynos4412 这款芯片中正常使用。

20.2 Linux 系统配置 TFTP

本节熟悉 Linux TFTP 配置，为后续 Linux 底层开发做准备(后面会用 tftp 从宿主机传输镜像到 FS_4412 开发板)。

TFTP 协议是简单文件传输协议，基于 UDP 协议，没有文件管理、用户控制功能。TFTP 分为服务器端程序和客户端程序，在主机上通常同时配置有 TFTP 服务器端和客户端。

打开虚拟机，运行 Ubuntu 系统，打开命令行终端。

华清远见开发环境中已经包含 tftp 服务，不必安装。可以直接进行此实验的测试部分。

```
$ cd /tftpboot
```

到 tftpboot 目录，利用 ls 查看该目录下的文件。利用 cat 命令查看 test 文件内容，如图 20-5 所示。

```
linux@ubuntu64-vm:~$ cd /tftpboot/
linux@ubuntu64-vm:/tftpboot$ ls
test
linux@ubuntu64-vm:/tftpboot$ cat test

this is a test file!

linux@ubuntu64-vm:/tftpboot$
```

图 20-5　查看 test 文件内容

回到家目录：

```
$ cd ~                //Linux 波浪线“~”代表用户的 home 目录，称主目录或者家目录
$ tftp 127.0.0.1      //测试本地 ip/tcp
> get test            //回传 test 文件，得到 26 字节回传数据
```

运行结果如图 20-6 所示，没有出现错误代码，且在家目录(/home/linux)下出现 test 文件，与原文件内容相同，则证明 tftp 服务建立成功。

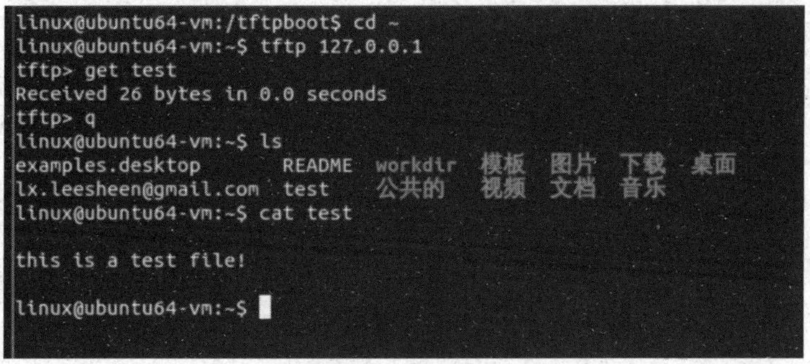

```
linux@ubuntu64-vm:/tftpboot$ cd ~
linux@ubuntu64-vm:~$ tftp 127.0.0.1
tftp> get test
Received 26 bytes in 0.0 seconds
tftp> q
linux@ubuntu64-vm:~$ ls
examples.desktop       README  workdir  模板  图片  下载  桌面
lx.leesheen@gmail.com  test    公共的   视频  文档  音乐
linux@ubuntu64-vm:~$ cat test

this is a test file!

linux@ubuntu64-vm:~$ 
```

图 20-6 运行结果

20.3 Linux 系统配置 NFS

NFS 方式是开发板通过 NFS 挂载放在主机(PC)上的根文件系统。此时在主机的文件系统中进行的操作同步反映在开发板上；反之，在开发板上进行的操作同步反映在主机中的根文件系统上。实际工作中，我们经常使用 NFS 方式挂载系统，这种方式对于系统的调试非常方便。

打开虚拟机，运行 Ubuntu 系统，打开命令行终端。

配置/etc/exports (sudo：获取权限。输入密码，默认为 1)：

```
$ sudo vim /etc/exports
```

NFS 允许挂载的目录及权限在文件/etc/exports 中进行了定义。例如，我们要将/source/rootfs 目录共享出来，那么我们需要在/etc/exports 文件末尾添加如下一行(如图 20-7 所示)：

```
/source/rootfs *(rw,sync,no_root_squash,no_subtree_check)
```

```
linux@ubuntu64-vm: ~
# /etc/exports: the access control list for filesystems which may be exporte
#               to NFS clients.  See exports(5).
#
# Example for NFSv2 and NFSv3:
# /srv/homes       hostname1(rw,sync,no_subtree_check) hostname2(ro,sync,no_
#
# Example for NFSv4:
# /srv/nfs4        gss/krb5i(rw,sync,fsid=0,crossmnt,no_subtree_check)
# /srv/nfs4/homes  gss/krb5i(rw,sync,no_subtree_check)
#

/source/rootfs *(rw,sync,no_root_squash,no_subtree_check)

~
~
```

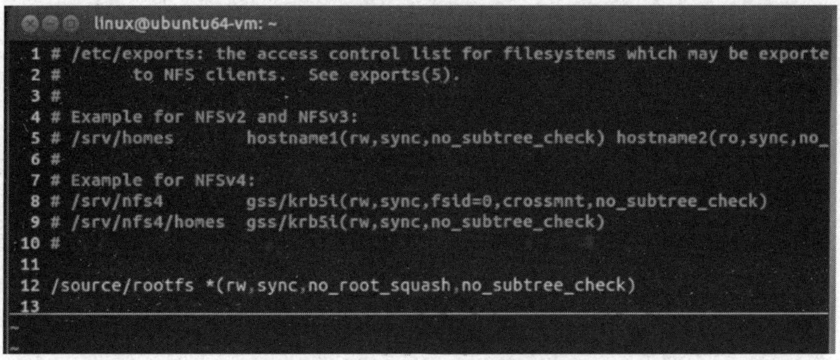

图 20-7 source/rootfs 目录共享

其中，/source/rootfs 是要共享的目录，*代表允许所有的网络段访问，rw 是可读写权限，sync 是资料同步写入内存和硬盘，no_root_squash 是 NFS 客户端分享目录使用者的权限，如果客户端使用的是 root 用户，那么对于该共享目录而言，该客户端就具有 root 权限。

重启服务：

```
$ sudo /etc/init.d/nfs-kernel-server restart
```

重启服务成功，如图 20-8。如果设置的路径没有相应的内容，会提示错误，可以先忽略这个问题。

```
linux@ubuntu64-vm:~$ sudo /etc/init.d/nfs-kernel-server restart
 * Stopping NFS kernel daemon                                          [ OK ]
 * Unexporting directories for NFS kernel daemon...                    [ OK ]
 * Exporting directories for NFS kernel daemon...
exportfs: Failed to stat /source/rootfs: No such file or directory
                                                                       [ OK ]
 * Starting NFS kernel daemon                                          [ OK ]
linux@ubuntu64-vm:~$
```

图 20-8　重启服务成功

20.4 习题

1. 要在开发板上运行 Linux 操作系统，开发板上要烧录哪几个映像文件？
2. 简述如何进行 Linux TFTP 配置。
3. 嵌入式的系统移植是移植哪些文件？
4. 确认开发板相关信息：SOC、Arch、CPU、Vendor、board。
5. 在启动设备上哪个位置存放 BL1、BL2？把 BL1、BL2 读到 iRAM 哪个位置？BL1、BL2 的大小是多少？

第21章

嵌入式Linux编译环境

嵌入式Linux开发和Linux交叉开发不一样，Linux内核、系统引导程序、C语言编译工具都要驻留在目标机(开发板)中，这就需要我们处理一些新问题，首先使用tftp的方式下载内核，运行到开发板上，然后使用nfs方式挂载文件系统，为后续的开发做准备。本章就此做详细讲述。

21.1 配置开发环境网络

虚拟机网络方式为桥接模式，桥接到USB(扩展坞)，名称是VMnet2，我们在安装虚拟机时已进行了设定。Ubuntu 分配给虚拟机的 IP 地址是192.168.100.192。开发板 IP 厂家出厂设置是192.168.100.191。通信方式是服务器端/客户端，Ubuntu是主机，开发板是客户。

此状态下虚拟机的操作系统和主机操作系统为平级状态。此外，我们可以手动给虚拟机下的Ubuntu配置一个静态的IP 地址，如192.168.100.192，配置过程如下所示。

```
$ sudo vim /etc/network/interfaces
```

修改文件如图21-1所示。

```
auto lo
iface lo inet loopback

auto eth0
iface eth0 inet static
address 192.168.100.192
netmask 255.255.255.0
gateway 192.168.100.1
network 192.168.100.0
broadcast 192.168.100.255
dns-nameservers 192.168.100.1

```

图21-1　修改Ubuntu网络设置

修改后要更新确认。输入 $ sudo /etc/init.d/networking restart，执行结果如图 21-2 所示，则表明 Ubuntu 网络修改成功。

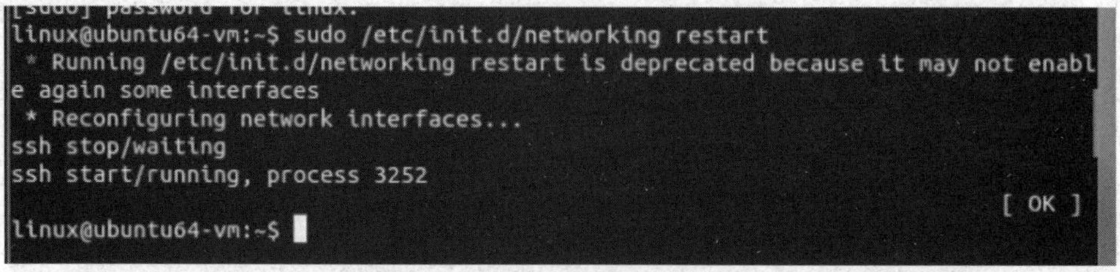

```
[sudo] password for linux:
linux@ubuntu64-vm:~$ sudo /etc/init.d/networking restart
 * Running /etc/init.d/networking restart is deprecated because it may not enabl
e again some interfaces
 * Reconfiguring network interfaces...
ssh stop/waiting
ssh start/running, process 3252
                                                                        [ OK ]
linux@ubuntu64-vm:~$ 
```

图 21-2　修改 Ubuntu 网络成功

使用 Linux 命令 ifconfig，出现图 21-3 所示结果，说明修改正确。

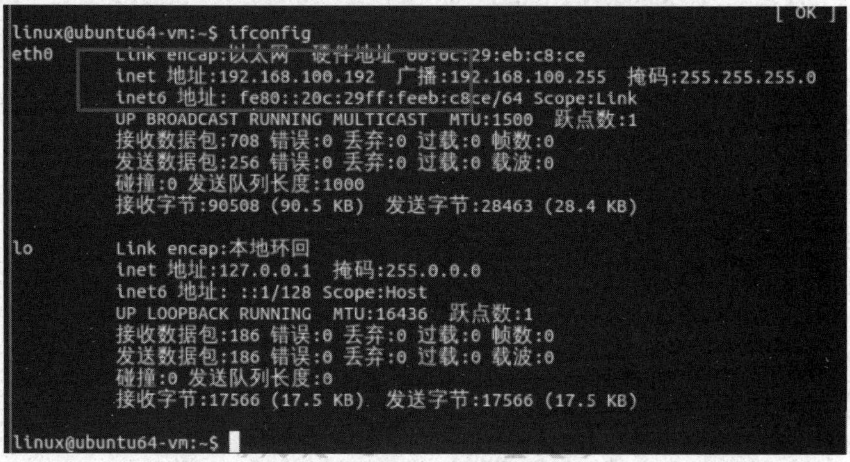

```
linux@ubuntu64-vm:~$ ifconfig
eth0      Link encap:以太网  硬件地址 00:0c:29:eb:c8:ce
          inet 地址:192.168.100.192  广播:192.168.100.255  掩码:255.255.255.0
          inet6 地址: fe80::20c:29ff:feeb:c8ce/64 Scope:Link
          UP BROADCAST RUNNING MULTICAST  MTU:1500  跃点数:1
          接收数据包:708 错误:0 丢弃:0 过载:0 帧数:0
          发送数据包:256 错误:0 丢弃:0 过载:0 载波:0
          碰撞:0 发送队列长度:1000
          接收字节:90508 (90.5 KB)  发送字节:28463 (28.4 KB)

lo        Link encap:本地环回
          inet 地址:127.0.0.1  掩码:255.0.0.0
          inet6 地址: ::1/128 Scope:Host
          UP LOOPBACK RUNNING  MTU:16436  跃点数:1
          接收数据包:186 错误:0 丢弃:0 过载:0 帧数:0
          发送数据包:186 错误:0 丢弃:0 过载:0 载波:0
          碰撞:0 发送队列长度:0
          接收字节:17566 (17.5 KB)  发送字节:17566 (17.5 KB)

linux@ubuntu64-vm:~$ 
```

图 21-3　使用 Linux 命令 ifconfig

21.2 配置交叉工具链

华清远见开发环境包含交叉工具链，路径在/usr/local/toolchain/下，不必再次解压，直接指向路径即可。

一般情况下，当我们输入一个 Linux 命令，比如 ls 可以直接执行功能，如果 21-4 所示。但当前的目录并没有 ls 这个命令文件，ls 这个命令文件在/bin 这个目录中，我们之所以可以执行，是因为这些命令所在的路径包含在了用户的环境变量中。为了使用方便，我们将经常使用的交叉工具链添加到环境变量中。

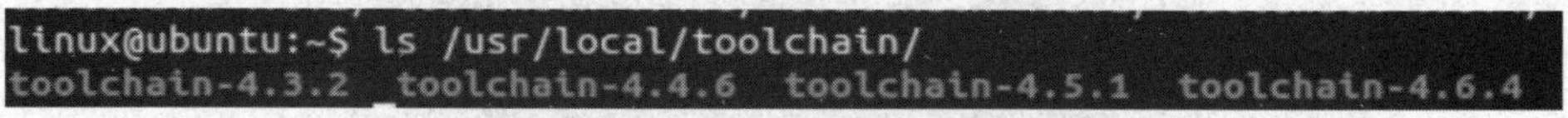

```
linux@ubuntu:~$ ls /usr/local/toolchain/
toolchain-4.3.2  toolchain-4.4.6  toolchain-4.5.1  toolchain-4.6.4
```

图 21-4　使用 ls 命令查看交叉工具链路径

在 /usr/local/toolchain/toolchain-4.6.4/bin/ 目录下有我们系统使用的编译器：arm-none-linux-gnueabi-gcc。

如图 21-5 所示，修改文件~/.bashrc，添加如下内容：

```
sudo vim /etc/bash.bashrc          //注意 bashrc 前面有句点
```

```
                return $?
            elif [ -x /usr/share/command-not-found/command-not-found ]; then
        /usr/bin/python /usr/share/command-not-found/command-not-found -- "$1"
                return $?
        else
            printf "%s: command not found\n" "$1" >&2
            return 127
        fi
    }
fi

export PATH=$PATH:/usr/local/toolchain/toolchain-4.6.4/bin/
/etc/bash.bashrc [RO]
```

图 21-5　修改文件~/.bashrc

添加下面一行代码到文件的末尾：

```
export PATH=$PATH:/usr/local/toolchain/toolchain-4.6.4/bin/
```

重启配置文件：

```
$ source /etc/bash.bashrc
```

如图 21-6 所示，进行工具链的测试：

```
$ arm-none-linux-gnueabi-gcc –v
```

直接输入命令，即可执行，这样说明我们的交叉工具链安装好了。

```
linux@ubuntu64-vm: ~
linux@ubuntu64-vm:~$ arm-none-linux-gnueabi-gcc -v
Using built-in specs.
COLLECT_GCC=arm-none-linux-gnueabi-gcc
COLLECT_LTO_WRAPPER=/home/linux/toolchain/toolchain-4.6.4/bin/../libexec/gc
c/arm-arm1176jzfssf-linux-gnueabi/4.6.4/lto-wrapper
Target: arm-arm1176jzfssf-linux-gnueabi
Configured with: /work/builddir/src/gcc-4.6.4/configure --build=i686-build_
pc-linux-gnu --host=i686-build_pc-linux-gnu --target=arm-arm1176jzfssf-linu
x-gnueabi --prefix=/opt/TuxamitoSoftToolchains/arm-arm1176jzfssf-linux-gnue
abi/gcc-4.6.4 --with-sysroot=/opt/TuxamitoSoftToolchains/arm-arm1176jzfssf-
linux-gnueabi/gcc-4.6.4/arm-arm1176jzfssf-linux-gnueabi/sysroot --enable-la
nguages=c,c++ --with-arch=armv6zk --with-cpu=arm1176jzf-s --with-tune=arm11
76jzf-s --with-fpu=vfp --with-float=softfp --with-pkgversion='crosstool-NG
hg+default-2685dfa9de14 - tc0002' --disable-sjlj-exceptions --enable-__cxa_
atexit --disable-libmudflap --disable-libgomp --disable-libssp --disable-li
bquadmath --disable-libquadmath-support --with-gmp=/work/builddir/arm-arm11
76jzfssf-linux-gnueabi/buildtools --with-mpfr=/work/builddir/arm-arm1176jzf
ssf-linux-gnueabi/buildtools --with-mpc=/work/builddir/arm-arm1176jzfssf-li
nux-gnueabi/buildtools --with-ppl=/work/builddir/arm-arm1176jzfssf-linux-gn
ueabi/buildtools --with-cloog=/work/builddir/arm-arm1176jzfssf-linux-gnueab
i/buildtools --with-libelf=/work/builddir/arm-arm1176jzfssf-linux-gnueabi/b
uildtools --with-host-libstdcxx='-static-libgcc -Wl,-Bstatic,-lstdc++,-Bdyn
amic -lm' --enable-threads=posix --enable-target-optspace --without-long-do
uble-128 --disable-nls --disable-multilib --with-local-prefix=/opt/Tuxamito
SoftToolchains/arm-arm1176jzfssf-linux-gnueabi/gcc-4.6.4/arm-arm1176jzfssf-
linux-gnueabi/sysroot --enable-c99 --enable-long-long
Thread model: posix
gcc version 4.6.4 (crosstool-NG hg+default-2685dfa9de14 - tc0002)
linux@ubuntu64-vm:~$
```

图 21-6　工具链的测试

21.2.1　将共享目录中需要下载的文件复制到 tftp 目录中

如图 21-7 所示，复制 u-boot-fs4412.bin、uImage、exynos4412-fs4412.dtb 文件到虚拟机 Ubuntu 下的/tftpboot 目录下。

```
$cp/mnt/hgfs/share/u-boot-fs4412.bin/mnt/hgfs/share/uImage/mnt/hgfs/share/exynos4412-fs4412.dtb/tftpboot/
```

```
linux@ubuntu64-vm:~$ cp /mnt/hgfs/share/u-boot-fs4412.bin /mnt/hgfs/share/u
Image /mnt/hgfs/share/exynos4412-fs4412.dtb /tftpboot/
linux@ubuntu64-vm:~$ ls /tftpboot/
exynos4412-fs4412.dtb  test  u-boot-fs4412.bin  uImage
linux@ubuntu64-vm:~$
```

图 21-7　复制文件

21.2.2　解压文件系统

复制“华清远见-CORTEXA9 资料：\程序源码\Linux 移植实验源码\移植后的源码\rootfs.tar.xz 文件”到虚拟机 Ubuntu 下的/source 目录下，如图 21-8 所示。

```
$ cp /mnt/hgfs/share/rootfs.tar.xz /source/
```

```
linux@ubuntu64-vm:~$ cp /mnt/hgfs/share/rootfs.tar.xz /source/
linux@ubuntu64-vm:~$ ls /source/
rootfs.tar.xz
linux@ubuntu64-vm:~$
```

图 21-8　复制文件到/source

到 sour 目录并解压 rootfs.tar.xz。执行命令如图 21-9 所示，解压后的文件系统如图 21-10 所示。

```
$ cd /source
$ tar xvf  rootfs.tar.xz
```

```
linux@ubuntu64-vm:~$ cd /source/
linux@ubuntu64-vm:/source$ ls
rootfs.tar.xz
linux@ubuntu64-vm:/source$ tar xvf rootfs.tar.xz
```

图 21-9　解压后的 rootfs.tar.xz

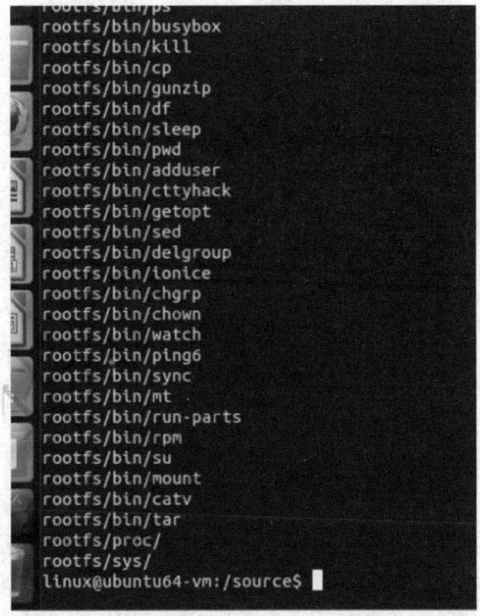

```
rootfs/bin/busybox
rootfs/bin/kill
rootfs/bin/cp
rootfs/bin/gunzip
rootfs/bin/df
rootfs/bin/sleep
rootfs/bin/pwd
rootfs/bin/adduser
rootfs/bin/cttyhack
rootfs/bin/getopt
rootfs/bin/sed
rootfs/bin/delgroup
rootfs/bin/ionice
rootfs/bin/chgrp
rootfs/bin/chown
rootfs/bin/watch
rootfs/bin/ping6
rootfs/bin/sync
rootfs/bin/mt
rootfs/bin/run-parts
rootfs/bin/rpm
rootfs/bin/su
rootfs/bin/mount
rootfs/bin/catv
rootfs/bin/tar
rootfs/proc/
rootfs/sys/
linux@ubuntu64-vm:/source$
```

图 21-10　解压后的文件系统

21.3 习题

1. Ubuntu 分配给虚拟机的 IP 是多少？
2. 开发板 IP 是多少？
3. Ubuntu 和开发板 IP 通信采用何种方式？
4. 解压 rootfs.tar.xz 文件用什么命令？
5. 工具链的测试采用哪个命令？

第 22 章

嵌入式Linux联机试验

嵌入式 Linux 系统是运行在目标板上的程序，上面一章已介绍其开发环境的创建，本章介绍其与目标板的连接、通信和应用程序编写等内容。

图 22-1 是开发板与 PC 之间最简单的一种连接，可以满足 Linux 系统调试要求。

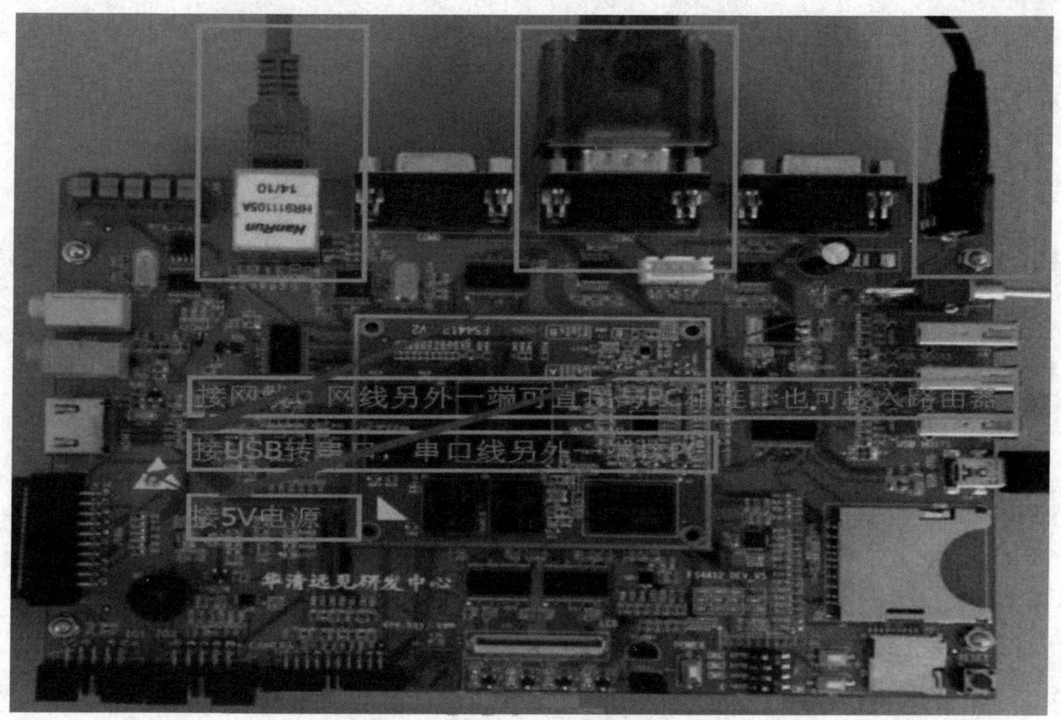

图 22-1　Linux 系统与开发板硬件连接

22.1 嵌入式 Linux 系统与开发板硬件连接

Linux 系统通过网线和开发板传输文件系统，通过串口传输命令和板子运行状态，因此网络和串口状态正确是运行 Linux 系统的基础。

在系统串口和网络适配器驱动程序调试完成后，就不要再改变这些连接。

22.2 设置串口调试工具

打开随机文件包，找到如图 22-2 所示的串口调试工具 PUTTY.EXE，双击该工具文件，出现如图 22-3 所示的串口调试对话框。

PUTTY.EXE 2007/4/29 周日 ... 应用程序 444 KB

图 22-2 串口调试工具

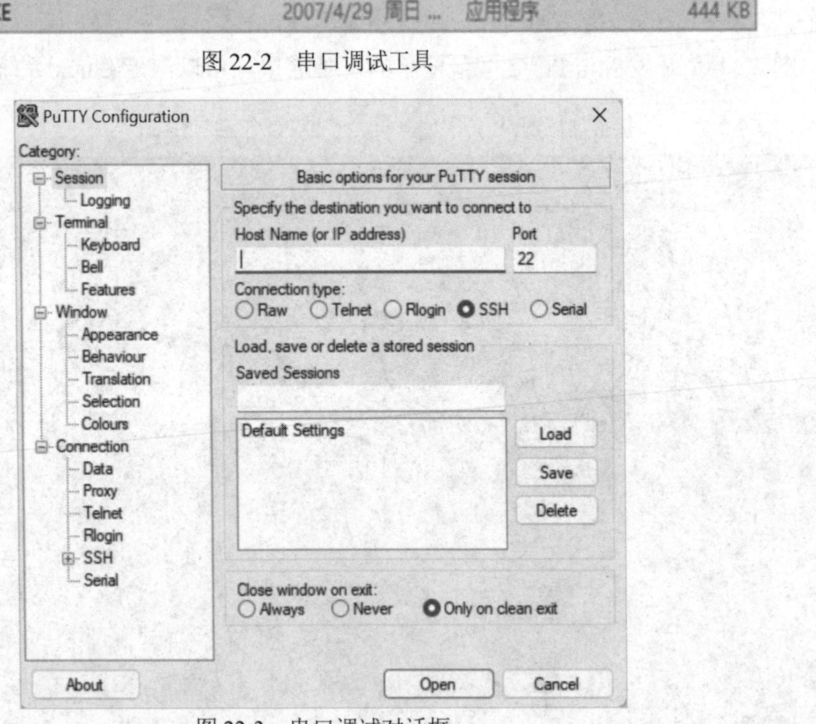

图 22-3 串口调试对话框

在左侧选项中选择 serial(串口)连接方式，打开图 22-4 所示界面，填写连接到哪个串口，这里我们连接到 COM3，Speed(baud)(波特率)填为 115200，Parity(校验)选 None(无)，Flow control(数据流控)选 None(无)。然后单击 Open 按钮打开串口，出现图 22-5 所示界面，表明串口设置正确，等待开发板系统启动信号。

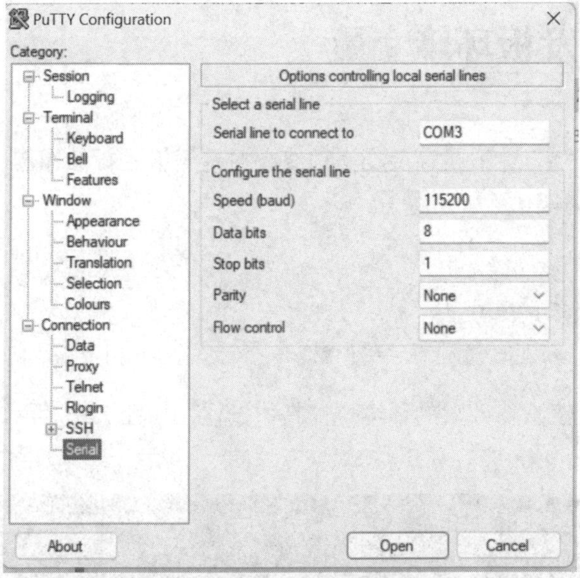

图 22-4　串口控制数据选择

图 22-5　等待接口数据

将开发板拨码开关拨至 0110，启动开发板，此时串口出现系统启动数据，在这些数据没结束前按任意键，屏幕出现图 22-6 所示信息，说明串口连接成功。

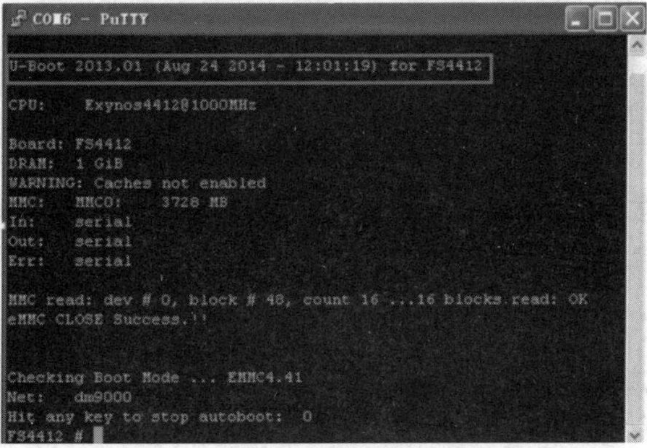

图 22-6　串口连接成功

22.3 修改开发板环境变量

命令框内开头为“#”一般是需要在串口终端对开发板进行的操作，“$”一般是在虚拟机下对 Ubuntu 进行的操作。

```
# setenv serverip 192.168.100.192
# setenv ipaddr 192.168.100.191
# saveenv                                   //保存环境变量
```

使用 print 命令，查看修改后的环境变量具体设置，如图 22-7 所示。print 命令常用来查看修改后的环境。

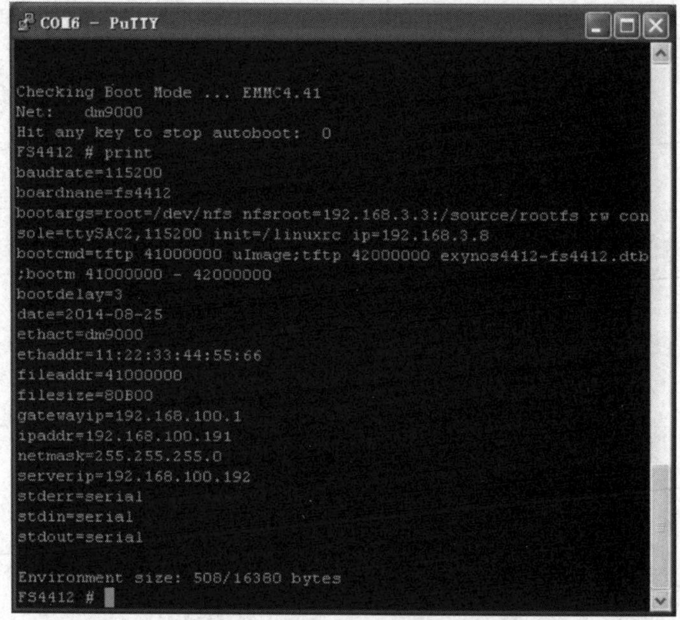

图 22-7　查看修改后的环境变量

使用 ping 命令，尝试 ping 一下 Ubuntu 主机，如图 22-8 所示，显示 host 192.168.100.192 is alive，表示网络已经连通。

Ubuntu 主机和板子通信采用服务器/客户端方式，Ubuntu 是主机，板子是客户端，我们安装虚拟机时就已经确定了。这里我们 ping 192.168.100.192，就是测试一下通信是否正常，从反馈信息看一切正常。

192.168.100.192 是主机的 IP 地址，即服务器端 IP。

192.168.100.191 是板子 IP 地址，即客户端 IP。

在图 22-8 中显示的其他信息都是我们设置的环境变量，我们可以对照检查设置是否正确。图 22-8 中上半部分显示的内容和本节内容无关，暂不介绍。

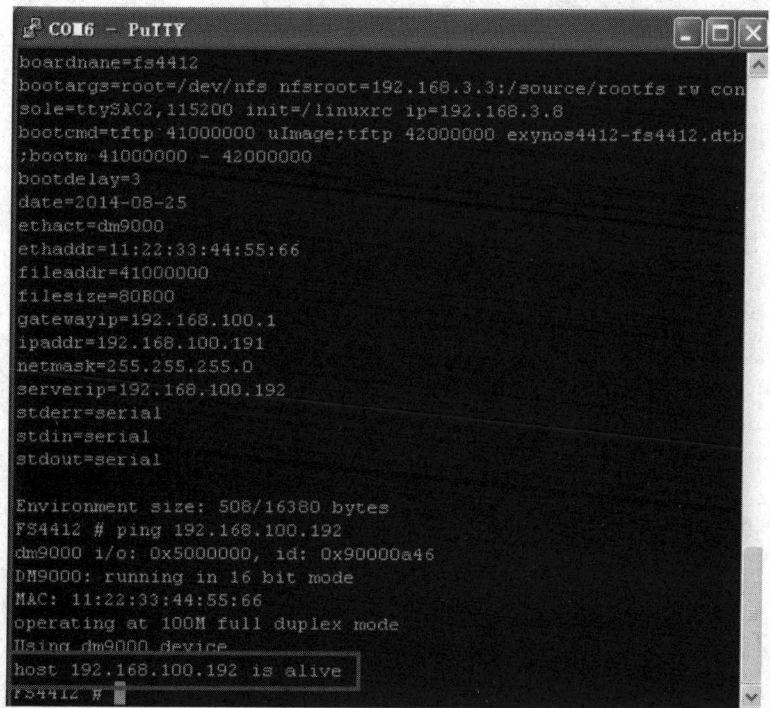

图 22-8　网络通信正常

22.4　烧写 Uboot

在串口终端 # 提示符下，执行命令：

```
# tftp 40008000 u-boot-fs4412.bin
# movi write u-boot 40008000
```

tftp 40008000 u-boot-fs4412.bin 就是将 Exynos4412 启动文件放至 DARM。参见系统储存表 3-2，40008000 正是 DMC1 控制的 1.5GB DARM 区。

然后使用 movi write u-boot 40008000 写入 eMMC，具体操作见图 22-9。

u-boot-fs4412.bin 正是三星电子提供的 Exynos4412 启动工具。

movi read 指令和 movi write 是一组的，movi read 用来读取 eMMC 到 DDR 上，movi write 用来将 DDR 中的内容写入 eMMC。

图 22-9 中显示，u-boot-fs4412.bin 是从 192.168.100.192 传输到 192.168.100.191，即从 Ubuntu 传输 u-boot-fs4412.bin 到开发板。传输地址是 0x4008000，传输速率为 397.5kb/s。

重启开发板，结果如图 22-10 所示。

```
COM6 - PuTTY
Checking Boot Mode ... EMMC4.41
Net:   dm9000
Hit any key to stop autoboot:  0
FS4412 # tftp 40008000 u-boot-fs4412.bin
dm9000 i/o: 0x5000000, id: 0x90000a46
DM9000: running in 16 bit mode
MAC: 11:22:33:44:55:66
operating at 100M full duplex mode
Using dm9000 device
TFTP from server 192.168.100.192; our IP address is 192.168.100.
191
Filename 'u-boot-fs4412.bin'.
Load address: 0x40008000
Loading: #################################################################
##########
         ######################################
         397.5 KiB/s
done
Bytes transferred = 527104 (80b00 hex)
FS4412 # movi write u-boot 40008000
writing bootloader.. 0, 1038

MMC write: dev # 0, block # 0, count 1038. 1038 blocks write fin
ish
1038 blocks verify1: OK
eMMC CLOSE Success.!!
completed
FS4412 #
```

图 22-9　烧写 uboot

```
COM6 - PuTTY

MMC write: dev # 0, block # 0, count 1038. 1038 blocks write fin
ish
1038 blocks verify1: OK
eMMC CLOSE Success.!!
completed
FS4412 #

U-Boot 2013.01 (Aug 24 2014 - 12:01:19) for FS4412

CPU:    Exynos4412@1000MHz

Board: FS4412
DRAM:  1 GiB
WARNING: Caches not enabled
MMC:   MMC0:    3728 MB
In:    serial
Out:   serial
Err:   serial

MMC read: dev # 0, block # 48, count 16 ...16 blocks read: OK
eMMC CLOSE Success.!!


Checking Boot Mode ... EMMC4.41
Net:   dm9000
Hit any key to stop autoboot:  0
FS4412 #
```

图 22-10　重启开发板

22.5 习题

1. 完成开发板串口、网口与 PC 的连接，并熟悉相应驱动程序。
2. 将开发板与 PC 串口进行通信。
3. 修改开发板环境变量设置并保存。
4. 命令框内开头为“#”一般是需要在串口终端对谁进行的操作，“$”一般是在虚拟机下对谁进行的操作？

第23章 Exynos4412的启动

Exynos4412 启动有 4 种方式，分别是 NAND Flash、SD/MMC、eMMC 和 USBdevie。具体采用什么方式启动，由芯片管脚 OM1~OM6 电平决定。下面我们对 Exynos4412 的启动展开详细介绍。

23.1 eMMC 方式启动

将“华清远见-CORTEXA9 资料:\程序源码\Linux 移植实验源码\镜像”目录下的 U-boot(u-boot-fs4412.bin)、内核镜像(uImage)、设备树(exynos4412-fs4412.dtb)、文件系统(ramdisk.img)复制到虚拟机/tftpboot 目录下，如图 23-1 所示。

exynos4412-fs4412.dtb	2020/5/11 10:11	DTB 文件
ramdisk	2014/11/26 13:29	光盘映像文件
u-boot-fs4412.bin	2018/6/24 14:08	BIN 文件
uImage	2018/6/24 13:30	文件

图 23-1　复制到 tftpboot 目录下的文件

然后进行如下操作。

1. 烧写 Uboot 到 EMMC 上

```
# tftp 40008000 u-boot-fs4412.bin    //先传到 DDR 中
# movi write u-boot 40008000         //再烧写到 EMMC 上
```

2. 烧写内核镜像到 EMMC 上

```
# tftp 41000000 uImage
# movi write kernel 41000000
```

3. 烧写设备树文件到 EMMC 上

```
# tftp 41000000 exynos4412-fs4412.dtb
# movi write dtb 41000000 d)
```

4. 烧写文件系统镜像到 EMMC 上

```
# tftp 41000000 ramdisk.img
# movi write rootfs 41000000 300000(烧写大小)
```

5. 设置启动参数(从 EMMC 模式自启动，完全脱离服务器)

```
# setenv bootcmd movi read kernel 41000000\;movi read dtb 42000000\;movi read rootfs 43000000 300000\;bootm 41000000 43000000 42000000
#setenv bootargs
# saveenv
```

将拨码开关拨至 0110，启动开发板，出现图 23-2 所示结果，说明 EMMC 启动成功。

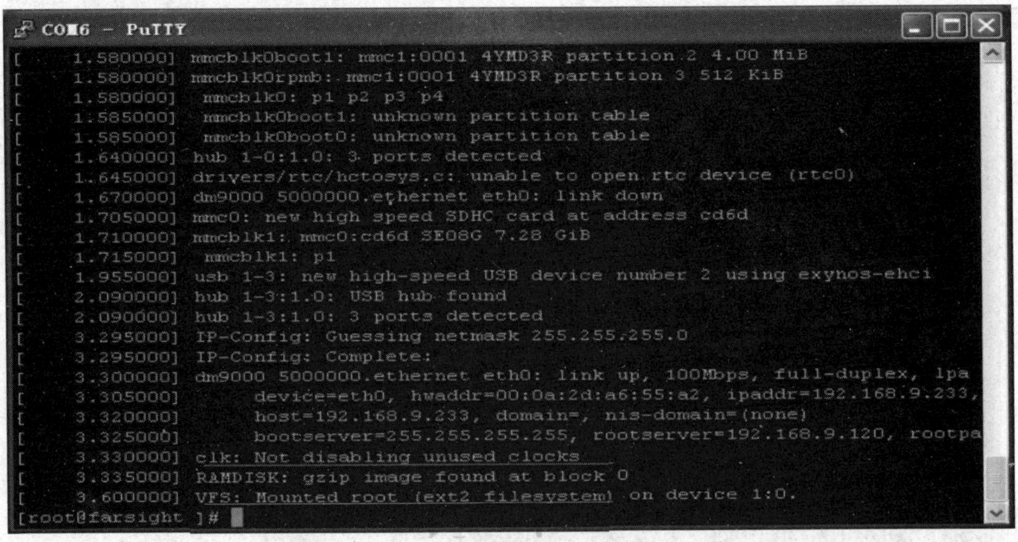

```
COM6 - PuTTY
[    1.580000] mmcblk0boot1: mmc1:0001 4YMD3R partition 2 4.00 MiB
[    1.580000] mmcblk0rpmb: mmc1:0001 4YMD3R partition 3 512 KiB
[    1.580000]  mmcblk0: p1 p2 p3 p4
[    1.585000]  mmcblk0boot1: unknown partition table
[    1.585000]  mmcblk0boot0: unknown partition table
[    1.640000] hub 1-0:1.0: 3 ports detected
[    1.645000] drivers/rtc/hctosys.c: unable to open rtc device (rtc0)
[    1.670000] dm9000 5000000.ethernet eth0: link down
[    1.705000] mmc0: new high speed SDHC card at address cd6d
[    1.710000] mmcblk1: mmc0:cd6d SE08G 7.28 GiB
[    1.715000]  mmcblk1: p1
[    1.955000] usb 1-3: new high-speed USB device number 2 using exynos-ehci
[    2.090000] hub 1-3:1.0: USB hub found
[    2.090000] hub 1-3:1.0: 3 ports detected
[    3.295000] IP-Config: Guessing netmask 255.255.255.0
[    3.295000] IP-Config: Complete:
[    3.300000] dm9000 5000000.ethernet eth0: link up, 100Mbps, full-duplex, lpa
[    3.305000]      device=eth0, hwaddr=00:0a:2d:a6:55:a2, ipaddr=192.168.9.233,
[    3.320000]      host=192.168.9.233, domain=, nis-domain=(none)
[    3.325000]      bootserver=255.255.255.255, rootserver=192.168.9.120, rootpa
[    3.330000] clk: Not disabling unused clocks
[    3.335000] RAMDISK: gzip image found at block 0
[    3.600000] VFS: Mounted root (ext2 filesystem) on device 1:0.
[root@farsight ]#
```

图 23-2　EMMC 启动成功

23.2　Exynos4412 SD 卡的启动和制作

将“华清远见-CORTEXA9 资料:\程序源码\Linux 移植实验源码\制作 SD 卡启动盘工具”目录下的 sdfuse_q(如图 23-3 所示)复制到虚拟机 Ubuntu 的共享目录下。

制作 SD 卡启动盘工具目录 sdfuse_q 如图 23-3 所示。

sdfuse_q　　2016/9/24 18:20　　文件夹

图 23-3　工具目录 sdfuse_q

将 sdfuse_q 目录下的文件复制到当前目录，如图 23-4 所示。

```
$ cp /mnt/hgfs/share/sdfuse_q/ ~ -a
```

图 23-4　复制文件

然后进入 sdfuse_q 目录并编译，以获取权限。

```
$ cd sdfuse_q          //进入 sdfuse_q 目录
$ make                 //编译命令
$ chmod 777 *.sh       //取得权限
```

然后通过以下代码查看 make sdfuse_q 获得的新文件，如图 23-5 所示。

```
Linux@ubuntu64-vm:~/sdfuse_q$
```

```
linux@ubuntu64-vm:~/sdfuse_q$ ls
add_padding    add_sign    chksum    Makefile    sd_fusing_exynos4x12.sh
add_padding.c  add_sign.c  chksum.c  mkuboot.sh  u-boot-fs4412.bin
linux@ubuntu64-vm:~/sdfuse_q$ make
gcc -o  chksum  chksum.c
gcc -o  add_sign  add_sign.c
gcc -o  add_padding  add_padding.c
linux@ubuntu64-vm:~/sdfuse_q$
```

图 23-5　查看 sdfuse_q 目录文件

回到 sdfuse_q 目录。用读卡器将 SD 卡插入 PC 的 USB 或扩展坞 USB 插口，这时虚拟机识别到 SD 读卡器，如图 23-6 所示，SD 读卡器图标闪烁。

linux@ubuntu64-vm: ~/sd
examples.desktop READM
lx.leesheen@gmail.com
linux@ubuntu64-vm:~$ c sdfus
lsc: command not found
linux@ubuntu64-vm:~$ ls^C
linux@ubuntu64-vm:~$ cd sdfu
linux@ubuntu64-vm:~/sdfuse_q
add_padding add_sign c
add_padding.c add_sign.c c
linux@ubuntu64-vm:~/sdfuse_q
总用量 576
-rwxrwxrwx 1 linux linux 8
-rwxrwxrwx 1 linux linux 1
Realtek USB2.0-CRW

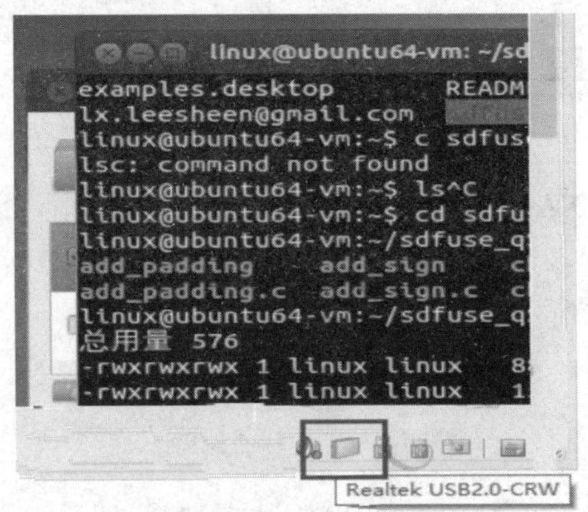

图 23-6　虚拟机感知 SD 卡插入

右击图标，选择“连接(断开与主机的连接)”选项，如图 23-7 所示。SD 卡图标闪烁，说明 SD 卡与主机已连上，如图 23-8 所示。

ubuntu64-vm:~/sdfuse_q
576
xrwx 1 linux linux 8
xrwx 1 linux linux 1
连接(断开与 主机 的连接)(C)
更改图标(I)...
隐藏图标(H)

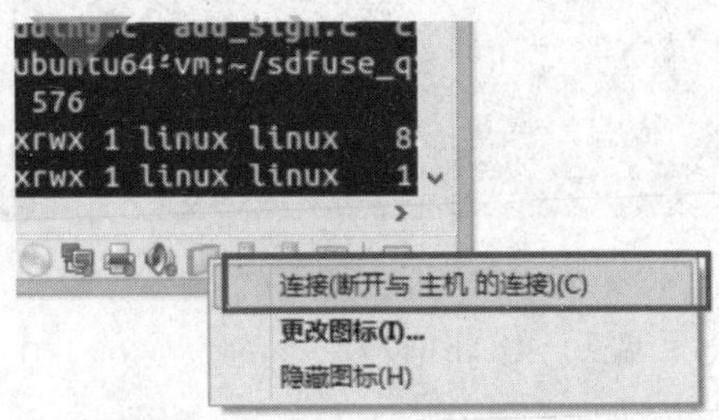

图 23-7　选择“连接(断开与主机的连接)”选项

add_padding add_sign c
add_padding.c add_sign.c c
linux@ubuntu64-vm:~/sdfuse_q
总用量 576
-rwxrwxrwx 1 linux linux 8
-rwxrwxrwx 1 linux linux 1

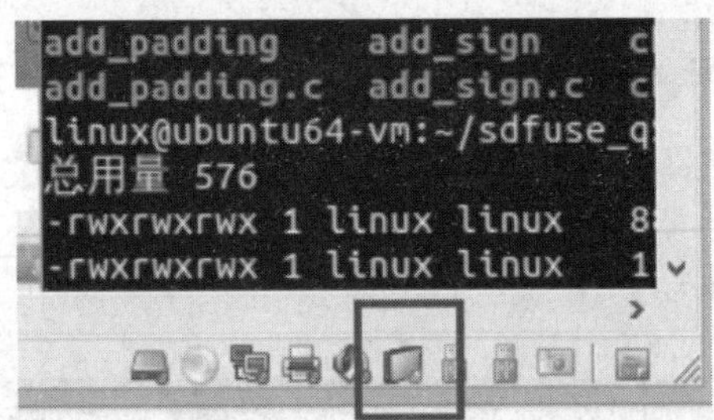

图 23-8　SD 卡与主机已连接

查看生成的设备节点，SD 卡在 Ubuntu 系统中的设备节点是/dev/sdb，这里提供一种方式查看设备节点，输入 ls /dev/sd*(*代表匹配所有符合 sd 的选项)，sd*最后的设备为 sdb，如图 23-9 所示。

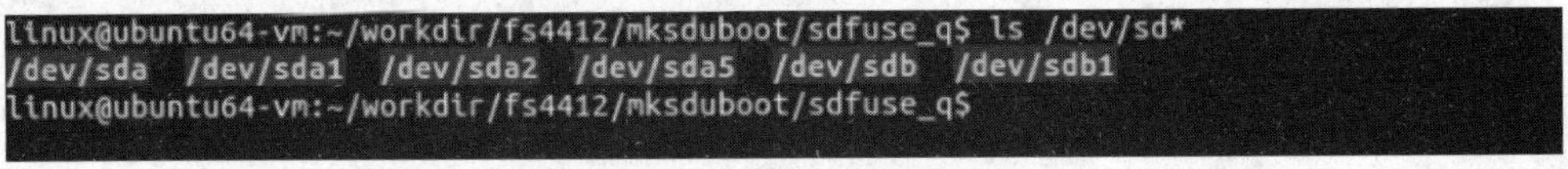

linux@ubuntu64-vm:~/workdir/fs4412/mksduboot/sdfuse_q$ ls /dev/sd*
/dev/sda /dev/sda1 /dev/sda2 /dev/sda5 /dev/sdb /dev/sdb1
linux@ubuntu64-vm:~/workdir/fs4412/mksduboot/sdfuse_q$

图 23-9　查看生成的设备节点

使用 df -Th 命令，可查看整个 SD 卡被 Ubuntu 识别之后所产生的设备节点，如图 23-10 所示。从容量来说和 SD 卡容量对等，从挂载点来说符合一般的 SD 卡挂载点。

```
linux@ubuntu64-vm:~/workdir/fs4412/mksduboot/sdfuse_q$ df -Th
文件系统        类型       容量  已用   可用  已用% 挂载点
/dev/sda1      ext4       78G  9.0G   65G   13% /
udev           devtmpfs  486M  4.0K  486M    1% /dev
tmpfs          tmpfs     198M  808K  197M    1% /run
none           tmpfs     5.0M     0  5.0M    0% /run/lock
none           tmpfs     495M  200K  495M    1% /run/shm
.host:/        vmhgfs    126G   99G   27G   79% /mnt/hgfs
/dev/sdb1      vfat      7.5G   12K  7.5G    1% /media/FA09-B19E
linux@ubuntu64-vm:~/workdir/fs4412/mksduboot/sdfuse_q$
```

图 23-10　使用 df -Th 命令查看设备节点容量

在确定了设备节点之后，使用如下命令制作 SD 卡，如果识别的节点不是 sdb，则需要更换为识别的节点。

```
$ sudo ./mkuboot.sh /dev/sdb            //将 uboot 烧写到 SD 卡中
```

烧写过程如图 23-11 所示。

```
linux@ubuntu64-vm:~/workdir/fs4412/mksduboot/sdfuse_q$ sudo ./mkuboot.sh /dev/sdb
Fuse FS4412 trustzone uboot file into SD card
/dev/sdb reader is identified.
u-boot-fs4412.bin fusing...
记录了1029+1 的读入
记录了1029+1 的写出
527104字节(527 kB)已复制，16.8736 秒，31.2 kB/秒
u-boot-fs4412.bin image has been fused successfully.
Eject SD card
```

图 23-11　将 uboot 烧写到 SD 卡

重新插入 SD 卡，如果提示需格式化，格式化即可。在 SD 卡目录下创建目录 sdupdate，并将“华清远见-CORTEXA9 资料:\程序源码\Linux 移植实验源码\镜像”目录下的 u-boot-fs4412 复制到 sdupdate 目录下，这个操作在 Windows 或 Linux 系统下均可操作，如图 23-12 所示。

图 23-12　复制 u-boot-fs4412 到 sdupdate 目录

将 SD 卡插入开发板 SD 卡槽内，如图 23-13 所示。将拨码拨至 1000，先连接开发板，连接完成后，按照 22.2 节设置串口调试助手，设置完毕后启动开发板。

图 23-13　将 SD 卡插入开发板

在倒计时时按任意键即可看到图 23-14 所示反馈信息，即为 SD 卡启动成功。

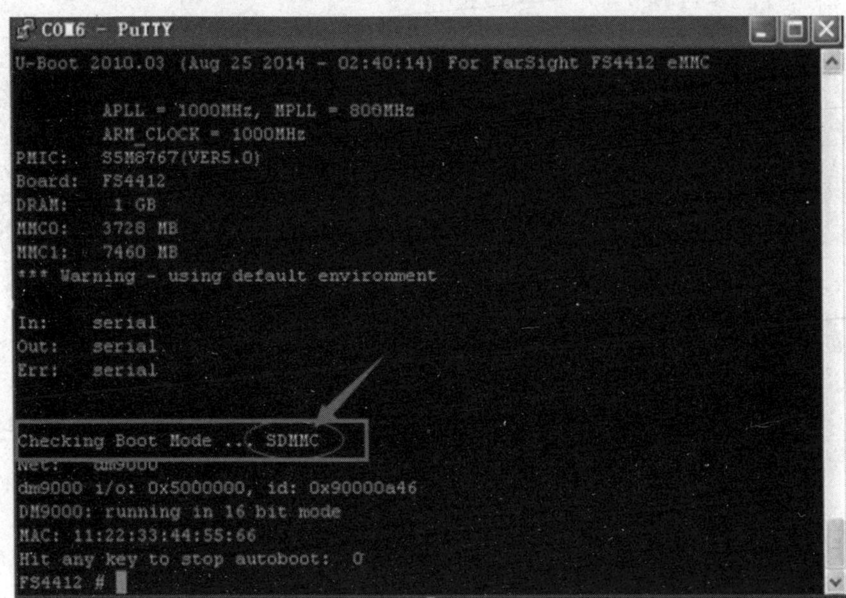

图 23-14　SD 卡启动成功

在 uboot 命令行下，执行命令：

```
# sdfuse flashall
```

烧写 flashall，出现图 23-15 所示信息。执行 sdfuse flashall 命令，一次性把 sdupdate 中的 u-boot-fs4412.bin、uImage、exynos4412-fs4412.dtb 都烧写进 eMMC。

将拨码开关拨至 0110，重启开发板，如图 23-16 所示，转到 eMMC 启动。

```
COM6 - PuTTY
*** Warning - using default environment

In:    serial
Out:   serial
Err:   serial


Checking Boot Mode ...: SDMMC
Net:   dm9000
dm9000 i/o: 0x5000000, id: 0x90000a46
DM9000: running in 16 bit mode
MAC: 11:22:33:44:55:66
Hit any key to stop autoboot:  0
FS4412 # sdfuse flashall
[Fusing Image from SD Card.]
.fdisk is completed

partion #    size(MB)     block start #    block count    partition_Id
   1           2064          3378474         4228686         0x0C
   2            302            37290          619014         0x83
   3           1026           656304         2103156         0x83
   4            302          2759460          619014         0x83
>>>part_type : 2
```

图 23-15　执行 sdfuse flashall 命令

```
COM6 - PuTTY

U-Boot 2013.01 (Aug 24 2014 - 12:01:19) for FS4412

CPU:    Exynos4412@1000MHz

Board: FS4412
DRAM:  1 GiB
WARNING: Caches not enabled
MMC:   MMC0:    3728 MB
In:    serial
Out:   serial
Err:   serial

MMC read: dev # 0, block # 48, count 16 ...16 blocks read: OK
eMMC CLOSE Success.!!


Checking Boot Mode ... EMMC4.41
Net:   dm9000
Hit any key to stop autoboot:  0
FS4412 #
```

图 23-16　转到 eMMC 启动

23.3　Exynos4412 NFS 挂载方式启动

修改开发板环境变量：

```
# setenv serverip 192.168.100.192
# setenv ipaddr 192.168.100.191
# setenv gatewayip 192.168.100.1
# setenv bootcmd tftp 41000000 uImage\; tftp 42000000 exynos4412-fs4412.dtb\; bootm
41000000 - 42000000                    //\:是续航符，表示和上行是一行
# setenv bootargs root=/dev/nfs nfsroot=192.168.100.192:/source/rootfs rw ip=192.168.100.191
//此处和上行是一行内容
init=/linuxrc console=ttySAC2,115200
# saveenv
```

对上面的命令简单解释如下。

(1) setenv：查询或显示环境变量。

(2) bootm：用于将内核镜像加载到内存的指定地址处，如果有需要还要解压镜像，然后根据操作系统和体系结构的不同，给内核传递不同的启动参数，最后启动内核。

boot 的环境变量值得注意的有两个：bootcmd 和 bootargs。

- bootcmd 是自动启动时默认执行的命令，因此可以在当前环境中定义各种不同的配置，设置不同环境的参数，然后设置 bootcmd 为经常使用的参数，而且在 bootcmd 中可以使用调用的方式，方便修改。
- bootargs 是环境变量中的重中之重，甚至可以说整个环境变量都是围绕着 bootargs 来设置的。bootargs 的种类非常多，我们平常只是使用了几种而已。

(3) root：用来指定 rootfs(文件系统)的位置。如 root=/dev/nfs 文件系统为基于 nfs 的文件系统的时候使用，也就是说文件系统不在板子上，而是在用 NFS 共享的服务器上的。当然指定 root=/dev/nfs 之后，还要指定 serverip(服务器的 IP)。

(4) console：consol 使用虚拟串口终端设备，如 console=ttyS[,options] 使用特定的串口，options 可以是这样的形式——bbbbpnx，这里 bbbb 是指串口的波特率，p 是奇偶位，n 指 bits。

有时用 ttySAC，这跟内核的版本有关。

(5) init：int 指定的是内核启动后，进入系统中运行的第一个脚本，一般为 init=/linuxrc。

以 Exynos4412 NFS 挂载方式启动，写入以上 Linux 命令后，我们输入命令 print 来查看设置的环境变量，如图 23-17 所示。

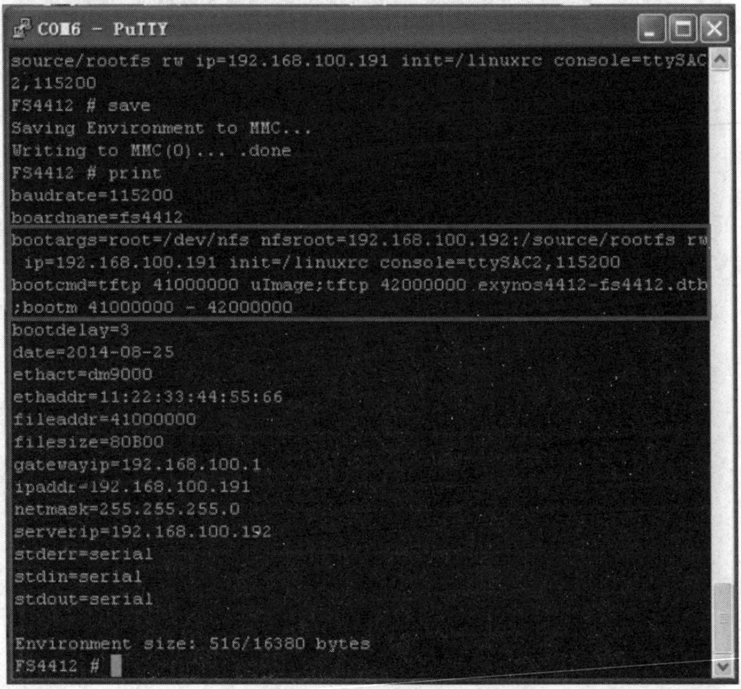

图 23-17　查看设置的环境变量

(6) save：保存以上设置，存入 eMMC 中。

重启开发板，出现如图 23-18 和图 23-19 所示画面，说明内核从主机的/tftpboot 处下载，文件系统为 nfs 网络文件系统。共享文件目录在主机的/source/rootfs/处。

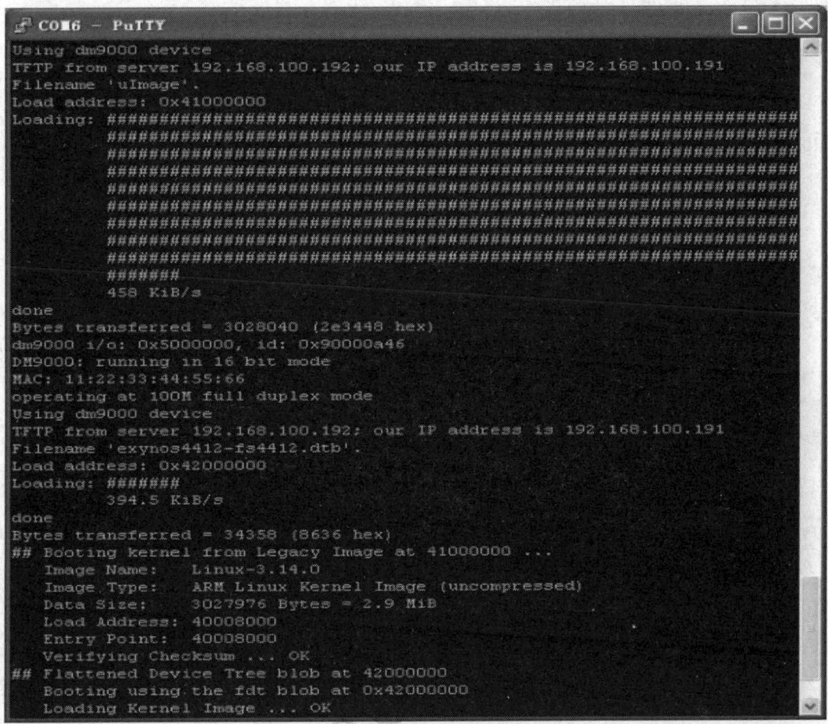

图 23-18　NFS 启动画面(1)

```
COM6 - PuTTY
[    1.595000] drivers/rtc/hctosys.c: unable to open rtc device (rtc0)
[    1.620000] dm9000 5000000.ethernet eth0: link down
[    1.660000] mmc0: new high speed SDHC card at address 619b
[    1.665000] mmcblk1: mmc0:619b SE08G 7.28 GiB
[    1.670000]  mmcblk1: p1
[    1.870000] dm9000 5000000.ethernet eth0: link up, 100Mbps, full-duplex
, lpa 0xCDE1
[    1.875000] IP-Config: Guessing netmask 255.255.255.0
[    1.875000] IP-Config: Complete:
[    1.875000]      device=eth0, hwaddr=00:0a:2d:a6:55:a2, ipaddr=192.168.
100.191, mask=255.255.255.0, gw=255.255.255.255
[    1.875000]      host=192.168.100.191, domain=, nis-domain=(none)
[    1.875000]      bootserver=255.255.255.255, rootserver=192.168.100.192
, rootpath=
[    1.875000] clk: Not disabling unused clocks
[    1.905000] usb 1-3: new high-speed USB device number 2 using exynos-eh
ci
[    1.930000] VFS: Mounted root (nfs filesystem) on device 0:10.
[    1.935000] devtmpfs: mounted
[    1.935000] Freeing unused kernel memory: 228K (c0530000 - c0569000)
[    2.070000] hub 1-3:1.0: USB hub found
[    2.070000] hub 1-3:1.0: 3 ports detected
[root@farsight ]#
```

图 23-19　NFS 启动画面(2)

23.4 习题

1. 熟悉 SD 启动卡的制作过程。

2. 熟悉 NFS 启动环境变量的设置。

3. 简述 setenv、bootm、bootcmd 命令的含义。

4. 将拨码开关拨至 0110，重启开发板，出现图 23-18 和图 23-19 所示画面，这说明什么问题？

第 24 章 嵌入式Linux程序的运行

本章通过一个简单的例子来描述共享文件夹、编译器 arm-none-linux-gnueabi-gcc、通过 tftp 下载内核，以及 nfs 挂载文件系统的使用。

首先复制代码、建立有关目录，然后编译和执行代码，下面对其内容展开介绍。

24.1 复制代码、建立相关目录

将“华清远见-CORTEXA9 资料：程序源码\Linux 应用实验源码\03. Linux 系统 GCC 编译器的使用实验\实验代码”目录复制到虚拟机共享目录下。我们在安装虚拟机时需注意一项，即建立共享文件夹，我们选的是 D:\share，这个文件夹就是 Windows 和 Linux 的共享文件夹。现在我们将 Windows 下的实验代码复制到 D:\share，就是允许 Linux 也能使用这些文件。

具体如图 24-1 所示。

图 24-1　D:\share 实验代码

这个实验代码就是一个 C 语言程序：helloworld.c。运行效果就是显示一句话：hello,world!。

```
#include <stdio.h>
int main (int argc, char **argv)
{
    printf("hello,world!\n");
    return 0;
}
```

建立相关目录，并将实验代码复制到相关目录中。

```
$ cd workdir/linux/application
$ mkdir 6-gcc
```

将实验代码从共享目录复制到虚拟机 Linux 操作系统下。

```
$ cp /mnt/hgfs/share/实验代码/03.Linux 系统 GCC 编译器的使用实验/实验代码/* 6-gcc/ -a
```

转到相关目录 6-gcc。

```
$ cd 6-gcc/
```

然后执行 ls 命令查看 6-gcc 内容，如图 24-2 所示。

```
linux@ubuntu64-vm:~/workdir/linux/application$ cp /mnt/hgfs/share/实验代码/03.
linux系统GCC编译器的使用实验/实验代码/* 6-gcc/ -a
linux@ubuntu64-vm:~/workdir/linux/application$ cd 6-gcc/
linux@ubuntu64-vm:~/workdir/linux/application/6-gcc$ ls
      helloworld.c
linux@ubuntu64-vm:~/workdir/linux/application/6-gcc$
```

图 24-2　查看 6-gcc 文件

24.2 编译代码

执行 arm-none-linux-gnueabi-gcc 后生成了新的可执行文件 hello.o，如图 24-3 所示。

```
$ arm-none-linux-gnueabi-gcc helloworld.c -o hello
```

```
linux@ubuntu64-vm:~/workdir/linux/application/6-gcc$ arm-cortex_a8-linux-gnueabi-gcc helloworld.c -o hello
linux@ubuntu64-vm:~/workdir/linux/application/6-gcc$
linux@ubuntu64-vm:~/workdir/linux/application/6-gcc$ ls
hello  helloworld.c
linux@ubuntu64-vm:~/workdir/linux/application/6-gcc$
```

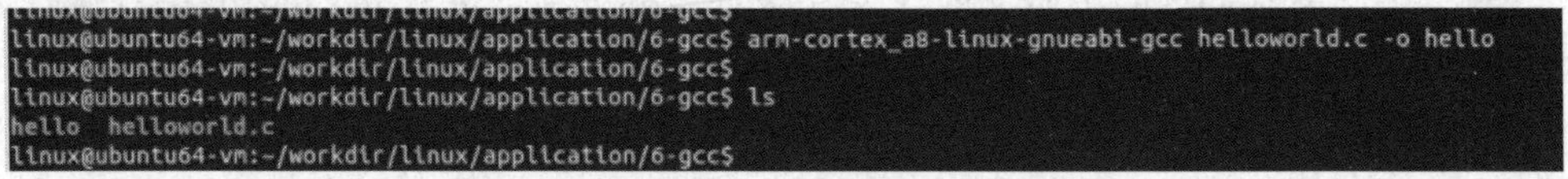

图 24-3　编译生成了新的可执行文件 hello.o

必须使用 arm-none-linux-gnueabi-gcc 编译，才能产生在开发板上执行的文件 hello.o。arm-none-linux-gnueabi-gcc 是华清远见提供的内嵌式 Linux Exynos4412 编译器。

24.3 执行代码

首先以 NFS 挂载方式启动。修改开发板环境变量：

```
# setenv serverip 192.168.100.192
# setenv ipaddr 192.168.100.191
```

```
# setenv gatewayip 192.168.100.1
# setenv bootcmd tftp 41000000 uImage\; tftp 42000000 exynos4412-fs4412.dtb\; bootm
41000000 - 42000000                    //\:是续航符，表示和上行是一行
# setenv bootargs root=/dev/nfs nfsroot=192.168.100.192:/source/rootfs rw ip=192.168.100.191
//此处和上行是一行内容。
init=/linuxrc console=ttySAC2,115200
# saveenv
```

然后启动开发板。

以 NFS 挂载方式启动成功后出现如图 24-4 所示画面，说明挂载方式启动成功，共用文件夹是 source/rootfs，在共用文件夹下建立一个新文件夹/app，将可执行文件复制到/app。

```
$ mkdir /source/rootfs/app
$ cp hello /source/rootfs/app/
```

图 24-4　nfs 挂载文件系统启动开发板

在开发板串口终端执行应用程序：

```
# cd /app
# ./hello
```

程序执行结果如图 24-5 所示。

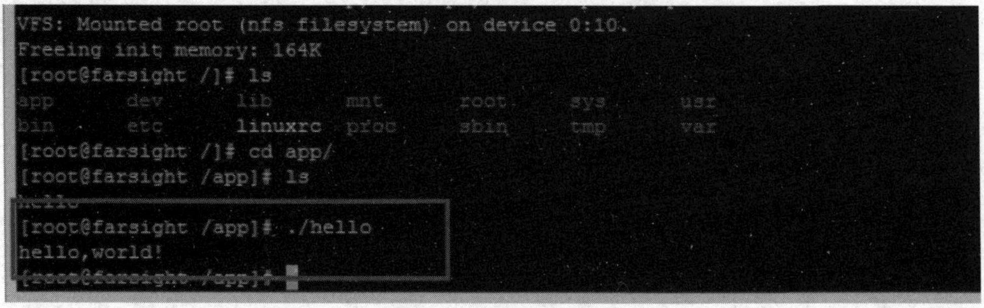

```
VFS: Mounted root (nfs filesystem) on device 0:10.
Freeing init memory: 164K
[root@farsight /]# ls
app      dev      lib      mnt      root     sys      usr
bin      etc      linuxrc  proc     sbin     tmp      var
[root@farsight /]# cd app/
[root@farsight /app]# ls
hello
[root@farsight /app]# ./hello
hello,world!
[root@farsight /app]#
```

图 24-5　程序执行结果

24.4 习题

1. 简述共享文件夹的作用。
2. 建立新目录的命令是什么？
3. 嵌入式 Linux 编译代码的命令是什么？
4. 执行应用程序的命令是什么？

参 考 文 献

[1] Exynos 4412 SCP RISC Microprocessor Revision 0.10 April 2012.

[2] 孙俊喜，侯殿有. 嵌入式开发基础：基于 ARM9 微处理器 C 语言程序设计[M]. 6 版，北京：清华大学出版社，2011.

[3] MCP2515 Microchip Technology Inc，2015.

[4] ZLG7290 I^2C 接口键盘及 LED 驱动器. 广州周立功单片机发展有限公司，2012.

[5] MAX3222 Maxim Integrated Products Printed USA，1999.

[6] BMA 250 digital triaxial acceleration sensor bosch sensor 03 march 2011.

[7] 北京华清远见-嵌入式 ARM 实验箱资料-1-FS4412，2022.9.